Bruno Cetto

Der große Pilzführer

Band 3

765 Pilze · 416 in Farbfotos

Zweite Auflage

BLV Verlagsgesellschaft
München Wien Zürich

Aus dem Italienischen übersetzt von
Wilhelm Mair, Leifers/Südtirol
Durchgesehen von Dr. Meinhard Moser,
Professor für Mikrobiologie
an der Universität Innsbruck

CIP-Kurztitelaufnahme der Deutschen Bibliothek

Cetto, Bruno:
Der große Pilzführer / Bruno Cetto. – München,
Wien, Zürich: BLV Verlagsgesellschaft.
Einheitssacht.: I funghi dal vero ⟨dt.⟩

Bd. 3. 765 Pilze / [aus d. Ital. übers. von
Wilhelm Mair. Durchges. von Meinhard Moser]. –
2. Aufl. – 1980.
ISBN 3-405-12124-8

Titel der italienischen Originalausgabe
»I funghi dal vero«

Farbfotos: Bruno Cetto, Titelbild: Bolbitius vitellinus
Druck: Grafiche Saturnia, Trento
Bindung: Conzella, Urban Meister, München
Printed in Italy · ISBN 3-405-12124-8

Danilo Paris gewidmet

Bruno Cetto

INHALTSVERZEICHNIS

VORWORT

Mit dem vorliegenden 3. Band der Reihe « Pilze nach der Natur » wird die Veröffentlichung von neuen Pilzarten in Farbdarstellungen fortgesetzt. Die Pilze sind fast immer in ihrer natürlichen Umgebung aufgenommen worden. Wie bereits in den vorhergehenden Bänden so sind sie auch hier systematisch geordnet und mit einer kurzen, aber gerade deshalb leichter zugänglichen wissenschaftlichen Beschreibung versehen. Dies dürfte — zusammen mit den üblichen vergleichenden Bemerkungen — zu einer Vertiefung der Pilzforschung und zu einem sicheren Erkennen der verschiedenen Pilzarten beitragen.

Ein starker Ansporn für die vorliegende Arbeit waren die zahlreichen Zeichen der Wertschätzung und Anerkennung, die erkennen ließen, daß das Werk bei vielen Menschen die Liebe zu diesem Zweig der Natur zu wecken vermochte und zur Aneignung eines umfassenderen und fundierteren Wissens anregen konnte. Auch der Verfasser, der beruflich anderen Bereichen verpflichtet ist, hat als Pilzliebhaber begonnen und kann daher die Ansprüche eines solchen aus eigenem Erleben her wohl ermessen: er erwartet eine einfache und möglichst klare Darstellung von Seiten eines erfahrenen Pilzkenners an die Adresse eines weniger erfahrenen Pilzfreundes. Hier soll nicht aus einem Hobby ein Beruf gemacht werden; daher wird von jedwedem belehrenden Verhalten Abstand genommen.

Jede Art von Kritik an dem Werk wurde als Anregung zu weiterer Verbesserung desselben gern hingenommen. Der Verfasser ist sich der vielen Irrtumsmöglichkeiten bewußt, denen der Pilzforscher bei seiner Tätigkeit ausgesetzt ist. Es ist ihm auch voll bewußt, daß ein Bildband durchaus nicht gleichsam ein absolut sicherer Zauberstab zur Bestimmung von Pilzen sein kann, selbst nicht im außerwissenschaftlichen Bereich. Es ist nun einmal nicht möglich, selbst durch farb- und formgetreue Abbildungen einiger Pilzexemplare die Mannigfalt der makroskopischen Merkmale einer Pilzart wiederzugeben.

Dieser dritte Band enthält 416 Farbbilder von Pilzen, sodaß zusammen mit den 848 Bildern der zwei vorhergehenden Bände die Anzahl der abgebildeten Arten auf 1264 steigt.

Wie bei den vorausgehenden Arbeiten so haben auch am Zustandekommen des vorliegenden Werkes zahlreiche Personen wertvolle Hilfe geleistet, sei es durch Ratschläge oder Verbesserungen, durch Hinweise, eigenes Fundmaterial oder durch die Bereitstellung von Pilzaufnahmen, die eigene Lücken ausfüllen konnten. All das hat wesentlich zum guten Gelingen des Werkes beigetragen. Ganz besonderer Dank gebührt Herrn Prof. Dr. Meinhard Moser von der Universität Innsbruck, der vor allem auch die deutsche Übersetzung aller drei Bände betreut hat, ferner Herrn Dr. Cuno Furrer-Ziogas aus Basel für seine wertvollen Ratschläge, dem stets zu jeglicher Hilfeleistung freundschaftlich bereiten Herrn Dr. Giacomo Lazzari aus Parma sowie dem langjährigen Freund, Mitarbeiter und täglichem Gesprächspartner Cav. Mauro Angarano aus Trient, Sekretär des «Gruppo Micologico G. Bresadola». Bildaufnahmen haben beigetragen: die Herren Erminio Ferrari von Verbania Intra, Dr. Silverio Pasqui von Bassano del Grappa, Giulio Veroi aus Belluno sowie die Herren Michel Poulain von Belleherbe und Jean Perrin von Valdoie (Frankreich), letztere durch ausgezeichnete Großaufnahmen von Myxomyzeten. Dank gebührt auch all jenen, die zwar in geringerem Ausmaße, aber deshalb nicht weniger bedeutsame Mithilfe — bisweilen vielleicht sogar unbewußt — zum Zustandekommen des Werkes geleistet haben.

Diese Vorstellung des neuen Werkes kann leider nicht umhin, auch eine Mitteilung zu bringen, die Trauer und tiefes Bedauern erwecken muß: in den letzten Tagen des vergangenen Jahres ist der Verleger dieses Werkes, Abg. Danilo Paris verstorben. Er war der erste Förderer dieser Arbeit und hat ihr bis zuletzt einen nicht geringen Teil seiner kostbaren Zeit gewidmet, im ehrgeizigen Bestreben, das Werk in der ganzen Welt zu verbreiten. Deshalb hat er mit besonderer Aufmerksamkeit die deutsche und die spanische Ausgabe des Werkes betreut. Ihm sei der vorliegende Band gewidmet.

Der Verfasser

BILDTEIL

AMANITA PHALLOIDES weiße Form

SYNONYM: **Amanita verna** auct. p.p.

Hut: 4-15 cm, gewölbt bis ausgebreitet, auch flach, seidig schimmernd durch eingewachsene Fasern, schneeweiß.

Lamellen: ziemlich gedrängt, ungleich lang, mit Zwischenlamellen, am Stiel deutlich abgerundet, weiß.

Stiel: 8-14×0,6-1,5 cm, schlank, gleichdick, nach oben verjüngt, anfangs voll, später ausgestopft, bei erwachsenen Exemplaren hohl, vollständig weiß, seidig schimmernd genattert, am Grunde charakteristisch knollig verdickt. Manschette herabhängend, häutig, fast glatt oder leicht gerieft. Scheide breit, halbfrei, häutig, mit gelapptem Rand, dauerhaft, schneeweiß.

Fleisch: weiß in allen Teilen, jung fast geruchlos, der ausgewachsene Pilz riecht unangenehm.

Sporen: fast kugelig, amyloid, 8-10×7-9 µm, Sporenpulver weiß.

Vorkommen: in Laubwäldern, an den gleichen Standorten wie der typische **Grüne Knollenblätterpilz (1).** Sommer-Herbst.

Wert: TÖDLICH GIFTIG wie der typische **Grüne Knollenblätterpilz.**

BEMERKUNGEN: Obwohl die Mykologen von der Existenz einer völlig weißen Form des **Grünen Knollenblätterpilzes (Amanita phalloides, 1)** wissen, ist dieser Pilz noch nie abgebildet worden, weil er als ein im Sommer und Herbst wachsender **Frühlingsknollenblätterpilz (Amanita verna, 2)** angesehen worden ist. Es handelt sich um eine eigenständige Form, die sich vom **Frühlingsknollenblätterpilz** außer durch den Zeitpunkt des Auftretens auch durch die gedrungenere Gestalt, durch das Fehlen rötlicher Farbtöne auf dem Hute und auch manchmal durch die angedeutete grüne Farbe, die auf **Amanita phalloides** hinweist, unterscheidet. Der Pilz ist standortstreu und konstant in der Farbe, wie wir durch mehrere aufeinanderfolgende Jahre beobachten konnten. Der Pilz ist sehr gefährlich, weil er wegen der weißen Farbe mit eßbaren Pilzen verwechselt werden kann.

Natürliche Größe

AMANITA PANTHERINA var. **abietinum** (Gilb.) Ves. **850**

von « abies » (lat.) = Tanne. Wegen des Standortes

SYNONYM: **Amanita pantherina** var. **abietum** (Gilb.)

Hut: fleischig, gewölbt-abgeflacht, bis 15 cm im Durchmesser, etwas schmierig, kahl und glänzend, stärker braun, später braun-rötlich; mit zahlreichen kleinen, weißen, vergänglichen Flocken bedeckt. Rand lange Zeit glatt (erst alt etwas gerieft).

Lamellen: gedrängt, abgerundet, frei, ziemlich breit, weiß, dünn.

Stiel: voll, später markig ausgestopft, dick und robust, nach oben leicht verjüngt, über dem Ring fein flockig, darunter genattert; Knolle dick, derb, etwas gerandet. Ring breit, häutig, weiß, nicht gerieft, dann oberseits dem Hute gleichfarbig, dauerhaft.

Fleisch: dick, weich, weiß, mild, Geruch mehr oder weniger widerlich oder nach Rettich.

Sporen: nicht amyloid, ellipsoidisch-oval, zugespitzt, getropft, 10-13×7-8,5 µm. Die Marginalzellen sind hyalin, kugelig.

Vorkommen: in Gruppen, im Nadelwald, besonders in Bergwäldern. Frühsommer.

Wert: GIFTIG wie der **Pantherpilz.** Er verursacht neurotrope Vergiftungserscheinungen.

BEMERKUNGEN: Von der typischen Form des **Pantherpilzes (Amanita pantherina, 7)** unterscheidet sich dieser Pilz durch das Fehlen der Hutrandriefung, durch die leicht gerandete Knolle, durch das Fehlen der ringartigen Velumreste am Stiel sowie durch die dunklere Färbung des Hutes. Der Pilz ist gefährlicher als **A. pantherina,** weil das Fehlen der Hutrandriefung eine Verwechslung mit eßbaren Amanitaarten, die einen glatten Hutrand haben, zuläßt.

Natürliche Größe

AMANITA VALIDA (Fr.) **851**

von « validus » (lat.) = kräftig. Wegen des Pilzhabitus

Hut: 7-12 cm, ziemlich fleischig, anfangs gewölbt, dann regelmäßig aufgeschirmt, grau-braun, glatt, leicht schmierig, mit unregelmäßigen, nicht dauerhaften, weißen Flocken bedeckt. Hutrand gerieft.

Lamellen: nicht sehr gedrängt, mit zahlreichen Zwischenlamellen, breit, am Stiel frei, weiß, bräunend.

Stiel: 6-12×0,6-1,5 cm, gleichdick, nach unten leicht verdickt, voll, später ausgestopft und hohl, weiß, mit einigen weißen Schuppen ornamentiert.

Fleisch: weiß, bräunend. Geruch und Geschmack unbedeutend.

Sporen: hyalin, eiförmig, amyloid, 8-10×5-7,5 µm; Sporenpulver weiß. Die Marginalzellen sind kugelig, 30-50×20-40 µm.

Vorkommen: im Nadelwald, bei Fichten. Sommer-Herbst.

Wert: unbekannt. Vielleicht ist der Pilz eßbar wie alle Vertreter der Gruppe um **Amanita spissa.**

BEMERKUNGEN: Dieser Pilz gehört zur Gruppe des **Gedrungenen Wulstlings (Amanita spissa, 8).** Einige Autoren (Fries, Quélet, Gillet, Saccardo u.a.) trennen die **Amanita spissa** und **Amanita valida,** andere (Dumée, Konrad u.a.) sehen in ihnen zwei Formen derselben Art. Kühner und Romagnesi bezeichnen die A. valida Quél. als ein Synonym von A. spissa. Moser unterscheidet sie auch wegen des gerieften Hutrandes. Die **Amanita valida** verfärbt sich bei Verletzung bräunlich am Hutrand, an den Lamellenschneiden, am Ring; sie wächst standortstreu bei Fichten, der Geruch ist rettichartig und der Stiel stärker wurzelnd. Nach Konrad ist der Pilz eßbar. Er kann jedoch leicht verwechselt werden mit der giftigen **A. pantherina** var. **abietinum (850),** deren Hutrand nicht gerieft ist und die in Bergwäldern wächst.

Natürliche Größe

AMANITA CODINAE (R. Mre.) Sing. 852

Hut: 6-12 cm, eiförmig bis halbkugelig ausgebreitet, regelmäßig, weißlich, Schuppen bräunlich, Rand mit vorragender flockiger Huthaut.

Lamellen: ziemlich breit, leicht bauchig, etwas gedrängt, mit unregelmäßiger Schneide und mit Zwischenlamellen, am Stiel deutlich abgerundet und entfernt, mit einer kreisförmigen Vertiefung um den Stiel, weißlich, angedeutet rötlich oder gelblich verfärbend.

Stiel: 8-15×0,6-1,5 cm, schlank, zylindrisch, ausgestopft, nicht hohl, bisweilen unter dem Hut stark verjüngt, weißlich, mit kleinen, braunen Schuppen bedeckt, die in Gürteln den Stiel bis zum Ring umgeben. Ring häutig und dauerhaft, girlandenartig. Der Stiel ist nach unten leicht verdickt und an der Basis von einer zerrissenen Volva umgeben, die von der Ornamentierung des Stieles selber nicht sehr verschieden ist.

Fleisch: weiß, besonders im Stiel faserig, schwach gilbend, ohne besonderen Geruch und Geschmack.

Sporen: 10-14,5×7-11 µm.

Vorkommen: im mediterranen Raum in Wäldern und auf Wiesen.

Wert: unbekannt.

BEMERKUNGEN: Diese **Amanita** hat ähnliche Merkmale wie eine **Lepiota.** Meistens wird sie verwechselt mit **Amanita vittadini (16),** einem seltenen Pilz, der in allen Teilen auffallender schuppig ist. Die braunen Schuppen der **A. codinae** sind ein charakteristisches Merkmal. In Italien tritt der Pilz in der Poebene auf. Es sind auch Funde aus Israel bekannt (nach Moser).

Natürliche Größe

AMANITA VALENS (Gilb.) Kühn. & Romagn. 853

SYNONYME: **Amanita baccata** ss. Bres.
Amanita curtipes Gilb.?

Hut: 3-6 cm, gewölbt bis ausgebreitet, blaß ledergelb, kahl oder seltener mit Volvaresten bedeckt; oft mit gerieftem Hutrand.

Lamellen: weißlich, später gelblich, verschmälert angewachsen bis frei, gedrängt, Schneide bereift.

Stiel: 5-7×0,7-1 cm, wollig ausgestopft, später hohl, schuppig, kahl werdend, weißlich bis ledergelb. Manschette fehlend oder flüchtig. Volva frei, gelappt.

Fleisch: weiß, dann dem Hute gleichfarbig, geruch- und geschmacklos.

Sporen: fast zylindrisch oder oval-länglich, 12-17×6-9 μm.

Vorkommen: im Mischwald.

Wert: vielleicht eßbar.

BEMERKUNGEN: Die Abbildung dieses Pilzes wurde uns von Dr. Cicognani aus Forlì zur Verfügung gestellt, der den Pilz in Ligurien gefunden hat. Der Pilz ist eine mediterrane Art, die an sich leicht zu bestimmen ist: typisch ist die Farbe, die flüchtige oder fehlende Manschette, die Volva ist charakteristisch zerrissen.

Natürliche Größe

SQUAMANITA SCHREIERI Imbach **854**

VOLKSNAME: **Gelber Schuppenwulstling**

Hut: 6-9 cm, halbkugelig, dann stumpf polsterförmig, oder flach kegelig, der Rand ist verjüngt, die Huthaut ist gelb oder gelb-braun, gerieft oder schuppig durch die Reste des Universalvelums.

Lamellen: gedrängt, schmal, ungleich angewachsen, weißlich.

Stiel: 9×1,5-3 cm, gedrungen, die Basis ist großknollig, gelb oder gelb-braun, flockig-schuppig in Form von Ringen; im oberen Teil hell gelb. Der sehr flüchtige Ring zerfällt in gelbe, flockige Reste. Die Knolle ist weiß und trägt am oberen Rand charakteristische braune Stacheln. Voll.

Fleisch: weißlich, ziemlich fest, anfangs geruchlos, im Alter stinkt der Pilz nach verwesendem Fisch. Geschmack mild.

Sporen: elliptisch, hyalin, nicht amyloid, 3,5-5×4-6,5 µm. Zystiden fehlen.

Vorkommen: der Pilz ist bisher sehr selten gefunden worden. Er wächst in Auwäldern.

Wert: unbekannt.

BEMERKUNGEN: Der Pilz ist sehr selten. Die Gattung **Squamanita** Imbach hat ähnliche morphologische Merkmale wie die Gattung **Amanita,** sie unterscheidet sich aber in anatomischen Merkmalen, besonders der Lamellentrama, die regulär und nicht bilateral ist. Außerdem sind die Lamellen ausgebuchtet angewachsen, das Velum ist doppelt, die Stielbasis ist fast charakteristisch pfahlwurzelartig und großknollig. Die Gattung **Squamanita** umfaßt sehr wenig Arten, von denen einige kaum bekannt sind. Die **Squamanita odorata** (Cool) Bas. hat einen starken angenehmen Geruch, sie ist in Italien nicht gefunden worden. Die **Squamanita cettoiana** Mos. **(855)** ist veröffentlicht worden.

Natürliche Größe

SQUAMANITA CETTOIANA Moser (ined.) 855

Hut: 4-6 cm, halbkugelig bis leicht glockig, jung beinahe vollständig von einem fleischigen und dicken Velum umgeben, dann frei und offen, flach kegelig; er ist nie aufgeschirmt beobachtet worden. Hellbräunlich bis braunrötlich, die Schuppen sind etwas dunkler, dauerhaft und kräftig. Im Alter wird die Farbe mehr rötlich. Die Mitte ist fleischig, zum Rande hin wird das Fleisch dünner.

Lamellen: gedrängt, breit, nicht bauchig, mit gerader Schneide, am Stiel schmäler werdend, weiß, bald fleischrötlich bis ziegelbraun.

Stiel: im Querschnitt rund, nach oben verjüngt. Nach unten verdickt sich der Stiel und endet in einer stark knolligen Basis, die sich wurzelartig in den Boden fortsetzt. Am oberen Rand trägt die Knolle eine dünne Volva, die krönchenartig und zerrissen die Stielbasis umgibt. Der Stiel ist nußbraun-rötlich gefärbt wie der Hut und weißlich gefleckt, über dem Ring ist er weiß; der Ring sitzt sehr hoch, er ist herabhängend, häutig, flockig wo er den Hut berührt, von dem er nie ganz getrennt ist.

Fleisch: fest, dick, weißlich, bald fleischrötlich verfärbend wie bei **Amanita rubescens** oder deutlicher bei **Macrolepiota rhacodes.** Ohne besonderen Geruch und Geschmack.

Sporen: weil nur unreife Fruchtkörper gefunden worden sind, wurden keine Sporen beschrieben.

Vorkommen: im Mischwald, vorwiegend bei Buche und Fichte. Juli-August. Sehr selten.

Wert: unbekannt.

BEMERKUNGEN: Der Pilz wurde in mehreren Exemplaren zum erstenmal im Mocheni-Tal (Prov. Trient) vom Herrn Durazzo gefunden, mit dessen Hilfe er mehrere Jahre hindurch an der gleichen Stelle vom Autor wiedergefunden werden konnte. Professor Moser hat den Pilz zu Ehren des Autors Sq. cettoiana genannt und eine neue Art geschaffen, obwohl einige mikroskopische Merkmale nicht beschrieben werden konnten, weil die an ihn gesandten Fruchtkörper nicht reif waren. Die Seltenheit des Pilzes ist vielleicht bedingt durch die unvollständige Entwicklung. Es scheint, daß eine sehr ähnliche Art im Fernen Osten auftritt.

Natürliche Größe

AMANITA BECKERI Huijsm.

Hut: 6-12 cm, halbkugelig, nicht glockig, dann gewölbt und aufgeschirmt, braun-ocker, mit zahlreichen Velumflocken, Rand fein gerieft.

Lamellen: gedrängt, breit, weiß, am Stiel abgerundet.

Stiel: 10-15×1-2 cm, gleichdick, am Stiel leicht verjüngt, weiß, mit bräunlichen Velumresten genattert, fein flockig. Die Scheide ist nicht sehr hoch, zipfelartig, weiß, dann bräunlich.

Fleisch: weiß, ohne besonderen Geruch und Geschmack.

Sporen: rundlich, 9,5-10,5 µm.

Vorkommen: im Laubwald auf Kalk, im Mittelmeergebiet.

Wert: eßbar.

BEMERKUNGEN: Diese **Amanita** hat besonders wegen der Hutrandriefung Ähnlichkeit mit der Gruppe **Amanitopsis.** Der Stiel scheint ein ringartiges Gebilde zu tragen, ein Merkmal, das **Amanitopsis** nicht hat. Der Pilz kann der **Amanita inaurata (395)** ähnlich sein, diese ist aber mehr bräunlich-grau gefärbt.

Schwach vergrößert

AMANITA VAGINATA var. **flavescens** Gilb. & Lund. **857**

von « flavus » (lat.) = gelb

Hut: 4-8 cm, glockig, dann gewölbt, gelb-orange, Rand stark gerieft.

Lamellen: gedrängt, bauchig, frei, weiß.

Stiel: sehr schlank, gleichdick, nach oben etwas verjüngt, weiß, leicht genattert. Volva weiß, mit auffallenden Lappen, hoch.

Fleisch: weiß, brüchig.

Sporen: hyalin, rundlich, nicht amyloid, 9-12 µm.

Vorkommen: in Laubwäldern. Selten. Sommer-Herbst.

Wert: eßbar wie alle **Scheidenstreiflinge.**

BEMERKUNGEN: Diese Varietät kann mit der Varietät **fulva (392)** und mit der Varietät **crocea (394)** verwechselt werden; vom ersten Pilz unterscheidet sich die beschriebene Varietät deutlich durch die gelb-orange nicht braunrote Hutfarbe, vom zweiten durch das Fehlen der Ornamentierung des weißen Stiels.

Natürliche Größe

AMANITA LIVIDOPALLESCENS Gill. **858**

von « pallescere » (lat.) = ausblassen. Wegen der hellen Farbe

Hut: 7-16 cm, ziemlich groß, glockig, gewölbt, dann ausgebreitet, gelbockergrau, mit Resten des weißlichen Velums, Rand stark gerieft.

Lamellen: ziemlich gedrängt, nicht sehr breit, am Stiel abgerundet, weiß.

Stiel: 12-20×0,8-1,5 cm, schlank, bisweilen etwas gebogen, nach oben verjüngt, weiß, schwach gleichfarbig faserig, Basis nicht stark verdickt, mit flüchtigem Ring, die Volva ist häutig und ziemlich hoch, Stielbasis bisweilen mit zweiter, volvaartiger Zone.

Fleisch: weiß, ohne besonderen Geruch und Geschmack.

Sporen: rundlich, 11-14 µm.

Vorkommen: in grasigen Wäldern, besonders bei Laubbäumen. Sommer-Anfang Herbst.

Wert: eßbar.

BEMERKUNGEN: Er ist vielleicht der größte **Scheidenstreifling.** Er kommt nicht häufig vor.

3/4 natürliche Größe

AMANITA VAGINATA var. **nivalis** Grev. 859

von « nivalis » (lat.) = weiß. Die Hutfarbe blaßt aus

Hut: 2-5 cm, kegelig, glockig, dann aufgeschirmt, Rand deutlich, aber nicht tief gerieft. Dünnfleischig, jung bräunlich, im Alter stark ausblassend, sodaß er fast weiß wird, die Scheibe bleibt graubraun.

Lamellen: gedrängt, weiß, am Stiel verschmälert.

Stiel: 6-12×0,6-1 cm, dünn, nach oben verjüngt, weiß, fast glatt, manchmal genattert, hohl. Volva weiß, häutig, sehr hoch, den Stiel umschließend.

Fleisch: weiß, geruch- und geschmacklos.

Sporen: länglich, 10-12×9-10 µm.

Vorkommen: an Wiesenrändern. Sommer-Herbst.

Wert: eßbar wie alle **Scheidenstreiflinge.**

BEMERKUNGEN: Wir wollen diesen Pilz, der meistens mit der ebenfalls weißen Varietät **alba (860)** gleichgestellt wird, als eigene Varietät vorstellen. Es ist bekannt, daß die Gruppe der **Scheidenstreiflinge (Vaginaria)** noch nicht eindeutig abgegrenzt ist und daß eine sichere Bestimmung nicht bei allen Exemplaren gelingt. Die Unterscheidung der einzelnen Varietäten stützt sich nicht so sehr auf anatomische Merkmale, sondern auf die Hutfärbung (weiß, orange, fuchsig, grau usw.), auf Ornamentierungen des Stieles (glatt, genattert, flockig usw.), auf die Farbe und die Struktur des Universalvelums (graue Volva, die aus Sphaerozysten aufgebaut ist) und auf die Größe der Fruchtkörper. Neuerdings sind neue Varietäten geschaffen worden: **subalpina** Mos., die sehr ähnlich der **A. umbrinolutea (17)** ist; **magnivolvata** Aalton, **submembranacea** Bon und **hyperborea** P. Karst., die bei Weiden wächst. Es sei noch gesagt, daß alle **Scheidenstreiflinge** eßbar sind, vorausgesetzt daß sie gekocht werden; roh werden sie als giftig angesehen.

2/3 natürliche Größe

AMANITA ALBA Gill.

860

von « albus » (lat.) = weiß. Wegen der Farbe
VOLKSNAME: **Weißer Scheidenstreifling**

Hut: 3-7 cm, glockig, dann aufgeschirmt, schneeweiß, am Rand stark gerieft.

Lamellen: weiß, gedrängt, abgerundet-ausgebuchtet angewachsen.

Stiel: gleichdick, bisweilen mit flockigen Gürteln und manchmal mit flüchtiger Manschette, weiß; Scheide weiß.

Fleisch: weiß, geruch- und geschmacklos.

Sporen: schwach länglich, 10-12×9-10 µm.

Vorkommen: an grasigen Stellen. Sommer, Anfang Herbst.

Wert: eßbar.

BEMERKUNGEN: Diese Art ist vielleicht eine Varietät von **Amanita vaginata;** sie ist leichter zu erkennen wegen der schneeweißen Färbung des ganzen Fruchtkörpers.

Natürliche Größe

VOLVARIELLA MEDIA (Schum. ex Fr.) Sing.

861

Wegen des eher kleinen Fruchtkörpers

Hut: 3-5 cm, dünnfleischig, gewölbt bis abgeflacht, mit glattem Rand, weiß, der Scheitel ist bräunlich, kahl, schwach aber deutlich schmierig, trocken seidig glänzend.

Lamellen: bauchig, abgerundet-frei, entfernt, weiß, später fleischrötlich.

Stiel: 4-6×0,4-0,6 cm, ausgestopft, gleichdick, weiß, leicht flaumig (Lupe!). Die Scheide ist groß und unregelmäßig, 4-5-lappig, außen grau und filzig.

Fleisch: weiß, Geschmack mild.

Sporen: oval, gelblich, 7-9×4-5 µm. Sporenpulver rosa. Zystiden spindelförmig und bauchig, 45-50×12-15 µm.

Vorkommen: in Laub- und Nadelwäldern. Frühling bis Sommer.

Wert: unbekannt.

BEMERKUNGEN: Der Pilz ist ein kleiner bis mittelgroßer **Scheidling (Volvariella).** Diese Pilzgruppe ist erkenntlich am Vorhandensein einer Scheide. Ein anderer kleiner **Scheidling** ist **Volvariella pusilla** (Pers. ex Fr.) Sing.

Schwach vergrößert

MACROLEPIOTA MASTOIDEA (Fr.) Sing. 862

VOLKSNAME: **Spitzgebuckelter Riesen-Schirmling**

Hut: 8-12 cm, kegelig-ausgebreitet, deutlich gebuckelt; die Huthaut ist auf der Scheibe geschlossen, auf dem restlichen Hut aber in feine, unregelmäßige Schüppchen aufgelöst. Die Oberfläche ist braunocker bis mehr oder weniger milchkaffeebraun auf creme-ockerfarbenem Fleisch; Rand eingebogen, später gerade, etwas wollig, gleichfarbig. Die Huthaut ist palisadenartig, die Pigmente sind an die Membran gebunden.

Lamellen: am Stiel zu einem Halsband verwachsen, ziemlich gedrängt, weich, blaß kreme, alt etwas dunkler; die ganzrandige Schneide ist gleichfarbig, am Hutrand abgerundet, am Stiel frei.

Stiel: 12-15×0,8-1 cm, vom Hut abtrennbar, faserig-fleischig, gleichdick oder nach oben etwas verjüngt, an der Basis knollig, markig, mit ockerbräunlichen Schüppchen genattert. Ring einfach, vollständig, trichterförmig, frei, obenauf weiß, unten hellbraun.

Fleisch: etwas schlaff, dick, unveränderlich weiß, Geruch schwach und angenehm, Geschmack wenig ausgeprägt nußartig.

Sporen: weiß, mit zwei Öltropfen, elliptisch, mit leicht verlängerter Spitze, 13-14×7,5-8 µm. Die Marginalzellen sind keulenförmig.

Vorkommen: in Mischwäldern, in Waldlichtungen.

Wert: eßbar.

BEMERKUNGEN: Die Arten der Gruppe um **Macrolepiota mastoidea** sind bisweilen schwer auseinanderzuhalten, sie unterscheiden sich aber deutlich von anderen Gruppen; von **Ml. excoriata (25)** durch die Schnallen der Huthauthyphen und den spitzen Buckel, von **Ml. permixta** (Barla) durch das nicht rötende Fleisch, von **Ml. procera (20)** durch den nicht so auffallend gefärbten Stiel und den einfachen Ring.

2/3 natürliche Größe

LEPIOTA CORTINARIUS Lge. — 863

Der Pilz trägt ein schleierartiges Velum

VOLKSNAME: **Schleierschirmling**

Hut: 5-10 cm, glockig, später ausgebreitet und gebuckelt. Hell rötlichbraun, die Huthaut zerreißt rasch in kleine Schüppchen, die gegen die Mitte hin dichter sind.

Lamellen: weiß, ziemlich breit, um den Stiel ein Kollar bildend.

Stiel: 4-6 × 0,6-1 cm, dem Hut gleichfarbig, Basis schwach schuppig, Velum schleierartig, weiß, mit rötlichem Hauch.

Fleisch: weiß, eine orange Färbung ist nur angedeutet. Geruch- und geschmacklos.

Sporen: 8 × 3,2 µm.

Vorkommen: im Nadelwald, besonders unter Fichte. Sommer-Herbst.

Wert: unbekannt.

BEMERKUNGEN: Das schleierartige Velum hat dem Pilz den Namen gegeben. Mehrere kleine bis mittelgroße **Lepiota**-Arten sind ihm ähnlich.

Natürliche Größe

LEPIOTA IGNIVOLVATA Bouchet-Joss. 864

von « ignis » (lat.) = Feuer. Wegen der Verfärbung der Stielbasis, die dann volvaartig erscheint

Hut: 4-10 cm, gewölbt bis abgeflacht, mit dickem, stumpfem Buckel, Huthaut trocken, ockerbraun-schwärzlich, in der Mitte dunkler und geschlossen, gegen den Rand hin fein faserig-schuppig, vom Stiel leicht abtrennbar. Die Huthaut ist unregelmäßig hymeniform; Schnallen sind vorhanden.

Lamellen: ziemlich gedrängt, breit, weiß, kollarartig-frei.

Stiel: 6-12×0,7-1 cm, gleichdick, an der Basis verbreitert, bald hohl, markig, weiß, von unten nach oben bräunlich werdend, etwas seidig, längsfaserig. Die Stielbasis ist napfförmig, sie rötet an älteren Stücken volvaartig. Das Velum teilt sich in einen mittelständigen Ring und in eine weiße spinnwebige Cortina.

Fleisch: ziemlich dick, fest, weiß, leicht fuchsig. Geruch säuerlich.

Sporen: spindelig, nicht amyloid, mit Brillantkresylblau nicht metachromatische Sporenwände; 12-16 µm. Längliche Zystiden nur an der Lamellenschneide.

Vorkommen: in Laub- und Nadelwald.

Wert: eßbar.

BEMERKUNGEN: Der Pilz gehört in die Sektion « **Lepiota** » zusammen mit **L. clypeolaria.** Man unterscheidet ihn von den verwandten Arten durch die rote volvaartige Stielbasis und das in einen Ring und eine Cortina getrennte Velum.

Natürliche Größe — **37**

LEUCOCOPRINUS BRESADOLAE (Schulz.) 865

Zu Ehren von Bresadola

Hut: 5-10 cm, glockig-gewölbt, jung graubraun; bald in Schuppen zerreißend, alt mehr braun purpurn, der Grund ist weißgelblich. Rand nur undeutlich gerieft.

Lamellen: weiß, berührt safranrot.

Stiel: 5-10×0,6-2 cm, spindelig, flockig-schuppig, weißlich, später purpurbräunlich.

Fleisch: weiß, im Stiel lebhaft rötend, dann braunschwärzlich.

Sporen: 8-12×6-8 µm.

Vorkommen: im Nadelwald.

Wert: eßbar.

BEMERKUNGEN: Die starke Verfärbung des Fleisches und der Lamellen läßt an einen **Agaricus** oder beinahe an einen **Coprinus** denken.

3/4 natürliche Größe

LEPIOTA CASTANEA Quél. 866

Wegen des kastanienbraunen Hutes

VOLKSNAME: **Rotbrauner Zwergschirmling**

Hut: 2-4 cm, nußbraun bis kastanienbraun, bald in kleine körnige Schüppchen zerreißend.

Lamellen: weißlich, manchmal bräunend, berührt flecken sie braunrötlich.

Stiel: dem Hut gleichfarbig, schuppig, gegen die Basis hin blasser, ohne Ring.

Fleisch: weißlich.

Sporen: 3-13×3,5-5 µm, mehr oder weniger deutlich gespornt.

Vorkommen: in Laub- und Nadelwald. Sommer-Herbst. Selten.

Wert: verdächtig wie alle kleinen **Schirmlinge.**

BEMERKUNGEN: Der Pilz gehört zu einer Gruppe von **Schirmlingen,** die nicht leicht zu bestimmen sind. Diese Art verfärbt sich in den Lamellen und im Stiel rötlich. Sie kann auch dem giftigen **Fleischrosa Schirmling (L. helveola, 30)** ähnlich sehen.

Natürliche Größe

LEPIOTA PARVANNULATA (Lasch) Gill. 867

von « parvus » (lat.) = klein. Wegen des vergänglichen Ringes

Hut: 1-2,5 cm, cremeweißlich, nicht schuppig.

Lamellen: weiß, etwas flockig, am Stiel abgerundet.

Stiel: 1-2,5×0,1-0,3 cm, weiß, spinnwebig-faserig, nicht schuppig. Ring jung trichterig-häutig, bald hinfällig, selten ausdauernd.

Fleisch: weiß.

Sporen: sehr klein, 3-4,5×2-3 µm. Zystiden oder Haare fehlend oder undeutlich.

Vorkommen: an grasigen Plätzen.

Wert: verdächtig wie alle kleinen **Schirmlinge.**

BEMERKUNGEN: Diese sehr kleine Art gehört nach der Fries'schen Einteilung zur Gruppe « **Clypeolaria** » und zur Sektion « **Ovisporae** » wegen der kleinen, elliptisch-ovalen Sporen.

Natürliche Größe

CYSTOLEPIOTA ADULTERINA (Moell.) Bon. 868

von « adulterinus » (lat.) = unecht, verfälscht

SYNONYME: **Lepiota hetieri** ss. Lge.
Lepiota hetieriana Locq.

Hut: 3-4 cm, halbkugelig, dann abgeflacht, anfangs schmutzig weiß, dann graugelblich, anfangs mehlig-körnig; bei Berührung verfärbt er sich rotbräunlich.

Lamellen: weiß, fast frei, eher entfernt.

Stiel: 5-6×0,4-0,8 cm, weißlich, dem Hut gleichfarbig, flockig und beringt wie ein **Körnchenschirmling (Cystoderma).**

Sporen: 4-6×2-2,5 µm, mit Sporn. Sphaerozysten 15-35 µm.

Vorkommen: im Gebüsch, im Buchenwald.

Wert: verdächtig wie alle kleinen **Schirmlinge.**

BEMERKUNGEN: Der Pilz gehört zu den **Mehlschirmlingen (Cystolepiota),** deren Fruchtkörper durch Sphaerozysten mehr oder weniger mehlig erscheinen.

Schwach vergrößert

LEPIOTA SUBGRACILIS Kühn. 869

von « gracilis » (lat.) = zart
SYNONYM: **Lepiota gracilis** Lge.

Hut: 1,5-4 cm, kastanienbraun oder dunkelbraun; die Huthaut ist auf der Scheibe geschlossen oder fein schuppig, der Rest des Hutes ist fein schuppig oder körnig, die Schuppen sind ocker-fuchsig auf weißem Grunde.
Lamellen: weiß.
Stiel: 2-4×0,2-0,3 cm, blaß, Basis schwach graulich schuppig. Der Ring ist bisweilen zweischichtig: der obere Teil, gebildet aus dem Partialvelum; der untere Teil, gebildet aus dem Universalvelum in Form von braunen, manchmal zerrissenen Ringen.
Sporen: spindelig, ohne Sporn, 9-11×5-5,5 µm.
Vorkommen: im Nadelwald.
Wert: verdächtig wie alle kleinen **Schirmlinge.**

BEMERKUNGEN: Diese seltene Art gehört wie die vorhergehende zur Fries'schen Sektion « **Clypeolaria** » mit spindeligen, nicht gespornten Sporen (« **Lepiota** »).

Schwach vergrößert

LIMACELLA VINOSO-RUBESCENS Furrer 870

von « rubescens » (lat.) = errötend. Wegen der Farbe

Hut: 4-7 cm, anfangs stumpf kegelig, dann ausgebreitet und gebuckelt, feucht schmierig, trocken glimmerig oder fein körnig-schuppig. Erst purpurn gefärbt, dann blutrosa. Nicht gerieft.
Lamellen: angeheftet, dann ausgebuchtet bis fast frei, breit, anfangs creme-rosa, reif weinrötlich, die Schneide ist dunkler und schartig.
Stiel: 4-6×0,8-1,2 cm, gleichdick, weiß, dann rosa-faserig, Spitze mehlig, jung mit einem fast ringartigen Velum, später faserig-flockig; trocken; voll.
Fleisch: brüchig, lebhaft weinrot; Geruch und Geschmack mehlartig.
Sporen: hyalin, fast kugelig, 3,5-5,5×3-4,5 µm; nicht amyloid. Zystiden fehlen.
Vorkommen: auf Erde in Mischwäldern (Buche, Fichte). Herbst.
Wert: unbekannt.

BEMERKUNGEN: Dieser Pilz ist sehr ähnlich der **Cystoderma haematites** Bres. oder **Cystoderma superbum (412)** und wird häufig mit ihr verwechselt. Beide Arten sind aber leicht auseinanderzuhalten auf Grund der Gegenüberstellung folgender Merkmale, die wir der Originalbeschreibung von C. Furrer-Ziogas entnehmen.

	haematites (superbum)	**vinoso-rubescens**
Hutdurchmesser	1,5-3 cm	4-7 cm
Geruch	geruchlos	mehlartig-nach Medikamenten
Geschmack	geschmacklos, mild	stark mehlartig
Lamellentrama	regulär	bilateral
Sporen	amyloid oder pseudoamyloid	nicht amyloid
Huthaut	mit Sphaerozysten	ohne Sphaerozysten

Natürliche Größe

LEPIOTA FUSCOVINACEA Lge. & Moell. **871**

Wegen der Farbe
VOLKSNAME: **Lila Zwergschirmling**

Hut: 2-3,5 cm, stumpf kegelig, dann mehr oder weniger abgeflacht, die Scheibe ist spitzstachelig-schuppig, gegen den Rand hin angedrückt schuppig, braun-dunkel purpurn, der Grund ist weißlich. Bisweilen sind die Schuppen nicht zerrissen, sodaß der Hut filzig erscheint. Rand überhängend flockig. Hutoberfläche: Geflecht von feinen, häufig septierten Hyphen, ohne Schnallen, darüber erheben sich lange, septierte Filamente.

Lamellen: lanzettförmig, frei, ganzrandig, weißlich.

Stiel: 3-4×0,4-0,6 cm, gleichdick, etwas knollig, leicht kegelig, jung fast wollig gestiefelt, schmutzig weinbraun, mit deutlicher ringartiger Zone. Der obere Teil ist seidig und gegen fleischrötlich. Mark seidig, weiß.

Fleisch: ziemlich dick, weiß, leicht rötend; Geruch ähnlich wie beim **Stink-Schirmling (L. cristata, 28).**

Sporen: elliptisch oder fast zylindrisch, 4,7-5,2×2,7-3 µm; Sporenpulver weiß. Pleurozystiden fehlen, Cheilozystiden einfach, keulenförmig.

Vorkommen: an grasigen Waldrändern, im Gebüsch.

Wert: verdächtig wie alle kleinen **Schirmlinge.**

BEMERKUNGEN: Diese Art ist gut charakterisiert durch die Farbe und durch die kleinen Sporen, die sie in die Sektion **« Ovisporae »** einordnen lassen. Wegen der nicht blasigen Epidermiszellen kann sie nicht zur Sektion **« Echinatae »** gestellt werden. Eine sichere Bestimmung der kleinen **Schirmlinge** erfordert eine aufmerksame Beobachtung der mikroskopischen Merkmale und eine gründliche wissenschaftliche Vorbereitung.

Natürliche Größe

CYSTODERMA GRANULOSUM (Batsch ex Fr.) Fay. **872**

von « granulosus » (lat.) = fein gekörnelt. Wegen der Hutverzierungen
VOLKSNAME: **Rostroter Körnchenschirmling**

Hut: 2-3,5 cm, gewölbt, dann abgeflacht, gebuckelt, Huthaut nicht abziehbar, unregelmäßig radial aderig, bis zum Rand dicht gekörnelt; Scheibe braun, zum Rand hin ausblassend, dieser leicht flockig. Huthaut mit Sphaerozysten, gemischt mit elliptischen oder zylindrischen Zellen, mit Schnallenhyphen.

Lamellen: schmal, brüchig, nicht dick, nicht abtrennbar, angewachsen oder ausgebuchtet angewachsen, weißlich-blaß bräunlich; Schneide ganzrandig und gleichfarbig.

Stiel: 2,5-3×0,3-0,4 cm, nicht abtrennbar, ziemlich gedrungen, gleichdick, weißfaserig, stärker gekörnelt als der Hut, Basis bräunlich-rot. Mit flockiger Ringzone, der Ring ist bräunlich-fleischrot.

Fleisch: ziemlich fest, dick, weißlich, Geruch und Geschmack schirmlingsartig.

Sporen: ellipsoidisch, nicht amyloid, 3,5-5,5×2,5-3,2 µm.

Vorkommen: im Mischwald.

Wert: nicht eßbar.

BEMERKUNGEN: Dieser vielgestaltige **Körnchenschirmling** kann mit ähnlichen Pilzen verwechselt werden: **C. amiantinum (31)** ist heller gelblich, **C. fallax (873)** ist stärker verziert.

Natürliche Größe

CYSTODERMA FALLAX Smith & Sing. 873

von « fallax » (lat.) = betrügerisch. Weil der Pilz leicht mit anderen Pilzen verwechselt wird

VOLKSNAME: **Häutig beringter Körnchenschirmling**

Hut: 3-5 cm, ocker-rostfarben oder ocker-braun, körnig, dann kleiig oder schuppig.

Lamellen: weiß, mit einem rosa Farbton.

Stiel: häutig gestiefelt, schuppig-körnig und dem Hut gleichfarbig; über dem Ring weißlich. Ring kollarartig, dauerhaft.

Fleisch: im Stiel gelb-braun oder ockerlich-rötlich.

Sporen: hyalin, breit elliptisch oval oder auch fast kugelig, schwach amyloid, $3{,}7\text{-}5 \times 3\text{-}4$ µm.

Vorkommen: in Nadelwäldern der Alpen. Ziemlich häufig.

Wert: eßbar.

BEMERKUNGEN: Vom ähnlichen **Amiant-Körnchenschirmling (C. amiantinum, 31)** unterscheidet er sich durch andersgestaltete Sporen und einen stärker verzierten Ring.

Natürliche Größe

CYSTODERMA AMBROSII (Bres.) Sm. & Sing. 874

SYNONYM: **Anellaria ambrosii** Bres.

VOLKSNAME: **Weißer Körnchenschirmling**

Hut: 3-6 cm, dünnfleischig, halbkugelig gewölbt, später abgeflacht, trocken, körnig-flockig, Rand mit gezähnten Resten des Velums; fast kahl werdend, weiß, Scheibe alt leicht gilbend.

Lamellen: fast gedrängt, weiß, bogig oder abgerundet angewachsen, oder auch frei.

Stiel: $5\text{-}7 \times 0{,}5\text{-}0{,}6$ cm, fast zylindrisch, markig ausgestopft, dann hohl, über dem Ring kahl, unter dem Ring mehr oder weniger dicht faserig-flockig; dem Hut gleichfarbig. Ring herabfallend, häutig-flockig, rissig, vergänglich.

Fleisch: weiß, geruch- und geschmacklos.

Sporen: elliptisch, hyalin, $4\text{-}5 \times 2{,}5$ µm.

Vorkommen: auf moosigem Boden, besonders bei Lärchen.

Wert: unbekannt, wahrscheinlich ungenießbar wie alle kleinen **Körnchenschirmlinge.**

BEMERKUNGEN: Dieser seltene Pilz ist zum erstenmal von Bresadola beschrieben worden. Das abgebildete Exemplar wurde von Dr. Pasqui in einem Lärchenwald bei Sella Valsugana (TN) gefunden. Ich konnte den Pilz ein einziges Mal in der gleichen Gegend finden wie seinerzeit Bresadola.

Natürliche Größe

LIMACELLA OCHRACEOLUTEA P. D. Orton **875**

Wegen der Farbe

Hut: 4-7 cm, gewölbt bis flach aufgeschirmt, leicht gebuckelt, blaß gelblich bis zitronengelblich, Mitte rötlichgelb, glatt, leicht schmierig.

Lamellen: schneeweiß, leicht gilbend, eher schmal, an den Stiel angedrückt.

Stiel: 5-12×0,6-0,8 cm, schlank und dünn, Basis leicht verdickt, schmierig, braun-flockig, Spitze weiß.

Fleisch: weißlich, Geruch stark mehlartig.

Sporen: 3,5-4,5×3-3,5 μm, fein warzig.

Vorkommen: im Laubwald. Sommer-Anfang Herbst.

Wert: unbekannt, vielleicht eßbar.

BEMERKUNGEN: Der seltene **Schleimschirmling (Limacella)** ist mittelgroß und gelblich gefärbt.

3/4 natürliche Größe

COPRINUS RADIATUS (Bolt.) Fr. **876**

von « radiatus » (lat.) = strahlig

Hut: 0,3-0,6 cm hoch, ausgebreitet 0,4-1 cm, keulenförmig, dann glockig, rasch ausgebreitet, filzig, aschgrau, radial streifig, gelblich getönt; Scheibe fuchsig.

Lamellen: frei, entfernt, blaß schwärzlich.

Stiel: 2-3×0,05-0,1 cm, fadenförmig, durchscheinend, kahl.

Fleisch: dünn.

Sporen: sehr groß, 11-14×6-7 μm, mandelförmig.

Vorkommen: auf Pferdemist, häufig in Glashäusern.

Wert: wertlos.

BEMERKUNGEN: Diese sehr kleine und zarte Art gehört in die Fries'sche Sektion **« Lanatuli »**; das sind **Tintlinge** mit flockigem Velum auf dem Hut, die Lamellen sind frei, der Stiel ist ringlos. Die abgebildeten Exemplare sind in einer **Austernseitlingskultur (Pleurotus ostreatus, 252)** fotografiert worden, wo sie als unerwünschte Gäste die Zucht stören.

Natürliche Größe

COPRINUS STERQUILINUS Fr. **877**

von « sterquilinum » (lat.) = auf Misthaufen wachsend

VOLKSNAME: **Ring-Tintling**

Hut: 4-5 cm hoch, ausgebreitet 5-7 cm, glockig-oval, dann aufgeschirmt, furchig gerieft, oder auch bis zur Scheibe rinnig; anfangs weißlich, dann graubraun, zuletzt schwärzlich mit gelblicher Scheibe; dicht flockig-faserig, haarig-filzig, schuppig.

Lamellen: weiß, dann purpur-rötlich, gedrängt, Schneide fleischrötlich.

Stiel: 10×0,5-0,8 cm, Basis knollig bis spindelig, weiß, von der Spitze an bräunend oder langsam schwärzend, Ring meist näher an der Basis, beweglich.

Fleisch: sehr dünn, bald verwesend.

Sporen: schwarz, opak, mandelförmig, glatt, sehr groß, 18-23×12-14 µm. Marginalzellen rundlich.

Vorkommen: auf altem Mist, auf gedüngten Gartenbeeten. In Gruppen.

Wert: wertlos.

BEMERKUNGEN: Dieser eher große **Tintling** ist vom **Schopftintling (Coprinus comatus, 37)** gut zu unterscheiden am Fehlen der Hutschuppen und an der Form des Fruchtkörpers, der nie so hoch ist. Der **Ring-Tintling** hat die größten Sporen der **Agaricaceae.**

Natürliche Größe

COPRINUS ROMAGNESIANUS Sing. 878

zu Ehren von Romagnesi

SYNONYM: **Coprinus atramentarius** var. **squamosus** Bres.

Hut: 4-6 cm, fast häutig, breit glockig, graufuchsig, Rand blasser, mit angedrückten, braun-olivlichen Schuppen, zuletzt Scheibe felderig zerrissen; Rand rissig-schuppig.

Lamellen: gedrängt, breit, fast bauchig, schmal angeheftet oder fast frei, anfangs weiß, dann purpurschwarz, schließlich schwarz und langsam zerfließend.

Stiel: 6-9×0,7-1 cm, markig ausgestopft, dann röhrig, gleichdick, Basis etwas knollig oder auch spindelförmig; faserig-zäh, unter dem Ring dunkelbraun und mit braunen Schuppen; über dem Ring weiß, seidig, gerieft oder kahl. Ring herabhängend, zerrissen, vergänglich, dunkel.

Fleisch: weiß, verletzt im Hut rötlich, im Stiel leicht bräunend; dünn.

Sporen: breit oval-zugespitzt, glatt, schwärzlich-rötlich, 8-12×5-6 µm.

Vorkommen: büschelig auf gedüngten Böden, bei Baumwurzeln.

Wert: eßbar, jedoch mit den gleichen Vorbehalten wie beim **Faltentintling (C. atramentarius, 38),** der nicht zusammen mit alkoholischen Getränken genossen werden darf, weil er sonst antabusartige Erkrankungen verursacht (Bd. I, S. 76).

BEMERKUNGEN: Dieser **Faltentintling** ist bräunlich, nicht grau gefärbt und unter dem Ring schuppig.

3/4 natürliche Größe

COPRINUS NIVEUS (Pers. ex Fr.) Fr. 879

von « niveus » (lat.) = schneeweiß. Wegen der Farbe

VOLKSNAME: **Schneeweißer Tintling**

Hut: 2-4 cm, oval-glockig, dann aufgeschirmt, schneeweiß, flockig-mehlig, « schneeartig » bedeckt.

Lamellen: gedrängt, angewachsen, bald schwarz zerfließend.

Stiel: 4-10×0,2-0,3 cm, gleichdick, röhrig, brüchig, weiß, unten wollig.

Fleisch: sehr dünn.

Sporen: fast linsenförmig, sehr groß, beinahe wie bei der vorher beschriebenen Art, 12-18/10-13/8-10 µm; die Spitze ist kegelartig verlängert. Cheilozystiden sehr zahlreich.

Vorkommen: auf Kuhmist, in Wäldern; Anfang Herbst.

Wert: wertlos.

BEMERKUNGEN: Dieser **Tintling** ist sehr leicht zu erkennen an der schneeweißen Farbe, an den Hutverzierungen und auch an den charakteristischen großen Sporen. Der Pilz ist ein ausgesprochener Mistbewohner besonders auf Almweiden.

Schwach vergrößert

AGARICUS BENESII Pilat

Hut: 5-10 cm, halbkugelig, dann flacher, weiß, kahl, alt etwas schuppig-faserig, ziemlich fleischig.

Lamellen: graulich-rosa, ziemlich gedrängt, gegen den Stiel hin schmäler werdend, später bräunlich-schwarz.

Stiel: 8-16×0,8-1,5 cm, gleichdick, nach oben verjüngt, nach unten deutlich verdickt, voll bis hohl, weiß, im unteren Teil leicht flockig. Das Partialvelum, das den Ring bildet, ist zweischichtig, unterseits gesternt.

Fleisch: weiß, verletzt rötend, besonders im Hut verfärbt es sich blutrot. Ohne besonderen Geruch.

Sporen: 5-5,5×3,5-4 µm, glatt.

Vorkommen: im Laub- und Nadelwald. September-November. Selten.

Wert: eßbar.

BEMERKUNGEN: Der Pilz gehört zur Gruppe der **Egerlinge (Agaricus),** deren Fleisch mehr oder weniger stark rötet und deren Hut fast weiß und kahl oder fein schuppig ist.

Natürliche Größe

AGARICUS HORTENSIS (Cke.) Pilat **881**

von « hortus » (lat.) = Garten. Wegen des Standortes

VOLKSNAME: **Garten-Champignon**

Hut: bis 10 cm, fleischig und fest, glockig bis ausgebreitet, auch flach, zuletzt auch leicht niedergedrückt; Rand lange eingerollt, mit Resten des Velums gezähnt. Weiß, bald blaß braun oder schmutzig braun, am Rande blasser, gegen den Rand fein faserig-schuppig; Scheibe ganz, braun.

Lamellen: gedrängt, schmäler als beim **Feld-Egerling (A. campestris)**, jung rosa-schmutzig fleischrötlich, Schneide weißlich; frei.

Stiel: 3-6×1-2 cm, kürzer als der Hut breit, gleichdick, Basis nicht knollig, aber mit Myzelfäden besetzt. Weiß, kahl; ausgestopft oder hohl. Ring doppelt, was schon bei sehr jungen Fruchtkörpern auffällt; die obere Schicht (Partialvelum) ist vergänglich, die untere (Universalvelum) ist ausdauernd und nach unten abziehbar.

Fleisch: weiß, bei Berührung leicht fuchsig verfärbend, weich, schmackhaft. Geruch holzartig. Mit Anilin verfärbt es sich lebhaft rot.

Sporen: rundlich, 6-7 µm. Die Marginalzellen sind zahlreich, keulenförmig, den Basidien ähnlich.

Vorkommen: auf gedüngten Böden, in Gärten, Wiesen, auf Mist.

Wert: eßbar.

BEMERKUNGEN: Dieser Pilz wird normalerweise in Champignonkulturen gezüchtet. Er gehört zur Sektion « **Rubescentes** » mit mehr oder weniger rötendem Fleisch. Die Varietät **A. bisporus (42)** wird häufiger kultiviert; die Abbildung stammt aus einem Beet einer Champignonkultur. Uns schien es nützlich, die typische Form dieses Pilzes an seinem natürlichen Standort vorzustellen.

Schwach vergrößert

AGARICUS BERNARDII (Quél.) Sacc. 882

VOLKSNAME: **Dünen-Egerling**

Hut: 8-15 cm, anfangs weißlich, dann hellocker, fleischig, bald abgeflacht oder auch leicht niedergedrückt, grob und dick felderig schuppig, Schuppen gegen den Rand hin kleiner werdend, Hutrand anfangs eingerollt und von Velumresten behangen. Verletzt bräunend.

Lamellen: graurosa, dann schokoladenbraun, frei, gedrängt, die Schneide ist heteromorph.

Stiel: 5-6×2-4 cm, gedrungen, kurz, weißlich, nach unten braun werdend, Basis zugespitzt. Ring dünn, weißlich, einfach, nach unten abziehbar, flüchtig.

Fleisch: weiß, im Schnitt dunkelrot, Geruch nach Fisch oder Karbolsäure. Schaeffer-Reaktion negativ (vgl. **A. xanthoderma, 888**).

Sporen: oval-rundlich, 5,5-7×5-6 µm; Sporenpulver braun-schwarz. Zystiden spindelig-keulenförmig, gebündelt auf der Lamellenschneide.

Vorkommen: Sommer-Herbst. In Ringen, in Wiesen längs der Meeresküste, auf Dünen. Selten im Binnenland, Salzsteppen.

Wert: ungenießbar wegen des unangenehmen Geruches. Der Pilz wird in Ungarn viel gegessen.

BEMERKUNGEN: Diese Art erkennt man vor allem am unangenehmen Geruch, am lebhaft rötenden Fleisch, an seiner Größe, am Wachsen in Ringen an der Meeresküste. Prof. Benedetto Bonapace hat den Pilz auf einer stark gedüngten Wiese im Trentino gefunden, einem von den Beschreibungen der Autoren abweichenden Standort.

Natürliche Größe

AGARICUS MEDIO-FUSCUS (Moell.) Moell. 883

von « medius » (lat.) = in der Mitte und « fuscus » (lat.) = graubraun
Wegen der dunkleren Hutmitte

Hut: 6-12 cm, anfangs eiförmig, dann gewölbt ausgebreitet, Mitte leicht gebuckelt, rotbraun oder graubraun, faserig-schuppig.

Lamellen: gedrängt, ziemlich schmal, hellrosa, dann bräunlichschwarz mit heller Schneide.

Stiel: 6-10×1,5 cm, nach oben leicht verjüngt, gleichdick, angedeutet knollig, über dem Ring kahl, weiß, aber bald bräunend. Im Basalteil mit braunen Schuppen. Voll, dann hohl. Ring weiß, dann bräunlich.

Fleisch: weißlich, bei Verletzung besonders im Stiel dunkelrot verfärbend. Geruch etwas säuerlich.

Sporen: 6-8×4-4,5 µm.

Vorkommen: im Nadelwald. Juli-August. Selten.

Wert: eßbar.

BEMERKUNGEN: Der Pilz gleicht etwas dem **Großen Waldegerling (A. langei, 43)**, man erkennt ihn besonders an der kräftigeren Rotverfärbung des Fleisches.

Natürliche Größe

AGARICUS SPISSICAULIS Moell. 884

von « spissus » (lat.) = dick und « caulis » Stiel. Wegen des verdickten Stieles

VOLKSNAME: **Gedrungener Champignon**

Hut: 6-14 cm, halbkugelig bis gewölbt, dann flach oder etwas niedergedrückt, dickfleischig, Rand anfangs eingerollt und dünn; weißlich-grau, bei Berührung gelblich fleckend, mit angedrückten gelb- bis graulichen Schuppen.

Lamellen: fleischrötlich-rötlich bis weinrot, dann braun-schwärzlich, schmal, frei, mit heteromorpher Schneide.

Stiel: 3-5×2-3 cm, kurz und kräftig, keulig und bauchig, voll, dem Hut gleichfarbig, kahl. Ring weiß, einfach, dünn, dauerhaft, oberseits gerieft, nach oben abziehbar.

Fleisch: dick, weißlich, im Schnitt grau-rötlich, Geruch schwach nach Bittermandeln.

Sporen: rundlich, 5-7×4-5,5 µm. Cheilozystiden zahlreich, zylindrisch, wenig über die Basidien hervorragend.

Vorkommen: auf Wiesen, Anfang Herbst.

Wert: eßbar.

BEMERKUNGEN: Der Pilz hat viele Merkmale mit dem **Scheiden-Egerling (A. bitorquis, 46)** gemeinsam. Man erkennt ihn aber leicht am Ring, der nach oben abziehbar ist und am verschiedenen Standort.

Natürliche Größe

AGARICUS SILVATICUS Schff. ex Secr. **885**

von « silvaticus » (lat.) = im Wald wachsend. Wegen des Standortes

VOLKSNAME: **Wald-Egerling**

Hut: 8-14 cm, gewölbt, dann abgeflacht, leicht gebuckelt, fuchsig oder bräunlich, rings um den satter gefärbten Scheitel mit ocker- bis dunkelbraunen Schuppen auf weißem Grunde.

Lamellen: schmal und gedrängt, am Stiel abgerundet, hell braungrau, dann schokoladenbraun. Schneide weißflockig.

Stiel: 6-12×0,8-1,2 cm, gleichdick mit knolliger Basis, über dem Ring weiß und kahl, darunter leicht schuppig. Er kann sich graulich verfärben. Der Ring sitzt sehr hoch, er ist breit und zerrissen.

Fleisch: nicht sehr fest, weißlich, im Schnitt leicht gelb-rötlich, später satt purpurn, besonders im oberen Teil des Stieles und gegen die Lamellen. Geruch schwach säuerlich. Schaeffer-Reaktion negativ.

Sporen: dunkelbraun, eiförmig, 4,5-6×3-3,5 µm.

Vorkommen: gesellig im Nadelwald, bisweilen tief in die Streu eingebettet. Nach einigen Autoren kommt er auch im Laubwald vor. Sommer-Herbst. Ziemlich häufig.

Wert: eßbar.

BEMERKUNGEN: Das Fleisch dieses Pilzes verfärbt sich lebhaft und stark rötlich. Die Abbildung erinnert stark an **Agaricus silvaticoides** Pilat; dieser **Egerling** unterscheidet sich nur durch die größeren Sporen und die heftigere Rotfärbung besonders im unteren Teil des Stieles.

Natürliche Größe

AGARICUS SILVICOLA (Vitt.) Sacc. **886**

von « silvicola » (lat.) = waldbewohnend. Wegen des Standortes

VOLKSNAME: **Dünnfleischiger Anis-Egerling**

Hut: 5-8 cm, ähnlich dem **Weißen Anis-Egerling,** aber kleiner, dünnfleischiger und weißcreme, faserig, nicht schuppig. Bei Berührung leicht gelblich fleckend.

Lamellen: rosa-fleischrötlich, später schokoladenbraun.

Stiel: 4-8×0,8-1 cm, dünner als beim **Weißen Anis-Egerling,** auch jung hohl. Basis leicht knollig, die gerandete Knolle verfärbt sich bei Berührung gelblich. Ring einfach, weiß, häutig.

Fleisch: weiß, brüchig, der Anisgeruch ist deutlicher als beim **Weißen Anis-Egerling;** es gilbt besonders in der Stielbasis, bei älteren Exemplaren verfärbt es sich bräunlich.

Sporen: oval, braun-purpurn, 5-6×3-4 µm.

Vorkommen: im Nadel- und Laubwald (Fichte, Buche).

Wert: eßbar.

BEMERKUNGEN: Der Pilz unterscheidet sich vom **Weißen Anis-Egerling (A. arvensis, 427)** durch die kleineren und zarteren Fruchtkörper, durch die leicht gerandete Knolle, die kleineren Sporen, das Vorkommen im Wald und durch die faserige, nicht schuppige Hutoberfläche.

Natürliche Größe

AGARICUS LEUCOTRICHUS (Moell.) Moell. 887

von « leucos » (gr.) = weiß und « thrix » (gr.) = Haar

Hut: 8-12 cm, weiß oder strohgelb, gelb fleckend, schließlich ganz ockergelb, dicht faserig-sparrig-schuppig.

Lamellen: lange weiß bleibend, frei.

Stiel: 8-12×1,5-2 cm, gleichdick oder mit leicht keulenförmiger Basis; unter dem Ring und bei jungen Fruchtkörpern weiß und flockig-schuppig. Ring dauerhaft, unterseits mit runden Schuppen.

Fleisch: weiß, gilbend. Schaeffer-Reaktion positiv. Geruch nach Anis oder Sägemehl.

Sporen: 7-8×4,5-5 µm.

Vorkommen: im Fichtenwald.

Wert: eßbar.

BEMERKUNGEN: Von ähnlichen **Egerlingen** unterscheidet sich der Pilz durch die sparrig-schuppige Hutoberfläche.

3/4 natürliche Größe

AGARICUS XANTHODERMA Gen. 888

von « xanthos » (gr.) = gelb und « derma » (gr.) = Haut

VOLKSNAME: **Karbolegerling**

Hut: 8-14 cm, halbkugelig glockig bis ausgebreitet, dünnfleischig, weiß, glatt und kahl, selten schuppig, bisweilen in der Mitte braun. Bei Berührung stark gelb fleckend.

Lamellen: ziemlich schmal, von schön rosa in Schokoladenbraun übergehend.

Stiel: 5-15×1-2 cm, schlank und gleichdick, Basis verdickt in Form einer rundlichen und gerandeten Knolle; weiß, Oberfläche kahl. Röhrig oder hohl. Ring ziemlich dick, unterseits schuppig, nach oben abziehbar.

Fleisch: weiß, im Schnitt sofort chromgelb verfärbend, besonders in der Knolle. Geruch deutlich karbolartig. Mit Anilin und mit Salpetersäure verfärbt es sich typisch satt gelborange (Schäffer-Reaktion).

Sporen: fast oval, 5-6,5×3,5-4 µm.

Vorkommen: Herbst. In Wäldern, Wiesen, Gärten, am Straßenrand, im Gebüsch.

Wert: er ist als giftig zu betrachten, obwohl einige Formen oder Varietäten ohne Schäden eßbar zu sein scheinen.

BEMERKUNGEN: Der Pilz kann als Prototyp der **Xanthodermatei** betrachtet werden, von denen es mehrere noch nicht eindeutig bestimmte und eingeordnete Arten gibt. Da einige sicher für manche Personen giftig sind, wird vor dem Genuß aller **Egerlinge,** deren Fleisch in der Stielbasis sich safrangelb verfärbt und die einen mehr oder weniger deutlichen Karbolgeruch haben, abgeraten.

Natürliche Größe

AGARICUS PLACOMYCES var. **terricolor** Moell. **889**

von « terra » (lat.) = Erde und « color » (lat.) = Farbe
Wegen der Erdfarbe

Hut: 6-8 cm, halbkugelig bis ausgebreitet, auf graubräunlichem Grunde mit bräunlich-schwarzen Schüppchen bedeckt.

Lamellen: sehr gedrängt und eher schmal, weißgrau, dann etwas rosa und schließlich bräunlich-schwarz.

Stiel: 8-12×0,8-1,2 cm, gleichdick, aber nicht gerade, meist leicht gebogen, Basis knollig verdickt. Bei Berührung gelb fleckend wie der Hut, fast kahl, weißlich, dann bräunlich.

Fleisch: weiß, im Schnitt zitronengelb, deutlich nur in der Stielbasis, sonst nur ganz leicht gelb mit rosa Farbtönen. Geruch nicht sehr stark karbolartig.

Sporen: bräunlich, eiförmig, getropft, 5×3 µm.

Vorkommen: in Wäldern. September bis Oktober.

Wert: er gilt als giftig.

BEMERKUNGEN: Der Pilz gehört zu den **Xanthodermatei** und wird als giftig angesehen. Die Bestimmung der einzelnen Varietäten und Arten dieser Gruppe ist nicht immer leicht und manche Autoren geben nicht eindeutige Beschreibungen. Der abgebildete Pilz brachte einige Zweifel bei der Bestimmung, weil er sehr ähnlich dem **Agaricus phaeolepidotus** (Moell.) Moell. mit dem gezähnten Ringrand und der bräunlichen Hutfarbe ist.

Natürliche Größe

PSATHYRELLA SUBATRATA (Batsch ex Fr.) Gill. 890

von « atratus » (lat.) = geschwärzt und « sub » = fast. Wegen der dunklen Färbung

Hut: 2-4 cm, kegelig-glockig, stumpf gebuckelt, kahl, hygrophan, am Rand gerieft, braun-rötlich, trocken blaß fuchsig, feucht rostbraun-olivlich.

Lamellen: gedrängt, gerade-etwas bauchig, breit angewachsen, rüßigbraun.

Stiel: 5-12×0,25-0,4 cm, röhrig, gleichdick, Basis weißlich und behaart, sonst kahl, weiß-strohgelb.

Fleisch: weißlich, geruch- und geschmacklos.

Sporen: elliptisch-länglich, mit Keimporus, glatt, dunkelbraun, 12-15×6-7 µm. Zystiden spindelig, 40-60×10-15 µm.

Vorkommen: in gedüngten Gärten, im feuchten Gras, am Straßenrand, in Wäldern. Dicht büschelig wachsend.

Wert: wertlos; der gebrechliche Pilz gehört zu einer Gruppe von Pilzen, die nicht gegessen werden sollten.

Natürliche Größe

PSATHYRELLA MICRORHIZA (Lasch) Sing. 891

von « micros » (gr.) = klein und « rhiza » (gr.) = Wurzel. Wegen der spindelig wurzelnden Stielbasis

VOLKSNAME: **Wurzelnder Zärtling**

Hut: 2-2,5 cm, glockig, von weißflockigem Velum gesäumt; Rand durchscheinend gerieft; rotbraun-kastanien- oder nußbraun.

Lamellen: bald rußigbraun mit rotbrauner Schneide.

Stiel: 6-9×0,4-0,8 cm, sehr dünn, weißlich, Spitze flockig, spindelig-verdickt-wurzelnd.

Fleisch: unbedeutend.

Sporen: 10-12×6-7 µm. Zystiden mit spitzem oder auch stumpfem Ende, 48-86×11-16 µm.

Vorkommen: auf gedüngten Böden.

Wert: wertlos.

BEMERKUNGEN: Makroskopische Erkennungsmerkmale sind der spindelig wurzelnde Stiel und seine flockig-geriefte Spitze.

Schwach vergrößert

PSATHYRELLA VERNALIS (Lge.) Moser 892

von « vernus » (lat.) = zum Frühling gehörend. Wegen des frühzeitigen Auftretens

VOLKSNAME: **Früher Faserling**

Hut: kräftig ockerbraun, trocken cremeocker, typisch kahl und glatt, ähnlich dem **Voreilenden Ackerling (Agrocybe praecox).**

Lamellen: charakteristisch nußbraun.

Stiel: in der Mitte gilbend.

Fleisch: unbedeutend.

Sporen: blaß braun, 7,5-9,5×4-5 µm.

Vorkommen: in Wäldern, April bis Mai.

Wert: wertlos.

BEMERKUNGEN: Der Pilz gleicht etwas dem **Voreilenden Ackerling (Agrocybe praecox, 56)**, er ist aber kleiner und dunkler gefärbt. Außerdem ist die Stielmitte charakteristisch gelb gefärbt. Das frühe Auftreten hilft mit bei der Bestimmung des Pilzes.

Schwach vergrößert

PSATHYRELLA PRONA (Fr.) Gill. 893

von « pronus » (lat.) = geneigt

Hut: 1-1,5 cm, dünn, fast häutig, halbkugelig, dann gewölbt bis glockig, stumpf, bisweilen mit Papille, durchscheinend gerieft, hygrophan; trokken opak, seidig, sehr fein punktiert, rußbraun.

Lamellen: etwas entfernt, gerade-bauchig, fast dreieckig, breit angewachsen, blaß, später grauschwarz, Schneide rosa angehaucht.

Stiel: 2-4×0,1 cm, röhrig, dünn, fadenförmig, gleichdick oder schwach knollig, nicht selten gebogen, blaß, durchscheinend-wässerig, Spitze leicht bereift, sonst kahl.

Fleisch: gleichfarbig, geruch- und geschmacklos.

Sporen: ellipsoidisch oder länglich oval, glatt, fuchsigbraun, später schwärzlich, opak, 12-16×7-8 µm. Zystiden bauchig, 25-35×10-12 µm.

Vorkommen: gesellig auf gedüngten und grasigen Böden, an Wegrändern, auf Holzresten im Wald.

Wert: wertlos.

BEMERKUNGEN: Dieser zarte Pilz hat einen glockig-halbkugeligen Hut und einen fadenförmigen, weißen und röhrigen Stiel.

3/4 natürliche Größe

PSATHYRELLA COTONEA (Quél.) Konr. & Maubl. 894

von « cotoneus » (lat.) = wollig

SYNONYME: **Psathyrella casca** Fr.
Psathyrella scobinacea ss. Favre

Hut: 2-6,5 cm, halbkugelig glockig bis ausgebreitet; jung ockerbraun, alt braungrau; trocken lehmgelb; Rand weiß behangen, Oberfläche faserig und schuppig.

Lamellen: fast frei, weiß, später schokoladenbraun oder braunpurpurn.

Stiel: 3-10×0,5-1 cm, weißlich-creme, flockig, Spitze bereift-gerieft.

Fleisch: weiß, geruchlos. Myzel schwefelgelb.

Sporen: 7-9×4-6 µm. Zystiden stumpfkegelig, mit mehr oder weniger deutlichem Hals, 40-57×9-12 µm.

Vorkommen: büschelig auf morschen Laubholzstrünken.

Wert: er gilt als ungenießbar.

BEMERKUNGEN: Der mittelgroße Pilz hat bisweilen einen auffallend schuppig-faserigen Hut, der auch runzelig erscheinen kann. Der Pilz ist nicht immer leicht zu bestimmen, was die zahlreichen Synonyme rechtfertigt.

Natürliche Größe

PSATHYRELLA MULTIPEDATA Peck

895

von « multis » (lat.) = viel und « pes » (lat.) = Fuß
Wegen des büscheligen Auftretens

VOLKSNAME: **Büscheliger Faserling**

Hut: 1,5-3 cm, kegelig-gewölbt, schmutzigbraun, bis halb gerieft, das Velum am Rande ist flüchtig.

Lamellen: gedrängt, schmal, zimtbraun, dann schwarz.

Stiel: 7-9×0,2 cm, dünn, weißlich.

Fleisch: unbedeutend.

Sporen: 6,5×3,5 µm. Zystiden flaschenförmig, mit Ammoniak grünlich verfärbend.

Vorkommen: büschelig wachsend (bis zu 30 Exemplare und mehr aus einer Art Scheinwurzel hervorgehend). An Wegrändern, in Parks und Laubwäldern.

Wert: wertlos.

BEMERKUNGEN: Der Pilz ist unverwechselbar wegen des büscheligen Auftretens. Die Stiele sind an der Basis verwachsen und erheben sich dann mehr oder weniger parallel.

Natürliche Größe

PSATHYRELLA STOREA (Fr.) ss. K. & R.

896

von « storea » (lat.) = aus Stroh geflochtene Decke. Wegen des gelben Myzels

Hut: graubraun, hygrophan, mit nacktem, gelblichem Buckel, sonst stark angedrückt faserig, blaß, die Oberfläche erscheint radial seidig, fast metallisch.

Lamellen: fleischbraun.

Stiel: weiß oder leicht braungelblich gefasert, mit flüchtiger Cortina.

Fleisch: an der Stielbasis zitronengelb.

Sporen: mandelförmig, 9-11,5×5-5,7 µm.

Vorkommen: in Wäldern. Sommer-Herbst.

Wert: ungenießbar.

BEMERKUNGEN: Man erkennt den Pilz an der gelben Stielbasis; auch das Myzel ist gelb. Der Pilz ist gleich groß wie **Ps. cotonea (894)**, sein Hut ist aber weniger verziert und er wächst nicht auf morschem Holz.

Natürliche Größe

PSATHYRELLA SPADICEO-GRISEA (Fr.) Mre. 897

von « spadiceus » (lat.) = dattelfarbig und « griseus » (lat.) = grau.
Wegen der Hutfarbe

Hut: 3-5 cm, fast häutig, breit kegelig-glockig, gewölbt-ausgebreitet, fast gebuckelt, kahl, brüchig, fast bis zur Mitte durchscheinend gerieft, dann runzelig, hygrophan, feucht graubraun.

Lamellen: gedrängt, breit, ausgebuchtet-angeheftet, leicht herablaufend, braunpurpurn, dann schwärzlich.

Stiel: 5-9×0,3-0,5 cm, röhrig, fest, aber brüchig, gleichdick, nach oben nicht verjüngt, weiß, glänzend, Spitze leicht gerieft, Basis flockig.

Fleisch: wässerig, weiß, geruch- und geschmacklos.

Sporen: länglich oval, glatt, zugespitzt, 7-9×4-4,5 µm. Cheilozystiden spindelig-bauchig, 25-35×15-18 µm. Pleurozystiden zylindrisch-bauchig, 40-45 ×10-11 µm.

Vorkommen: an und um Strünke und Wurzeln im Laub- und Nadelwald. Meist büschelig. Frühling-Sommer.

Wert: ungenießbar.

BEMERKUNGEN: In der Abbildung ist der Hut zu braun wiedergegeben. Die richtige Farbe ist grau wie auch der Name des Pilzes besagt.

2/3 natürliche Größe

PSATHYRELLA HYDROPHILA (Bull. ex Merat) R. Mre. **898**

von « hydor » (gr.) = Wasser und « philos » (gr.) = Freund. Wegen des Standortes

VOLKSNAME: **Wässeriger Faserling**

Hut: 3-5 cm, dünnfleischig, häutig, halbkugelig gewölbt, dann ausgebreitet, runzelig, kahl, hygrophan, fast schleimig, Scheibe glatt, dunkel kastanien-, dattel- oder dunkel rotgelbbraun, Rand durchscheinend gerieft und furchig, Mitte feucht gelblichocker, trocken gänzlich gelblichocker oder falb. Cortina weiß, fransig, vergänglich, manchmal fehlend.

Lamellen: gedrängt, bauchig, abgerundet-angeheftet, tränend, dunkel zimtbraun, dann schwarz-violettlich, Schneide blaß.

Stiel: 4-8×0,2-0,5 cm, röhrig, gleichdick, bisweilen gebogen, regelmäßig, weißlich, angewachsen faserig, Spitze leicht bereift und gerieft.

Fleisch: im Hut und in der Stielbasis blaß braun, sonst weiß, geruch- und geschmacklos.

Sporen: eiförmig-zugespitzt oder fast mandelförmig, glatt, rosa-zimtbraun, 5-7×3-3,5 µm. Sporenpulver braunpurpurn. Cheilozystiden bauchig oder kopfig, 25-40×10-16 µm.

Vorkommen: büschelig, an feuchten Stellen, um Strünke. Sommer-Herbst.

Wert: ungenießbar.

BEMERKUNGEN: Dieser häufige Pilz kann büschelig auf Baumstrünken oder moderigen Blättern wachsen. Ein Erkennungsmerkmal ist der braune und stark hygrophane Hut. Das Velum und der Stiel sind weiß.

Natürliche Größe

PSATHYRELLA SPADICEA (Schff. ex Fr.) Sing. **899**

von « spadiceus » (lat.) = dattelfarbig

SYNONYM: **Psilocybe spadicea** Bres.

Hut: 2,5-4 cm, fleischig, glockig gewölbt, dann abgeflacht, fast gebuckelt, stumpf, glatt, fast schmierig, kastanienbraun, Rand lederbraun, manchmal gerieft, trocken hell graubraun, Mitte lederbraun, trocken blaß oder schmutzig weiß.

Lamellen: ziemlich gedrängt, breit, ausgebuchtet angewachsen, weißlich, dann zimtbraun, schließlich dunkel purpurbraun, Schneide weißlich.

Stiel: 4-6×0,3-0,5 cm, röhrig, zäh, gleichdick, bisweilen gebogen, blaß, faserig-kahl werdend, Spitze weiß flockig und fein schuppig, Basis etwas wurzelnd und behaart. Velum weiß, fast häutig und vergänglich.

Sporen: eiförmig-elliptisch, glatt, braun, 7-9×4-4,5 µm. Cheilozystiden zylindrisch-spindelig oder keulenförmig-kopfig, 40-50×12-15 µm.

Vorkommen: büschelig, um und auf Laubholzstrünken.

Wert: ungenießbar.

3/4 natürliche Größe

CONOCYBE ANTIPUS (Lasch) Kühn. **900**

VOLKSNAME: **Spindeliges Sammethäubchen**

Hut: 2-3 cm, dünnfleischig, feucht am Rande nicht gerieft; rotbraun bis zimtbraun, bis ocker verblassend.

Lamellen: gedrängt, schmal, rostocker.

Stiel: 6-8 cm, unterhalb einer knolligen Verdickung tief im Boden wurzelnd; weißlich bis blaß ocker, bald bräunlich.

Fleisch: bräunlich, besonders im Stiel.

Sporen: zitronenförmig oder fast eckig, zusammengedrückt, 8-11×5,7-8,5 µm. Zystiden 15-17×5-9 µm.

Vorkommen: auf gedüngtem Boden.

Wert: er gilt als ungenießbar.

BEMERKUNGEN: Das auffallendste Erkennungsmerkmal dieses zarten Pilzes ist der Stiel, der unterhalb einer knolligen Verdickung tief im Boden wurzelt.

Natürliche Größe

PANAEOLUS PAPILIONACEUS (Bull. ex Fr.) Quél. **901**

von « papilio » (lat.) = Schmetterling
VOLKSNAME: **Blasser Düngerling**

Hut: 1,5-3 cm, dünnfleischig, mehr oder weniger halbkugelig, kahl, weißlich oder blaß grau, Scheitel ockerlich, nicht gerieft; alt rissig-schuppig.

Lamellen: wenig gedrängt, auch fast entfernt, bauchig, schwach angeheftet, gegen den Hutrand schmäler werdend, schwarzgrau gefleckt wegen der ungleichmäßig reifenden Sporen, Schneide weißlich.

Stiel: 4-6×0,2-0,3 cm, markig ausgestopft, dann röhrig, gleichdick, glatt, dem Hut gleichfarbig, an der Basis dunkler, Spitze weiß-mehlig. Velum blaß und vergänglich.

Fleisch: weiß-aschgrau, geruchlos, mit eigenartigem Geschmack.

Sporen: zitronenförmig, glatt, schwarz, opak, 11-16×9-12 µm. Zystiden spindelig-bauchig, schmutzig gelb, mit warziger Spitze, 50-65×12-16 µm.

Vorkommen: auf fettem und feuchtem Boden, auf grasigen und gedüngten Feldern.

Wert: ungenießbar.

BEMERKUNGEN: Der Pilz ist ziemlich leicht zu erkennen an der hellen, weißlichen Farbe und am mehr halbkugeligen als glockigen Hut. Er kann der **Anellaria (Panaeolus) phalaenarum** (Bull. ex Fr.) ähnlich sein, die ebenfalls einen halbkugeligen, nicht deutlich glockigen aber schmierigen Hut hat.

Schwach vergrößert

PANAEOLINA FOENISECII (Pers. ex Fr.) R. Mre. **902**

von « phoinos » (gr.) = rötend. Wegen des rötlichbraunen Stieles

Hut: 2,5-3,5 cm, dünnfleischig, glockig-ausgebreitet, stumpf, brüchig, kahl und glatt; dunkel rötlichbraun, Rand dunkler; hygrophan, trocken tonbraun.

Lamellen: fast entfernt, bauchig, ausgebuchtet angewachsen, rot-olivlich oder dunkelbraun, Schneide weißflockig.

Stiel: 5-8×0,2-0,3 cm, röhrig, gleichdick, gerade oder gebogen, glatt, bereift, braun bis blaß fleischrötlich.

Fleisch: blaß, gelblich, geruchlos, mild.

Sporen: oval, zugespitzt und mit Keimporus, fein warzig oder rauhpunktiert, purpurbraun, 12-16×7-9 µm. Cheilozystiden keulenförmig oder zylindrisch, 40-45×5-16 µm.

Vorkommen: gesellig, auf Wiesen und Wegrändern.

Wert: ungenießbar.

BEMERKUNGEN: Manche Autoren haben den Pilz zur Gattung **Psilocybe** gestellt. Die Sporen erlauben aber eine eindeutige Bestimmung.

3/4 natürliche Größe

GALERINA MARGINATA (Fr.) Kühn. 903

von « marginatus » (lat.) = gerandet. Wegen des gerieften Hutrandes
SYNONYM: **Pholiota marginata** Quél.

Hut: 1,5-3 cm, stumpf kegelig oder gewölbt, dann ausgebreitet, dünnfleischig, kahl, hygrophan; feucht dunkel braunocker, Rand gerieft; trocken gelblich und nicht gerieft.

Lamellen: schmal, gedrängt, angewachsen-herablaufend, blaß zimtbraun.

Stiel: 4-5×0,3-0,7 cm, röhrig, weich, nicht schuppig; über dem Ring flüchtig bereift; unter dem Ring bräunlich-ocker, seidig. Ring in der Stielmitte, häutig, vergänglich.

Fleisch: fast geruchlos. Geschmack mehlartig.

Sporen: elliptisch-mandelförmig, mit dicker und warziger Membran, 8-10×5-6,5 µm, hellbraun. Zystiden fadenförmig, an der Basis verengt.

Vorkommen: auf Nadelholz, auf Fichtenstrünken, auf Sägespänen.

Wert: giftig.

BEMERKUNGEN: Der Pilz gilt als giftig, weil giftige Inhaltsstoffe (α - Amanitin) nachgewiesen worden sind. Es wurden auch schon Vergiftungsfälle bekannt. Auf Grund chemischer Bestimmungen enthalten auch eßbare Pilze potenziell giftige Stoffe, jedoch nur in geringsten Mengen, sodaß sie bedenkenlos gegessen werden können **(Clitocybe gibba, Boletus edulis, Cantharellus cibarius).**

3/4 natürliche Größe

PHOLIOTINA INTERMEDIA (A.H. Smith) Sing. 904

SYNONYM: **Pholiotina septentrionalis** A. H. Smith

Hut: 1-2 cm, eiförmig oder halbkugelig, dann ausgebreitet, angedeutet gebuckelt, dunkel rotbraun, trocken etwas heller, Rand bis zur Huthälfte gerieft. Rand anfangs mit Resten des weißen Velums.

Lamellen: ziemlich entfernt, leicht bauchig und mit Zwischenlamellen, am Stiel abgerundet, weißlich bis rostbraun.

Stiel: 4-6×0,2-0,4 cm, ziemlich lang, fast gleichfarbig, mit flüchtigem Ring, bisweilen nur mit weißen Schuppen im unteren Teil.

Fleisch: unbedeutend.

Sporen: 7-9×4-5 µm.

Vorkommen: im Laubwald auf moderigem Holz oder auf Erde.

Wert: wertlos.

BEMERKUNGEN: Der Pilz ist als wertlos zu betrachten, weil er — abgesehen vom dünnen Fleisch — zu einer Gruppe von Pilzen gehört, die wegen des Gehaltes von giftigen Stoffen verdächtig ist.

3/4 natürliche Größe

PHOLIOTINA COPROPHILA (Kühn.) Sing. **905**

von « copros » (gr.) = Mist und « philos » (gr.) = Freund. Wegen des Standortes

Hut: 1-2 cm, dünnfleischig, erst flach kegelig, dann gewölbt, leicht schmierig, blaß ocker, sehr hell, glatt.

Lamellen: braunrötlich, anfangs gelblich.

Stiel: 3-5×0,2-0,3 cm, weiß, fein behaart.

Fleisch: unbedeutend.

Sporen: 11-14×7-7,2 μm.

Vorkommen: auf Mist.

Wert: wertlos.

BEMERKUNGEN: Der Standort auf Mist erleichtert die Bestimmung des Pilzes. Der **Mist-Kahlkopf** (**Psilocybe coprophila** (Bull. ex Fr.) Quél.) hat einen halbkugeligen Hut und wächst vorwiegend auf Pferdemist.

Natürliche Größe

BOLBITIUS VARIICOLOR Atk. **906**

Wegen der verschiedenen Farben

Hut: 2-4 cm, oval bis kegelig bis flach gewölbt, Rand zuerst eng am Stiel, dann flach, tief gerieft, Huthaut rußig olivgrünlich, schmierig, abtrennbar, am Rand heller, Buckel dunkler; zwischen den radialen Fasern ist das gelbliche Fleisch sichtbar.

Lamellen: frei, gelb bis rußig, Schneide manchmal fein bewimpert.

Stiel: 4-5×0,3-0,8 cm, gleichdick, nach oben verjüngt, schwefelgelb oder ocker, alt blasser und schließlich bräunlich, schuppig-flockig.

Fleisch: gelblich.

Sporen: elliptisch, rostbraun, 10-15×6-8 μm.

Vorkommen: auf gedüngtem Boden, längs von Pfaden und Wegen.

Wert: unbekannt.

BEMERKUNGEN: Der Pilz ist aus Amerika, Japan und Europa bekannt. Er ist zum erstenmal in Italien von Dr. Cicognani in den Wäldern der Romagna gefunden worden. Man hielt ihn zuerst für einen **Dachpilz (Pluteus).**

Natürliche Größe

BOLBITIUS VITELLINUS (Pers.) Fr. 907

von « vitellum » (lat.) = Eidotter. Wegen der Hutfarbe

VOLKSNAME: **Gold-Mistpilz**

Hut: 2,5-5 cm, Mitte fleischig, sonst häutig und brüchig, kegelig-glockig-eiförmig, dann ausgebreitet, fast gebuckelt, schmierig, kahl, gerieft-gefurcht, zuletzt am Rand gespalten. Dottergelb, ausblassend, im Scheitel ausdauernd gelb.

Lamellen: wenig gedrängt, bauchig, frei, zuerst gelblich, dann ockertonfarben bis rostgelb, Schneide weißlich.

Stiel: 5-8×0,3-0,7 cm, hohl, gleichdick, nach oben etwas verjüngt, weißlich, mehlig, Spitze schwefelgelb, nach unten weißkleiig und wenig gerieft.

Fleisch: sehr dünn, gelblich, saftig, geruch- und geschmacklos.

Sporen: fast mandelförmig, mit Keimporus, glatt, ockergelblich, 12-14×7-8 µm.

Vorkommen: auf gedüngten Böden, auf Laubhaufen und Holzabfällen, meist büschelig.

Wert: ungenießbar.

BEMERKUNGEN: Dieser häufige **Mistpilz (Bolbitius)** ist zu erkennen an der dottergelben Hutfarbe und an den tonfarbenen Lamellen (Gattungsmerkmal).

Schwach vergrößert

STROPHARIA HORNEMANNII (Weinm. ex Fr.) Lund. & Nannf. 908

VOLKSNAME: **Üppiger Träuschling**

Hut: 4-10 cm, gewölbt mit eingerolltem Rand, dann flach gewölbt; graubraun, blaß braunrötlich, bisweilen etwas purpurn, auch ganz gelblich oder weiß; kahl, feucht oder schwach schmierig.
Lamellen: gedrängt, wenig bauchig, ausgebuchtet angewachsen, herablaufend, anfangs grau-violett, dann schmutzig schwarz wegen der Sporen, Schneide weißlich.
Stiel: 8-10×1-1,8 cm, hoch, schlank, gleichdick, an der Basis verjüngt, weiß-gelblich; unter dem Ring schuppig, weiß, die Schuppen sind dicht und flüchtig. Das Partialvelum ist stark entwickelt und hinterläßt einen bewimperten Hutrand und einen flüchtigen Ring.
Fleisch: ziemlich dick, weich, brüchig, cremeweißlich, mit starkem, unangenehmem Geruch, der nur im Schnitt wahrnehmbar ist, und mit unangenehmem, bitterem Geschmack.
Sporen: 11,5-13×6-6,5 µm, elliptisch, mit deutlichem Keimporus. Die Marginalhaare sind bauchig, 45-50×15 µm, bisweilen sind sie an der Spitze offen. Die Pleurozystiden sind bauchig, 37-15 µm, mit Ammoniak und Baumwollblau (Chrysozystiden) geben sie eine Farbreaktion.
Vorkommen: auf moosigem Boden, auf morschen Holzresten.
Wert: ungenießbar.

BEMERKUNGEN: Dieser Pilz ist eine nordeuropäische Art; er ist häufig in Schweden, relativ selten in unseren Gegenden. Er ist einige Male in Frankreich und von Prof. Moser in Tirol und Kärnten gefunden worden. Er gehört zu den seltenen **Träuschlingen** mit größeren Fruchtkörpern (z. B. **aeruginosa (53), rugosoannulata (54)**). Der ausgewachsene Pilz verliert die Schuppen am Stiel, sodaß er in Italien mit **Str. rugosoannulata (54)** verwechselt und als dessen Varietät angesehen wurde. Es handelte sich aber um den oben beschriebenen Pilz, der auch in unseren Gegenden anzutreffen ist.

3/4 natürliche Größe

STROPHARIA SQUAMOSA (Pers. ex Fr.) Quél. 909

von « squamosus » (lat.) = schuppig

VOLKSNAME: **Schuppiger Träuschling**

Hut: 2-5 cm, gewölbt oder schwach gebuckelt, ockergelb bis holzgelb, mit konzentrischen Schüppchen.
Lamellen: nicht sehr gedrängt, purpur-rosa bis braun-schwärzlich.
Stiel: 10-15×0,5-0,8 cm, über dem Ring weiß, unter diesem schuppig.
Fleisch: weißlich, ohne besonderen Geruch und Geschmack.
Sporen: 11-14×6-8 µm.
Vorkommen: auf morschen Holzstrünken.
Wert: ungenießbar.

BEMERKUNGEN: Dieser Pilz wird meist kleiner und dunkler dargestellt; uns scheint, daß er die oben beschriebenen Merkmale regelmäßig trägt.

Schwach vergrößert

HYPHOLOMA MARGINATUM (Pers. ex Fr.) Schroeter

910

SYNONYM: **Hypholoma dispersum** (Fr.) Quél.

Hut: 2-4 cm, dünnfleischig, kegelig-glockig, dann gewölbt ausgebreitet, stumpf, glatt, fast schmierig, Rand von weißem, seidigem Velum behangen, wässerig grünlich oder grünlich-honiggelb, Scheibe fuchsig, trocken, nicht gerieft.

Lamellen: gedrängt, dünn, bauchig, breit angewachsen, strohgelb, olivgrau, mit weißlicher oder gelblicher Schneide, manchmal von Sporenmassen schwärzlich gefleckt.

Stiel: 5-8×0,2-0,3 cm, dünn, steif, gleichdick, manchmal gebogen, faserig-seidig, genattert, Spitze blaß, Basis bräunlich.

Fleisch: blaß grünlich im Hut, blaß rostfarbig im Stiel, geruchlos, Geschmack bitter.

Sporen: länglichoval, glatt, fuchsig, 8-10×4-5 µm. Zystiden fast keulenförmig, 34-45×8-12 µm.

Vorkommen: auf Waldboden, besonders unter Nadelbäumen. Gesellig.

Wert: ungenießbar.

BEMERKUNGEN: Dieser schöne Pilz ist ziemlich leicht zu erkennen am auffallenden, weißgenatterten Stiel.

Natürliche Größe

HYPHOLOMA MYOSOTIS (Fr.) Mos. 911

Hut: 3,5-4 cm, glockig gewölbt, gebuckelt, dünnfleischig, Mitte etwas fleischig, schmierig, feucht durchscheinend, fuchsig-hell olivlich, Mitte dunkler, Rand eingerollt, manchmal mit faserigen Velumresten. Die Huthaut besteht aus langen, schnallentragenden Hyphen.

Lamellen: dicklich, breit, schmal ausgebuchtet oder abgerundet, weißlich, später blaß rostigbraun.

Stiel: sehr lang, bis zu 13×0,4 cm, steif, etwas gebogen, röhrig, faserig, Spitze strohgelb, nach unten braunrötlich; knapp unter dem Stiel mit einem dauerhaften, faserigen, bräunlichen, ringartigen Velumrest, darunter schuppig-schmierig.

Fleisch: strohgelb, Geruch und Geschmack säuerlich.

Sporen: mandelförmig, 14-19×7-9 µm, Sporenpulver dunkel rostbraun. Reich an Cheilozystiden, sie sind zylindrisch, wurmförmig gebogen, an der Basis etwas verdickt.

Vorkommen: in Sphagnummooren, in feuchten Laub- und Nadelwäldern, bis in die alpine Region.

Wert: unbekannt.

BEMERKUNGEN: Der Pilz ist unverkennbar wegen der großen Sporen, wegen der schmierigen Oberfläche und der reichen Velumreste an der Stielspitze. Es ist eine nordische Art, sie ist häufig in Schweden und dort von Fries beschrieben worden. In Italien kommt sie selten vor.

Schwach vergrößert

PSILOCYBE RHOMBISPORA (Britz.) Sacc. 912

Wegen der Sporenform

Hut: 0,5-1,5 cm, dunkelbraun, schmierig, feucht leicht durchscheinend gerieft.

Lamellen: dünn, ziemlich gedrängt, grau bis schwarz.

Stiel: dem Hut gleichfarbig, Basis etwas grünlich getönt.

Fleisch: braun.

Sporen: linsenförmig, fast rhombisch-trapezoid (daher der Artname), 5,5-7 ×4,7-5×3,5-4 µm.

Vorkommen: auf toten Blättern oder Nadeln.

Wert: ungenießbar, vielleicht mit haluzinogener Wirkung.

BEMERKUNGEN: Der Pilz ist einer der wenigen echten europäischen **Kahlköpfe (Psilocybe).** Er hat vielleicht haluzinogene Eigenschaften. Meistens haben diese Eigenschaften **Kahlköpfe** mit grünlichem oder bläulichem Stiel.

Natürliche Größe

PSILOCYBE CYANESCENS Wakefield 913

von « cyanos » (gr.) = blau. Wegen der Blauverfärbung des Pilzes

Hut: 2-4 (7,5) cm, kegelig-glockig, nicht gebuckelt, ohne Papille, schmierig, hygrophan, feucht haselnußbraun-gelblich-olivlich, trocken blaß ocker. Velum weißlich.

Lamellen: zimtbraun oder grau-kastanienbraun, Schneide blasser.

Stiel: 6-8×0,25-0,5 cm, ziemlich steif, weißlich, mit einer dicken faserig-seidigen, silbrigen Schicht; Basis mit struppigen Myzelfäden.

Sporen: 9-12,6×6,5-7(8) µm; unter dem Mikroskop hyalin; mit kaum sichtbarem Apikalporus. Mit einzelnen Cheilozystiden, 12-25×5-8 µm.

Vorkommen: auf Erde, kein Mistbewohner wie die meisten **Kahlköpfe.**

Wert: ungenießbar, vielleicht mit haluzinogenen Eigenschaften.

BEMERKUNGEN: Der ganze Pilz verfärbt sich nach Berührung blaugrün (daher der Artname).

Natürliche Größe

PSILOCYBE CROBULA (Fr.) M. Lge. ex Sing. 914

von « krobylos » (gr.) = Haarschopf. Wegen der Hutornamentierung

VOLKSNAME: **Weißflockiger Kahlkopf**

Hut: 1,5-2 cm, halbkugelig gewölbt, dann aufgeschirmt, bräunlich, Rand von weißem Velum mehr oder weniger behangen.

Lamellen: gedrängt, nicht sehr breit, am Stiel angeheftet, graulich, dann schwärzlich, mit weißlicher Schneide.

Stiel: röhrig, ziemlich lang, bräunlich, manchmal an der Basis grünlich angehaucht.

Fleisch: unbedeutend, geruchlos.

Sporen: 6-9×4-5,5 μm.

Vorkommen: in grasigen Wäldern, auf Ästchen.

Wert: verdächtig wie alle **Kahlköpfe.**

BEMERKUNGEN: Durch die Buchenblätter in der Abbildung scheint der Standort des Pilzes verfälscht; dieses Zusammentreffen ist rein zufällig.

Natürliche Größe

TUBARIA FURFURACEA (Pers. ex Fr.) Gill. 915

von « furfur » (lat.) = Kleie. Wegen der Hutornamentierung

Hut: 2-3 cm, dünnfleischig, gewölbt, dann flach und schließlich genabelt, gelborange-zimtbraun, hygrophan, nicht schmierig, trocken weißlich-ledergelb, feucht durchscheinend gerieft, am Rande mit weißen Schüppchen.

Lamellen: fast entfernt, bauchig, angewachsen-herablaufend, zimtocker.

Stiel: 3-6×0,2-0,4 cm, röhrig, steif, fast zylindrisch, manchmal zusammengedrückt, blaß, faserig, Basis weißflockig.

Fleisch: fast gleichfarbig, geruch- und geschmacklos.

Sporen: elliptisch-fast mandelförmig, hell rostgelb, glatt, 7-10×5-6 μm. Cheilozystiden zylindrisch-keulig, 30-40×5-6 μm, die Keule ist manchmal 10-17 μm breit.

Vorkommen: auf Erde, Holzresten, abgefallenen Blättern. Ganzjährig.

Wert: wertlos.

BEMERKUNGEN: Die Gattung **Tubaria** umfaßt kleine bis mittelgroße Fruchtkörper mit eintönigen ockerbraunen oder blasseren Farben. In der Regel sollten sie einen trichterförmigen Hut und herablaufende Lamellen haben. Diese Merkmale sind aber nicht immer deutlich ausgeprägt, sodaß man für die Bestimmung ein geschultes Auge braucht. Die einzelnen Arten sind makro- und mikroskopisch nicht leicht zu bestimmen.

Natürliche Größe

TUBARIA PELLUCIDA (Bull. ex Fr.) Gill. (ss. Lge.) 916

von « pellucidus » (lat.) = durchsichtig
Wegen des glatten und glänzenden Hutes

Hut: 1,5-3,5 cm, dünnfleischig, oder fast häutig, kegelig-glockig, dann mehr oder weniger niedergedrückt, hygrophan, zimtbraun-fast ledergelb, Rand gerieft, anfangs seidig-flockig.

Lamellen: mäßig gedrängt, dreieckig, mit breitem Ansatz, angewachsen-fast herablaufend, dem Hut gleichfarbig, Schneide fast ganzrandig.

Stiel: 2-4×0,2-0,4 cm, röhrig-ausgestopft, dünn, faserig, gleichdick, Basis weißfilzig, dem Hut gleichfarbig oder blasser.

Fleisch: gleichfarbig, geruchlos, mild.

Sporen: fast birnförmig oder länglich ellipsoidisch, glatt, blaß gelblich, 6,5-8×3,7-4(5) µm. Zystiden keulig-haarförmig.

Vorkommen: an Wegrändern, auf abgefallenen Blättern, gesellig.

Wert: wertlos.

BEMERKUNGEN: Der Pilz ist einer der häufigsten **Trompetenschnitzlinge (Tubaria)** mit dem charakteristischen hygrophanen und niedergedrückten Hut.

Natürliche Größe

NAUCARIA ESCHAROIDES (Fr. ex Fr.) Kummer 917

Hut: 1-2,5 cm, dünnfleischig, kegelig gewölbt, schließlich fast flach, stumpf, nicht hygrophan, fein schuppig-kleiig, ausblassend, weißlich-ledergelb, Scheibe zuletzt bräunlich.

Lamellen: mäßig entfernt, weich, bauchig, ausgebuchtet angewachsen, zuletzt fast frei, blaß tongelb, zuletzt hell zimtbraun.

Stiel: 3-5×0,2-0,3 cm, röhrig, fast zylindrisch, Basis verdickt, manchmal gebogen, mit angedrückten Fasern, fast kahl, blaß bräunlich.

Fleisch: blaß, fast gleichfarbig, geruchlos, mild.

Sporen: elliptisch-länglich, mandelförmig, blaß ocker, glatt, 9-12×5-6 µm. Zystiden flaschenförmig, 30-40×10-12 µm.

Vorkommen: gesellig unter Erlen.

Wert: wertlos.

BEMERKUNGEN: Die **Erlenschnitzlinge (Naucaria)** sind kleine Pilze mit bräunlichen Farben. Sie wachsen besonders bei Erlen. Gelegentlich kann man drei bis vier Arten an einem Ort finden. Eine sichere Bestimmung der Arten gelingt nur mit dem Mikroskop. **Naucaria escharoides** ist vielleicht der häufigste Pilz dieser Gruppe.

Schwach vergrößert

GYMNOPILUS PENETRANS (Fr. ex Fr.) Murr. 918

von « penetrans » (lat.) = eindringend

VOLKSNAME: **Geflecktblättriger Flämmling**

Hut: 3-5 cm, dünnfleischig, glockig gewölbt, leicht abgeflacht, trocken, kahl, fuchsiggelb oder orange, gelblich ausblassend.

Lamellen: gedrängt, nicht bauchig, angewachsen oder ausgebuchtet angewachsen, weiß, dann gelblich, später fuchsig gefleckt.

Stiel: 4-7 $\times$ 0,5-0,8 cm, fast hohl bis ausgestopft, gleichdick, mit kleiner Knolle, sehr selten leicht wurzelnd, blaß seidig gerieft, gelblich, Basis weißflockig, Velum weiß und flüchtig.

Fleisch: schmutzigweiß, im Stiel blaß ocker, geruchlos, etwas bitter.

Sporen: elliptisch-mandelförmig, fein aufgerauht, gelb, 7-9 $\times$ 5-6 µm. Cheilozystiden zylindrisch-spindelig, kopfig, 40 $\times$ 8-12 µm.

Vorkommen: auf Holz, besonders bei Föhren; büschelig, gesellig.

Wert: ungenießbar, bitter.

BEMERKUNGEN: Der Pilz ist ziemlich auffallend wegen des orangegelben Hutes. Er wächst um und auf vermodernde Holzstrünke. Man erkennt den Pilz unter anderem am bitteren Geschmack, ein Merkmal, das er mit ähnlichen Arten gemeinsam hat (z.B. dem bei Fichten wachsenden **Gymnopilus sapineus** (Fr.) Mre.).

3/4 natürliche Größe

GYMNOPILUS SPECTABILIS (Fr.) Sing. 919

von « spectabilis » (lat.) = ansehnlich, sehenswert

SYNONYM: **Pholiota spectabilis** (Fr.) Gill.
VOLKSNAME: **Beringter Flämmling**

Hut: 8-15 cm, fleischig, kompakt, goldgelb oder orangegelb, bräunlich faserig oder feinschuppig, schwach schmierig.

Lamellen: gedrängt, schmal, mit Zähnchen herablaufend, gelb, später rostbraun.

Stiel: 8-15×1,5-3 cm, kräftig, oft etwas bauchig und fast wurzelnd, faserig, goldgelb, über dem Ring bereift, darunter faserig-schuppig. Ring häutig, gelb, am Hutrande manchmal lappige Reste zurücklassend.

Fleisch: gelb. Geruch und Geschmack leicht bitter.

Sporen: elliptisch, rauh, mit dicker Membran, 8-10×5-6 µm, Sporenpulver rostbraun; an der Lamellenschneide mit zahlreichen Zystiden.

Vorkommen: büschelig oder auch einzeln bei Nadelholzstrünken, auch auf Laubholz.

Wert: ungenießbar besonders wegen des bitteren Geschmackes.

BEMERKUNGEN: Die Gattung **Gymnopilus** wurde von Karsten geschaffen; sie umfaßt Arten der von Fries geprägten Gattung **Flammula** (Sektion **Sapinei**) sowie Vertreter der Gattung **Pholiota** und anderer Gattungen. Die Pilze sind Ockersporer und fleischig, mit gewölbtem Hut, bei feuchtem Wetter schmierig und ockergelb bis orangebraun gefärbt. Mit Laugen verfärben sie sich schwarz. Das Fleisch hat einen bitteren Geschmack. **Gymnopilus spectabilis** ist der größte Vertreter dieser Gattung und trägt als einziger einen häutigen Ring.

Natürliche Größe

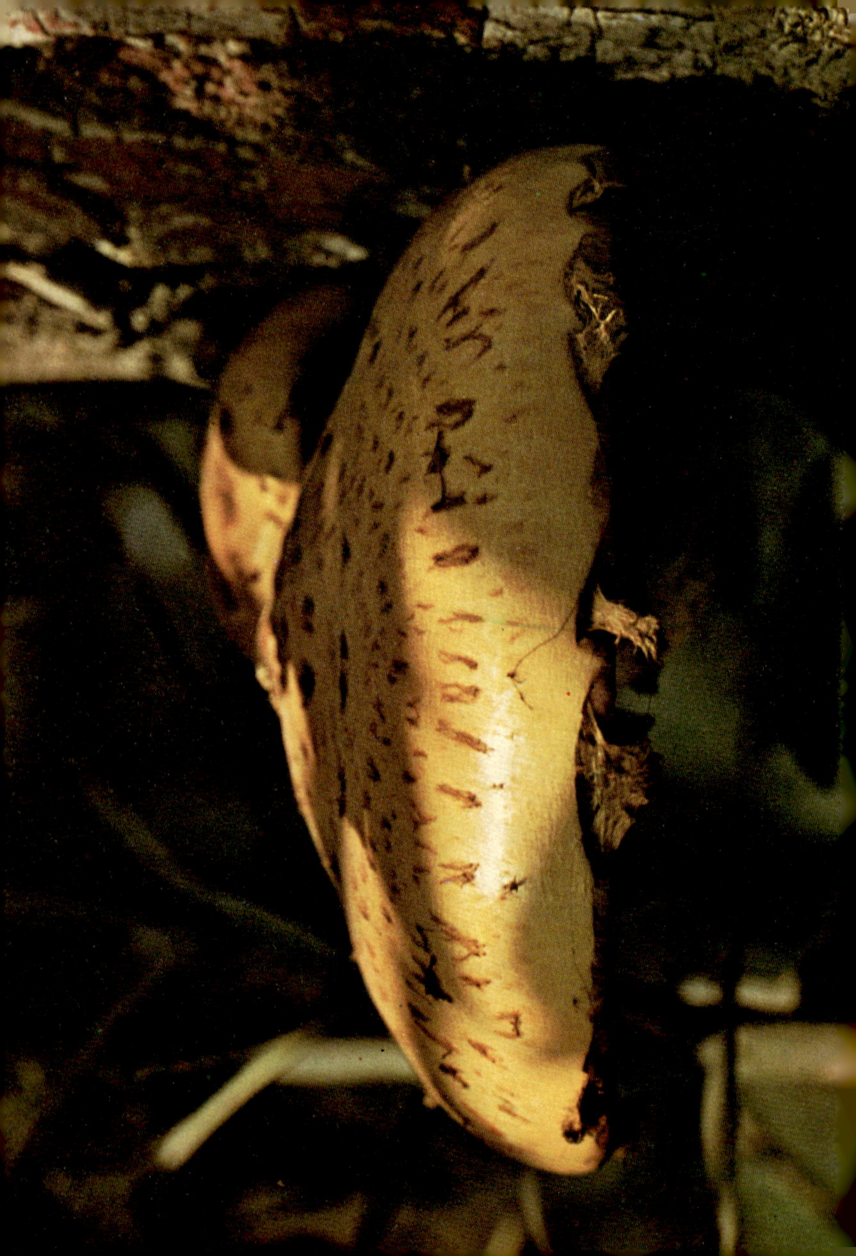

PHOLIOTA AURIVELLA (Batsch ex Fr.) Kummer 920

von « aureus » (lat.) = goldgelb und « vellus » (lat.) = Wolle

VOLKSNAME: **Goldfell-Schüppling**

Hut: bis 12 cm, fleischig, kompakt, glockig gewölbt, dann ausgebreitet und gebuckelt, schmierig, glänzend, gelb, dann rostgelb, Mitte mit angedrückten, vergänglichen Schuppen und dunkler.

Lamellen: gedrängt, ausgebuchtet, breit, creme-gelblich, dann rostbraun.

Stiel: 10-12×0,8-1 cm, länger als der Hut breit, voll, bisweilen wurzelnd, gelb, gegen die Basis braun, anfangs flockig, dann kahl, nicht schmierig.

Fleisch: blaß; im Stiel faserig und rostbraun; geruchlos, mild.

Sporen: fuchsig-rostbraun, ellipsoidisch-eiförmig, glatt, 8-9×5-6 µm. Marginalzellen (Cheilozystiden) keulig-spindelig, 25-45×7-10 µm.

Vorkommen: büschelig, auf Laubholzstrünken (auch Tanne).

Wert: ungenießbar.

BEMERKUNGEN: Nach Konrad ist **Pholiota aurivella** von vielen Autoren als **Ph. adiposa** (Fr.) Kummer beschrieben worden. Dieser Autor bezweifelt sogar die Existenz von **Ph. adiposa.** Andere Autoren unterscheiden diese durch kleinere Sporen (5-6,5×3-3,5 micron) und den schleimigen Stiel.

Natürliche Größe

PHOLIOTA SUBSQUARROSA (Fr.) 921

von « sub » (lat.) = fast und « squarrosus » (lat.) = schuppig

Hut: 4-6 cm, rostbraun, angedrückt faserig-schuppig, bisweilen fast kahl, schmierig.

Lamellen: rostgelb, dann rostbraun, fast frei, tief ausgebuchtet angewachsen.

Stiel: rostgelb, mit rostbraunen Schuppen, ohne deutliche Ringzone.

Fleisch: weiß-gelb, ohne besonderen Geruch und Geschmack.

Sporen: 8-12 × 5-6,5 µm.

Vorkommen: auf Erdboden, seltener Nadelholz.

Wert: ungenießbar.

BEMERKUNGEN: Der Pilz ist dem **Sparrigen Schüppling (Ph. squarrosa, 446)** sehr ähnlich, er hat aber einen schmierigen Hut sowie Hut und Stiel sind gleichartig schuppig.

Natürliche Größe

PHOLIOTA GUMMOSA (Lasch) Sing. **922**

Wegen der Konsistenz des Pilzfleisches?

VOLKSNAME: **Blasser Schüppling**

Hut: 3-5 cm, anfangs halbkugelig oder glockig, dann flach gewölbt, Rand lange eingerollt; Huthaut schmierig, mit flüchtigen, konzentrisch angeordneten, ockerbraunen Schüppchen bedeckt auf blassem, ocker- oder grünlichbraunem Grunde, Mitte bisweilen etwas orange. Die Huthaut besteht aus flachen, gelifizierten Hyphen, mit zahlreichen Schnallen; die gelben Pigmente sind in Zellvakuolen gelagert.

Lamellen: mäßig gedrängt, breit, angewachsen oder herablaufend, anfangs gelblich, dann schmutzig ocker-grau.

Stiel: 3-6×0,5-0,8 cm, gleichdick, gebogen, voll, dann röhrig, fast dem Hut gleichfarbig, oder blasser, wie dieser feinschuppig; gegen die Basis fuchsig.

Fleisch: blaß, unter der Huthaut gelblich, geruch- und geschmacklos.

Sporen: Sporenpulver rostbraun; elliptisch, auf der Unterseite etwas eingedrückt, 6,5-7×3,5-4 µm, mit kleinem Keimporus. Die Marginalzellen keulenförmig, 30-55×6-8 µm; Pleurozystiden spindelig, zugespitzt, gebogen oder bauchig; der Inhalt färbt sich mit Ammoniak (Chrysozystiden) gelb.

Vorkommen: büschelig, auf Erde, im Gras oder auch auf Laubholzstrünken.

Wert: ungenießbar.

BEMERKUNGEN: Vom **Tonweißen Schüppling (Ph. lenta, 924)** unterscheidet sich der Pilz durch die Chrysozystiden, die längeren Marginalzellen und die mit Keimporus versehenen Sporen.

Natürliche Größe

PHOLIOTA SPUMOSA (Fr.) Sing. **923**

von « spumosus » (lat.) = voller Schaum

VOLKSNAME: **Nadel-Schüppling**

Hut: 2-4 cm, dünnfleischig, gewölbt, dann flach, kahl, schleimig, Scheibe orangegelb, Rand gelb; jung mit weiß-gelber Cortina.

Lamellen: gedrängt, etwas breit, angewachsen, gelb, dann rostbraun.

Stiel: 5-7×0,4-0,6 cm, röhrig, gleichdick, etwas wurzelnd, an der Basis verjüngt, kahl, faserig, gelblich, abwärts bräunlich.

Fleisch: gelblich, an der Stielbasis braun, geruch- und geschmacklos.

Sporen: oval-elliptisch, zugespitzt, glatt, rostgelb, 6-8×3-4 µm, Zystiden hyalin, spindelig-bauchig, mit breit zugespitztem, gelbem Kopf, 50-60× 12-15 µm.

Vorkommen: auf Nadelwaldboden; gesellig, oder büschelig.

Wert: ungenießbar.

BEMERKUNGEN: Die Vertreter der Sektion **Flammula** sind meist auffallend gelb-orange-bräunlich gefärbt. Keiner gilt als genießbar, sei es wegen des bitteren Geschmackes, sei es wegen der harten und faserigen Konsistenz des Fleisches.

Natürliche Größe

PHOLIOTA LENTA (Pers. ex Fr.) Sing. 924

von « lentus » (lat.) = zäh. Wegen der Konsistenz des Fleisches

VOLKSNAME: **Tonweißer Schüppling**

Hut: 4-6 cm, fleischig, gewölbt, fast flach, glatt, schleimig, bei feuchtem Wetter stark schleimig, weißlich, Scheibe gelblich, zuerst mit flüchtigen Schüppchen bedeckt, dann kahl.

Lamellen: gedrängt, schmal, ausgebuchtet angeheftet, weißlich, dann tonbraun.

Stiel: 5-6×0,7-1 cm, ausgestopft, gleichmäßig zylindrisch, selten an der Basis verdickt, bisweilen gebogen, weißlich, Basis gelblich, dicht flockig-schuppig.

Fleisch: weißlich, an der Stielbasis rostbraun, geruchlos, Geschmack schwach rettichartig.

Sporen: ellipsoidisch-zugespitzt, glatt, ocker, 6-7×3,5-4 µm. Zystiden lanzettförmig, spindelig, 50-70×12-18 µm.

Vorkommen: auf abgefallenen Buchen- und Nadelholzblättern. Herbst.

Wert: ungenießbar.

BEMERKUNGEN: Dieser helle **Schüppling** wächst gesellig.

Schwach vergrößert

PHOLIOTA SCAMBA (Fr.) Mos. **925**

von « scambus » (lat.) = krummbeinig. Wegen des gebogenen Stieles
SYNONYME: **Flammula scamba** Fr.
Paxillus scambus Rick.

Hut: 1-3 cm, tongelblich, vollständig von einem seidigen, weißen Velum bedeckt, durch das das dunklere Fleisch durchscheint, es zieht wie eine wollige Cortina über den Rand; trocken, nicht schmierig, anfangs gewölbt, dann flach, häutig.
Lamellen: gelblich, dann braunolivlich, sehr schmal, angewachsen-herablaufend.
Stiel: 1-2×0,1-0,2 cm, gleichfarbig, Basis weißwollig.
Sporen: blaß gelb, Sporenpulver gelbbräunlich, 8×4,5 µm. Zystiden bauchig, mit einer kleinen Krone.
Vorkommen: zwischen Moos und Gras auf vergrabenen Holzstückchen von Fichte, Kiefer, Zirbe, auch auf Strünken.
Wert: wertlos.

BEMERKUNGEN: Dieser kleine Pilz wird heute meistens zur Gattung **Pholiota,** Sektion **Flammula** gestellt.

Schwach vergrößert

AGROCYBE DURA (Bolt. ex Fr.) Sing. **926**

von « durus » (lat.) = hart. Wegen der Konsistenz des Fleisches
VOLKSNAME: **Rissiger Ackerling**

Hut: 3-10 cm, weißlich, langsam ledergelb oder ocker werdend, gewölbt, dann flach, Rand kahl, bisweilen von Velumresten gefranst; die trockene Huthaut ist oft felderig zerrissen.
Lamellen: graulich, dann zimtbraun, gedrängt, bauchig, ausgebuchtet angewachsen, mit heteromorpher Schneide.
Stiel: 5-7×1-1,5 cm, über dem Ring weißlich, darunter braun granuliert, faserig, fleischig, ausgestopft, dann hohl. Ring weiß und häutig, gerieft, brüchig und flüchtig, manchmal undeutlich.
Fleisch: in Stiel und Hut hart, mit schwachem Geruch, nicht mehlartig, Geschmack leicht bitter.
Sporen: elliptisch, glatt, 11-13×7-8 µm, mit Keimporus. Zystiden bauchig.
Vorkommen: gesellig in Gärten, Feldern, selten im Wald.
Wert: eßbar, aber ohne besonderen Wert.

BEMERKUNGEN: Der Pilz gleicht dem **Voreilenden Ackerling (A. praecox, 56),** dieser ist aber dünnfleischiger und weicher, seine Huthaut zerreißt nicht felderig und der Geruch ist etwas mehlartig. Die Vertreter der Gattung **Agrocybe** wachsen im Gegensatz zu den holzbewohnenden **Schüpplingen (Pholiota)** auf Erde.

Natürliche Größe

AGROCYBE PALUDOSA (Lge.) Kühn. & Romagn. **927**

von « paludosus » (lat.) = im Sumpf wachsend. Wegen des Standortes

Hut: 1-4 cm, braun-ledergelb-horngrau, dann blaß ledergelb, hygrophan, manchmal gerieft.

Lamellen: ziemlich gedrängt, dünn, vom Stiel entfernt und um diesen ausgebuchtet. Zimtbraun.

Stiel: 5-9 × 0,2-0,4 cm, schlank, mit flüchtigem Ring, dem Hut gleichfarbig, Basis mit Myzelfilz, der mit dem Substrat dicht verwachsen ist.

Fleisch: unbedeutend, nicht scharf.

Sporen: 8-11 × 5-7 μm.

Vorkommen: auf sumpfigen Böden, bisweilen mit Carex-Arten (Gräser) vergesellschaftet.

Wert: vielleicht eßbar.

BEMERKUNGEN: Der beschriebene Pilz ist deutlich am Standort (moosige, sumpfige Böden) und am nicht scharfen Fleisch zu erkennen.

Natürliche Größe **— 127**

HEBELOMA DUNENSE Corb.-Heim

928

Hut: 2,5-4 cm, purpur- bis ockerrötlich, Scheibe dunkler, Rand blasser, gewölbt, etwas unregelmäßig.
Lamellen: breit, entfernt, mit Zwischenlamellen, ockerrötlich, angewachsen.
Stiel: 4-10×0,3-0,6 cm, gleichdick, unregelmäßig, dem Hut gleichfarbig, nach oben weiß durch Velumreste.
Fleisch: in der Stielbasis bräunlich, sonst weißgrau.
Sporen: 10-12,5×6-7,5 µm.
Vorkommen: auf feuchtem Dünensand; im Frühjahr.
Wert: ungenießbar.

BEMERKUNGEN: Diese Art ist am Strande des Podeltas (Boscone della Mesola) im Mai 1977 anläßlich einer Versammlung des « Comitato Scientifico del Gruppo Micologico Bresadola » gefunden worden.

Natürliche Größe

HEBELOMA SACCHARIOLENS Quél.

929

von « sakcharon » (gr.) = Zucker. Wegen des Geruches
VOLKSNAME: **Duftender Fälbling**

Hut: 1,8-4,5 cm, gewölbt bis flach gewölbt, oder auch niedergedrückt bis gebuckelt, schmutzigbraun, gelbbraun, Rand weißlich, kahl, schmierig, nicht schleimig.
Lamellen: mäßig gedrängt, leicht bauchig, ausgebuchtet angewachsen, ocker, Schneide fein flockig und trocken.
Stiel: 4,2-7×0,2-0,6 cm, eher dünn, fast zylindrisch, voll, ziemlich zäh, weißlich, Basis bräunend (auch im Fleisch), unter den Lamellen bereift, dann kahl, oder mit feinen, dichten Fasern.
Fleisch: auf der Scheibe dünn, sehr dünn am Rande, Geruch auffällig süßlich (Quélet: nach gebranntem Zucker, Konrad-Maublanc: nach Orangenblüten, Romagnesi: nach Lorbeer). Geschmack rettichartig, bald bitter.
Sporen: mandel- bis zitronenförmig, 15-18×5,5-7,5 µm, stark ornamentiert. Zystiden kopfig, 50-75×10-12 µm.
Vorkommen: an feuchten und kühlen Standorten in der Ebene, zwischen abgefallenen Blättern. Herbst bis Spätherbst. Einzeln oder gesellig.
Wert: ungenießbar.

BEMERKUNGEN: Der Pilz gehört zur Gattung **Hebeloma** Sektion **Denudata** mit einem deutlich ausgebildeten Velum; er nimmt eine Sonderstellung ein wegen der trockenen Lamellenschneide und der kopfigen Zystiden. Auffallend sind der süßliche Geruch (daran ist der Pilz sofort erkenntlich) und die ziemlich großen Sporen. Ein anderer **Fälbling (Hebeloma)**, der ähnlich klein und am deutlichen Seifengeruch erkenntlich ist, ist **Hebeloma subsaponaceum** Karst.

Natürliche Größe

DERMOCYBE PALUSTRIS (Mos.) Mos. **930**

von « palustris » (lat.) = im Sumpf wachsend. Wegen des Standortes

Hut: 1-6 cm, gewölbt-gebuckelt, dunkelbraun bis umbra, trocken kastanienbraun, mit feinen orange-rostbraunen Schüppchen, die im Alter fast verschwinden.

Lamellen: olivgrünlich, später zimtbraun, entfernt, nicht sehr breit, mit ganzer oder gesägter Schneide.

Stiel: 5-12×0.3-0,6 cm, hell bis dunkel umbrabraun, von rostbraunem Velum gegürtelt, später kahl und weißgrünlich, Spitze olivlich.

Fleisch: rostbraun, in der Stielbasis dunkler.

Sporen: 7-9×4-5 μm.

Vorkommen: in Sphagnum-Mooren. Sommer-Herbst.

Wert: verdächtig wie alle **Hautköpfe (Dermocybe).**

Bemerkungen: Der Pilz gehört zu den **Hautköpfen (Dermocybe)**; die Vertreter dieser Gattung sind als verdächtig anzusehen.

Schwach vergrößert

CORTINARIUS MELANOTUS Kalchbr. 931

von « melas » (gr.) = schwarz. Wegen der schwarzen Fasern

VOLKSNAME: **Braunnetziger Rauhkopf**

Hut: 3,5-6 cm, auf olivgrünlichem-gelbbräunlichem Grunde mit dicht angedrückten, wollig-filzigen, fuchsigen bis dunkelbraunen Schüppchen.

Lamellen: olivbraun, später zimtbraun-olivlich.

Stiel: blaß braunolivlich, unter einer kaum angedeuteten, ringartigen Zone mit netzartiger Zeichnung wegen des braun-schwärzlichen Velums.

Fleisch: mit Kalilauge verfärbt es sich kastanienbraun. Geruch nach Petersilie.

Sporen: 6,5-8 $\times$ 5-6,5 µm.

Vorkommen: im Laubwald. Sommer-Herbst.

Wert: er gilt als ungenießbar.

BEMERKUNGEN: Von Moser wurde diese Art der Untergattung **Leprocybe** zugeordnet; sie ist gekennzeichnet durch dicke und locker verflochtene Huthauthyphen und gelbgrün fluoreszierende Pigmente. Von ähnlichen Arten unterscheidet sich der beschriebene Pilz durch die auffallende Stielornamentierung, die Hutschüppchen und durch das Fehlen des rettichartigen Geruches (der Geruch nach Petersilie ist ziemlich ausgeprägt). Ähnliche Pilze sind: der **Olivbraune Schleierling (C. cotoneus, 487)**, der **Grüne Schleierling (C. venetus, 79)**.

Natürliche Größe

CORTINARIUS FRAUDULOSUS Britz. 932

von « fraudulosus » (lat.) = betrügerisch. Der Pilz ist schwer zu bestimmen

Hut: 5-8 cm, flach gewölbt, gebuckelt, wenig schmierig, jung auch fein behaart; wenig radial-faserig; tongelb, Mitte dunkler, ähnlich dem **Dunkelscheibigen Fälbling (Hebeloma mesophaeum, 458);** Rand eingebogen, leicht wellig und unregelmäßig. Huthaut mit zerrissener Epicutis und schwach gelatinösen Hyphen. Pigmente in den Membranen und in der Vakuole gelagert; mit zahlreichen Schnallen. Hypocutis mit dicken Hyphen, ohne zellige Struktur.

Lamellen: wenig gedrängt, ziemlich breit, bauchig, ausgebuchtet, anfangs weiß-tongelb, dann milchkaffeebraun.

Stiel: 6-8×0,6-1,5 cm, leicht keulig oder spindelförmig, fast wurzelnd, Spitze glatt, Basis etwas wollig, jung weiß gestiefelt gegürtelt. Die zuerst reichlich vorhandene Cortina ist flüchtig.

Fleisch: weiß, der Geruch wurde von verschiedenen Autoren andersartig angegeben (süßlich, stark mais-kolbenartig bis erdartig, auch schwach erdig). Mit den üblichen chemischen Reagentien ergibt sich keine Farbveränderung; nur mit Silbernitrat verfärbt es sich langsam grau-rosa-violettlich.

Sporen: 12-14×7-8,5 μm, mandelförmig, grobwarzig, mit marmoriertem Aussehen.

Vorkommen: bei Fichte.

Wert: ungenießbar.

BEMERKUNGEN: Der Pilz kann dem **C. rufoalbus (946)** gleichen, der jedoch von einem wolligen Velum überzogen ist. Der ähnliche **C. turmalis** (Fr.) Mos. ist kleiner und trägt kein Velum am Hutrand; er hat einen schwachen Geruch und zeigt mit Silbernitrat eine andere Reaktion; die Sporen sind kleiner, schmäler, spindelig und fast glatt.

Natürliche Größe

CORTINARIUS SUBVALIDUS R. Hry. 933

Wegen der Ähnlichkeit mit **C. validus**

Hut: 4-12 cm, halbkugelig gewölbt, dann flach, ocker-fuchsig, gegen den Rand heller, gelbocker flockig.

Lamellen: mit gesägter Schneide, nicht sehr gedrängt, am Stiel fast angewachsen, ziemlich schmal, anfangs hell, dann mehr oder weniger satt ocker.

Stiel: 8-12×1-3 cm, nach unten verdickt, weißlich, meist mit wolligen, ocker oder gelbbraunen Velumgürteln.

Fleisch: fest, im Hut gelbbraun, im Stiel weißlich. Geruch unangenehm, Geschmack mild.

Sporen: 11-13×5,5-6,5 µm, mandelförmig.

Vorkommen: bei Fichte. Sommer-Herbst.

Wert: eßbar.

BEMERKUNGEN: Dieser Pilz gehört zur Untergattung **Phlegmacium,** Sektion **Triumphantes** mit gelbbraunen Fruchtkörpern, mit weißlich-tongelben Lamellen und ocker Universalvelum. Bei **C. validus** Favre ist das Velum an reifen Exemplaren nicht erkennbar, während es beim beschriebenen Pilz ein Erkennungsmerkmal ist. **Cortinarius validus** hat überdies einen anderen Standort, er wächst in Hochmooren. Sehr ähnlich ist auch der nur bei Birken wachsende **C. crocolitus** Quél. und **C. triumphans (472).**

Natürliche Größe

CORTINARIUS PAPULOSUS Fr. 934

von « papulosus » (lat.) = voller Bläschen

Hut: 3-7(9) cm, gewölbt, abgeflacht, wellig gebogen, schmierig, Scheibe dunkelbraun, Rand blasser, ockerbraun; körnig punktiert.

Lamellen: ockerbraun-graulich, dann rostbraun, nicht sehr gedrängt, ausgebuchtet angewachsen.

Stiel: 3-6×0,5-1 cm, gleichdick oder keulenförmig, Spitze weiß, Basis jung weiß, dann ocker; mit graubraunen bis violettgrauen, ringartigen Velumzonen, bisweilen nicht sehr deutlich.

Fleisch: weiß, brüchig, geruchlos, mild. Mit Laugen bräunend.

Sporen: mandelförmig, warzig, 9-10,5×4,7-5,2 µm.

Vorkommen: in Misch- und Nadelwald.

Wert: er gilt als ungenießbar.

BEMERKUNGEN: Die Art ist gekennzeichnet durch das faserige Velum am Stiel und das eher schlanke Aussehen.

Natürliche Größe

CORTINARIUS VITELLINOPES (Secr.) Schroet. 935

von « vitellinus » (lat.) = Eidotter und « pes » (lat.) = Fuß.
Wegen der Stielfarbe

Hut: 5-8 cm, fleischig, flach gewölbt mit eingerolltem Rand, dieser später eben; feucht etwas schmierig, trocken matt glänzend; satt gelbbraun, oder ocker, Randzone blasser, Rand fast weiß.

Lamellen: blaß tongelb, dann rostbraun, angewachsen oder ausgebuchtet angewachsen, gedrängt.

Stiel: 5-8-10×1-3 cm, keulig, oder auch an der Basis verschmälert und wurzelnd, manchmal gedrungen, manchmal schlank, Grundfarbe weiß, von einem gelben Schleim fleckig gezont, mit gelben Schuppen meist nur an der Basis. Cortina weiß.

Fleisch: weiß, mild, geruchlos oder schwach erdartig.

Sporen: mandelförmig, rauh punktiert oder schwach warzig, 11-12×6-6,5 µm.

Vorkommen: in Laub- und Nadelwald, auf kalkhaltigem Boden.

Wert: ungenießbar.

BEMERKUNGEN: Diese Art ist sehr veränderlich. Sie gehört zur Untergattung **Phlegmacium,** Sektion **Triumphantes,** mit ockergelben-olivlichen Farben und einem Velum, das nur im unteren Teil des Stieles eine ringartig genatterte oder schuppige Zone bildet.

Natürliche Größe

CORTINARIUS ARCUATORUM R. Hry. 936

von « arcuatus » (lat.) = gebogen

Hut: 4-8(12) cm, fleischig, anfangs gewölbt, dann abgeflacht, feucht schmierig, trocken glänzend, orangebraun mit fleischfarbenen Tönen, später eingewachsen faserig; Rand eingerollt, manchmal mit Resten des lilafarbenen Velums.

Lamellen: jung lila, dann rostbraun, ausgebuchtet angewachsen, gedrängt, breit.

Stiel: 4,5-8×1,4-2 cm, mit gerandeter Knolle; Spitze blauviolett, Basis ockergelblich; Knolle am Rande violett, sonst weißlich-ocker.

Fleisch: weißlich, mit lila oder ocker Farbtönen; Geruch leicht fruchtig, Geschmack etwas bitter.

Chemische Reaktion: Kalilauge im Fleisch: rosa; auf dem Hut: rosa.

Sporen: fast zitronenförmig, 10,5-13,5×6 µm, warzig.

Vorkommen: im Laubwald.

Wert: ungenießbar.

BEMERKUNGEN: Der Pilz gehört in die Gruppe um **Cortinarius dibaphus** Fr., die man leicht an der rötlichen Verfärbung des Fleisches und der Huthaut nach Kontakt mit Laugen erkennt. Der abgebildete auseinandergeschnittene Pilz stellt nicht die beschriebene Art dar, sondern eine ähnliche mit olivlichen Lamellen, während sonst die Farben mit denen von **C. arcuatorum** übereinstimmen. Es handelt sich um eine Art, die wir nicht eindeutig bestimmen konnten und die noch keinen Namen trägt.

3/4 natürliche Größe

CORTINARIUS SPECTABILIS Mos. 937

von « spectabilis » (lat.) = ansehnlich, sehenswert. Wegen des Aussehens

Hut: 5-10 cm, blaß elfenbein-, cremefarben, Scheibe hellocker, vom Velum wie mit zartem, violettlichem Schleim überzogen, Rand lange eingerollt, Huthaut abziehbar.

Lamellen: anfangs lebhaft lila, dann mehr bräunlich-lila, am Stiel abgerundet angewachsen und eine Depression bildend, manchmal auch angewachsen.

Stiel: 4-7×1-1,8 cm, weißlich, mit großer Knolle; Spitze lila-weißlich. Cortina weißlich.

Fleisch: weiß mit violetten Farbtönen im Stiel; ohne besonderen Geruch, Geschmack mild oder leicht bitter.

Sporen: 10-13×6-7 µm.

Vorkommen: im Nadelwald, bei Fichte, auf kalkhaltigem Boden, im Hochwald. Sommer-Herbst.

Wert: ungenießbar.

BEMERKUNGEN: Die Abbildung gibt die Farben etwas blaß wieder, sodaß die lila Farbtöne der Lamellen nicht zur Geltung kommen. Mit den charakteristischen Farben ist er ein schöner Pilz und kann mit **C. aleuriosmus** R. Mre. verwechselt werden, der jedoch einen mehlartigen Geruch hat und im Laubwald wächst.

Natürliche Größe

CORTINARIUS SIMULATUS P.D. Orton **938**

SYNONYM: **Cortinarius cinereoviolaceus** Lge.

Hut: 4-8 cm, fast halbkugelig bis gewölbt, lilaviolett, alt graubräunlich, Oberfläche nicht glatt, faserig oder leicht schuppig, trocken.

Lamellen: zuerst blauviolett, später rostbraun, ziemlich entfernt und breit, mit Zwischenlamellen, am Stiel angeheftet.

Stiel: 6-8 × 1-2 cm, fast zylindrisch, oder nach unten verdickt, gerade; blaß violett, von einem lila oder bläulichen Velum gestiefelt-gezont.

Fleisch: dem Hut gleichfarbig, faserig-zäh, Geruch rettichartig.

Sporen: ellipsoidisch, 7-8,5 × 5-6 µm.

Vorkommen: im Nadel- und Laubwald, besonders bei Fichte.

Wert: ungenießbar.

BEMERKUNGEN: Dieser Pilz wird wegen der auffallenden Ornamentierung und wegen des trockenen Hutes in die Untergattung **Sericeocybe** gestellt. Er ist in einem Fichtenwald in Sella Valsugana (TN) gefunden worden. Wahrscheinlich ist der Pilz stärker verbreitet als man glaubt, er ist jedoch eher schwer zu bestimmen.

3/4 natürliche Größe

CORTINARIUS LARGUS Fr. 939

von « largus » (lat.) = groß, breit. Wegen der Größe der Fruchtkörper

VOLKSNAME: **Blaßvioletter Schleimkopf**

Hut: 4-10 cm, regelmäßig, halbkugelig gewölbt, Rand lange eingerollt, später eben, glatt, trocken glänzend, feucht schmierig, Huthaut abziehbar, blaß violett, bald ausgeblaßt, sodaß der Rand fast weißlich und die Mitte ocker erscheint. Der leicht behaarte Rand kann sich braun verfärben.

Lamellen: sehr blaß lila, dann kastanienbraun, schließlich kakaobraun, angewachsen bis leicht herablaufend, ziemlich gedrängt; die Schneide ist gerade bis leicht gesägt.

Stiel: 8-10×1-2 cm, Basis verdickt, blaß, an der Spitze violettlich angehaucht, Basis etwas bräunlich.

Fleisch: fest, weiß oder etwas grau, jung auch etwas lila, aber bald weiß. Geruchlos, Geschmack mild.

Sporen: 9-10×5,5-6 µm, elliptisch bis fast mandelförmig, mit rauher Oberfläche.

Vorkommen: im Laubwald, bei Buchen, auf Kalkboden. Spätsommer, Herbst.

Wert: ungenießbar.

BEMERKUNGEN: Der Pilz ist nicht sehr häufig, aber ziemlich leicht zu erkennen an den Farben und am Standort.

Natürliche Größe

CORTINARIUS PURPURASCENS Fr. 940

Wegen der Farbe des Fleisches

VOLKSNAME: **Purpurfleckender Klumpfuß**

Hut: 6-15 cm, stumpf gewölbt, dann flach, schmierig, kahl, fein eingewachsen faserig; Mitte braun oder ockerbraun, Rand blasser, vom fleischigen Teil des Hutes mit einer schwarzvioletten, runden Linie getrennt (manchmal fehlend), rußig violett, dann gleichfarbig.

Lamellen: dünn, sehr gedrängt, bogig angewachsen oder breit ausgebuchtet, violettpurpurn, lila, dann zimtbraun, Lamellenschneide nicht ganzrandig und bei Berührung dunkelviolett fleckend.

Stiel: 5-6-12×1,5-2 cm, kräftig, kompakt, hart, zylindrisch oder keulenförmig, wenig verdickt mit nicht oder wenig gerandeter Knolle, seidigfaserig, anfangs amethystblau, Spitze violett, dann graubraun, bei Berührung dunkelviolett fleckend; voll, dann hohl. Die reichlich vorhandene Cortina ist violett.

Fleisch: fest, blaß blaulila, bei reifen Exemplaren weißlich, unter der Huthaut violett, in der Knolle bräunend. Geruch im Schnitt kräftig, aber nicht unangenehm. Geschmack mild.

Sporen: ellipsoidisch, fein warzig, 10,5-11×5,5-6 µm. Cheilozystiden zylindrisch, 22-30×3,5-5,5 µm.

Vorkommen: büschelig, im Laubwald.

Wert: ungenießbar.

BEMERKUNGEN: Diese schöne, nicht seltene Art hat die Eigenschaft, sich in den Lamellen und im Stiel dunkelviolett oder purpurn zu verfärben. Der Pilz tritt je nach Standort in zwei Formen auf; die Nadelwaldform hat eine stärker ausgebildete, gerandete, die Laubwaldform eine undeutlich gerandete, rundliche Knolle.

2/3 natürliche Größe — 149

CORTINARIUS VARIEGATUS Bres. **941**

von « variegatus » (lat.) = bunt, mannigfaltig

Hut: 5-10 cm, gewölbt bis ausgebreitet, manchmal auch niedergedrückt, die Farbe ist veränderlich, gelbfuchsig oder zwiebelrot, eingewachsen faserig, mit seidigem, glänzendem Aussehen. Rand lange eingerollt und dünn, Huthaut abziehbar.

Lamellen: anfangs schneeweiß, dann ockerlich, schließlich dunkel bräunlich, am Stiel abgerundet bis angewachsen, ziemlich gedrängt, Schneide grob gesägt.

Stiel: 5-9×1,5-2,5 cm, regelmäßig gleichdick, nur an der Basis etwas verdickt oder verschmälert ausgezogen, silbrigweiß, fast glänzend. Bei Berührung ocker fleckend, Basis mit violettem Velum beschuht.

Fleisch: schneeweiß, mild, geruchlos.

Sporen: 7,5-9×3,5-4 µm, spindelig-elliptisch.

Vorkommen: in moosigen Nadelwäldern, besonders bei Fichte.

Wert: guter Speisepilz.

BEMERKUNGEN: Diese Art ist nicht sehr verbreitet und wurde zum erstenmal von Bresadola in « Fungi Tridentini » beschrieben. Bresadola beschreibt auch eine Varietät dieser Art: var. **marginatus** Bres., die sich darin unterscheidet, daß sie eine gerandet-knollige Stielbasis hat.

Natürliche Größe

CORTINARIUS RUFOOLIVACEUS Fr. 942

Wegen der rotgrünlichen Farbe

VOLKSNAME: **Violettroter Klumpfuß**

Hut: 7-10 cm, fleischig, gewölbt, dann flach, feucht schmierig, trocken matt, braunpurpurn oder weinrot, gegen den Rand satt violett; Rand eingerollt.

Lamellen: gelblich oder hell olivgrün, dann rostig-zimtbraun, breit, dünn, ziemlich gedrängt, ausgebuchtet angewachsen.

Stiel: 5-10×1,1-1,2 cm, mit gerandeter Knolle; lila-violett, Knolle ockerbraun oder dunkel weinrot-braun.

Fleisch: violett; im Hut mehr gelblich; geruchlos, Geschmack etwas herb.

Chemische Reaktionen: Fleisch mit Lauge: zuerst satt grün, dann rotbraun. Mit Guaiak-Tinktur: bräunlich-purpurn.

Sporen: zitronenförmig, grobwarzig, 10-13(14)×6-6,3 µm. An der Lamellenschneide mit fädigen, sterilen Zellen.

Vorkommen: im Buchenwald, auf Kalkboden.

Wert: ungenießbar.

BEMERKUNGEN: Der Pilz gehört zur Subsektion **« Orichalcei »**, die gekennzeichnet ist durch lebhafte gelbe bis braune Farben, gelbe Lamellen, einen gerandet-knolligen Stiel und eine grüne Fleischreaktion mit Laugen.

Natürliche Größe

CORTINARIUS PSEUDOSULPHUREUS Hry. ex Orton **943**

Wegen der Ähnlichkeit mit **C. sulphureus**
VOLKSNAME: **Grünlings-Klumpfuß**

Hut: 5-7(8) cm, flach gewölbt, Rand eingerollt, später aufgebogen; feucht schmierig, trocken seidig, chromgelb mit olivlichen Tönen, oder gegen die Scheibe braunfleckig.
Lamellen: lebhaft gelb-olivgrün, dann braunolivlich, mit Häckchen angewachsen, gedrängt.
Stiel: 4-7×1-1,5 cm, den Lamellen gleichfarbig oder mehr grünlich; Knolle gerandet; bei Berührung olivlich fleckend. Cortina gelb.
Fleisch: lebhaft gelb oder gelbgrünlich, Geruch schwach gebäckartig oder fehlend; mild.
Chemische Reaktionen: Hut und Lamellen mit Laugen dunkelbraun; Fleisch mit Laugen grauolivlich; Fleisch mit Guaiak blau; Fleisch mit Phenol langsam braun-weinrot.
Sporen: mandelförmig-zitronenförmig, warzig, 10-11×6-6,5 µm.
Vorkommen: in Buchen- und Mischwäldern auf Kalkboden.
Wert: ungenießbar.

BEMERKUNGEN: Der Pilz gehört in die Gruppe um **Cortinarius splendens,** die gekennzeichnet ist durch gelbe Farbtöne auf Hut, Lamellen, Stiel und Fleisch. Die chemischen Reaktionen mit Laugen helfen bei der Bestimmung der manchmal sonst nicht gut unterscheidbaren Arten.

2/3 natürliche Größe

CORTINARIUS RUSSEOIDES Mos. **944**

von « russus » (lat.) = rot
VOLKSNAME: **Stinkender Schleimkopf**

Hut: 3,5-7 cm, flach gewölbt bis gebuckelt, unregelmäßig und veränderlich, feucht schmierig, trocken glänzend, bräunlich oder typisch mit dunkelbraunen Tönen auf gelbgrünlichem Grunde.
Lamellen: anfangs gelbgrünlich, dann braunolivlich, verschieden geformt: dünn oder dick, mit oder ohne Häckchen angewachsen, oder herablaufend, nicht gedrängt, Schneide heller und manchmal gesägt.
Stiel: 4-10×0,7-2 cm, gleichdick mit verjüngter Basis, auch keulenförmig, auch gedrungen oder manchmal dünn, lebhaft gelbgrün, nach unten bräunend; voll, dann hohl.
Fleisch: schmutzig gelb, Geruch eindringlich und unangenehm, Geschmack mild, wie nach unreifem Mais.
Chemische Reaktionen: Fleisch mit Laugen: dunkel olivgrün mit braunen Farbtönen.
Sporen: mandelförmig bis oval, rauhwarzig, 9-12×5,5-7 µm. Auf der Lamellenschneide mit zylindrischen, sterilen Zellen mit körnigem Inhalt.
Vorkommen: im Nadel- oder Mischwald, auf Kalkboden.
Wert: ungenießbar.

BEMERKUNGEN: Ein auffallendes Erkennungsmerkmal ist der eindringliche und abstoßende Geruch.

2/3 natürliche Größe

CORTINARIUS VITELLINUS Mos. 945

von « vitellus » (lat.) = Eidotter. Wegen der Farbe

VOLKSNAME: **Dottergelber Klumpfuß**

Hut: 5-8 cm, flach gewölbt, Rand bald eben, feucht schmierig, trocken wenig glänzend, auf lebhaft gelbem Grunde mit dunkelbraunen Flecken oder Streifen, besonders in der Hutmitte, nicht am Rande.

Lamellen: gelb oder dottergelb, oder auch orange, später rostbraun; ausgebuchtet angewachsen, gedrängt.

Stiel: 6-8×1,2-1,7 cm, mit dicker, gerandeter Knolle, gelb, dem Hut gleichfarbig; voll. Cortina schwefelgelb.

Fleisch: einheitlich schwefelgelb, Geruch schwach und unangenehm (nach Gebäck und **Tricholoma sulphureum**).

Chemische Reaktionen: Fleisch mit Eisensulfat: dunkelolivgrün; Fleisch mit Laugen: dunkel rotbraun bis schwarzbraun.

Sporen: mandel- bis zitronenförmig, warzig, 10-11(12)×5-6 µm. Auf der Lamellenschneide wenige zylindrisch-stumpfe, sterile Zellen.

Vorkommen: im Fichtenwald, auf Kalkboden.

Wert: ungenießbar.

BEMERKUNGEN: Der Pilz gehört wie auch der **Grünlings-Klumpfuß (C. pseudosulphureus, 943)** zur Gruppe um **C. splendens,** die gekennzeichnet ist durch gelbe Farbtöne auf Hut, Stiel und Fleisch. Mit Hilfe der chemischen Reaktionen kann man die einzelnen Arten gut unterscheiden. Unter den ähnlichen Arten hat der beschriebene Pilz das am kräftigsten gefärbte Fleisch.

Natürliche Größe

CORTINARIUS RUFOALBUS Kühn. **946**

Hut: 5-8 cm, fleischbräunlich bis lebhaft fuchsigbraun, Rand eingebogen und vom weißlichen Velum 6-8 mm breit überzogen; trocken fein filzig, feucht kahl und schmierig; glänzend.

Lamellen: lila, lilaviolett oder graulich, später rostbraun.

Stiel: 6-10×1-1,5 cm, fleischbraun, ocker-rötlich oder schmutzig weißlich gestiefelt, oder auch gänzlich rötlich.

Fleisch: gilbend; mit starken Laugen nicht verfärbend. Geruch käseartig.

Sporen: 11-14×7-8 µm.

Vorkommen: im Laubwald.

Wert: ungenießbar.

BEMERKUNGEN: Der Pilz gleicht dem **C. fraudulosus (932)**, er ist aber in allen Teilen stärker ornamentiert, hat lila Lamellen und wächst im Laubwald.

Natürliche Größe

CORTINARIUS CYANITES Fr. 947

von « kyanos » (gr.) = kornblumenblau. Wegen der Farbe des Fleisches

Hut: 5-7 cm, gewölbt, dann flach, satt violett, ziemlich dicht mit gelbbraunen Schüppchen bedeckt; Rand stark eingerollt.

Lamellen: anfangs blau-violett, dann braunviolett, mäßig gedrängt.

Stiel: 5-8 × 1,5-4 cm, mit dicker Knolle; oben blauviolett und fein bräunlich schuppig, Basis schmutzig rotbraun. Cortina weißlich.

Fleisch: satt blauviolett, an der Luft rötlich verfärbend. Geruchlos.

Sporen: mandelförmig, 9,5-11 × 5,5-6,5 µm, fein warzig.

Vorkommen: in Laub- und Mischwäldern.

Wert: ungenießbar.

BEMERKUNGEN: Der Pilz wird in die Untergattung **Sericeocybe** gestellt; er ist gekennzeichnet durch einen knolligen, nicht gerandeten Stiel, blau-grau-violette Farben und rötendes Fleisch.

Natürliche Größe

CORTINARIUS PSEUDOCYANITES R. Hry. **948**

Wegen der Ähnlichkeit mit **Cortinarius cyanites**

Hut: 5-10 cm, graubläulich bis bleifarben, leicht schmierig, Mitte graubräunlich, später bräunlich, alt faserig oder schuppig, fast glatt.

Lamellen: wenig gedrängt, mit Zwischenlamellen, breit, aber nicht bauchig, anfangs blau oder lila, dann blau-rauchgrau, schließlich braun.

Stiel: 7-11 × 1-1,5 cm, stark knollig, dem Hut gleichfarbig, aber blasser, später bräunlich-violett.

Fleisch: Geruch fruchtartig, in der Stielspitze blau, im Hut weiß, an der Luft wird es rosa oder ziegelrot.

Sporen: 11-12 × 5-6,5 µm.

Vorkommen: im Laubwald.

Wert: ungenießbar.

BEMERKUNGEN: Der Pilz ist sehr ähnlich dem **C. cyanites (947)**, als dessen Varietät oder Form er häufig angesehen wird. Er unterscheidet sich jedoch durch den fast glatten und schmierigen Hut. **Cortinarius cyanites** hat einen fein faserig-schuppigen Hut besonders bei reifen Fruchtkörpern (siehe **947**).

Schwach vergrößert

CORTINARIUS CAMPHORATUS Fr. **949**

SYNONYM: **Cortinarius hircinus** Fr.

VOLKSNAME: **Bocksdickfuß**

Hut: 6-10 cm, ziemlich fleischig, unregelmäßig höckerig, stumpf gewölbt, Huthaut trocken und faserig, fast weiß oder weißlila, ausblassend, blaß nußbraun getönt, Rand milchkaffeebraun, bei Berührung fuchsig.

Lamellen: wenig gedrängt, schmal, ausgebuchtet angewachsen, lila, später purpurn-rostbraun, Schneide ganz und gleichfarbig.

Stiel: 6-10×1,5 cm, voll, fast zylindrisch, leicht knollig, Basis verschmälert, stark faserig, weißlich bereift, Spitze violettlich, Basis mit bräunlichen Flecken.

Fleisch: dick, weißlich, oder creme, immer violett gefleckt, besonders im Stiel, Geruch stark nach roher Kartoffelschale (nach einigen Autoren nach Schweiß oder Ziegenbock). Geschmack mild, aber unangenehm, wie nach altem Gummi.

Chemische Reaktionen: Huthaut mit starken Laugen: hell fuchsig oder graubraun. Keine Reaktion mit Guaiak-Tinktur, Säuren, Ammoniak, Silbernitrat, usw.

Sporen: ellipsoidisch-länglich, gelb, fein warzig. 9-11×5-5,5 µm.

Vorkommen: im Nadelwald. Sommer-Herbst. Ziemlich häufig.

Wert: ungenießbar.

BEMERKUNGEN: Dieser Pilz hat viel Ähnlichkeit mit dem **Lila-Dickfuß (C. traganus, 486)** in der Färbung, dem Aussehen und im Standort. Er unterscheidet sich jedoch deutlich durch den nicht acetylenartigen Geruch und durch das Fleisch, das beim **Lila Dickfuß** ocker ohne violette Farbtöne ist. Fries hat diesen Pilz in die Untergattung **Inoloma** eingeordnet, moderne Autoren stellen ihn in die Untergattung **Sericeocybe** P.D. Orton.

Natürliche Größe

CORTINARIUS SUBVIOLASCENS R. Hry. 950

von « subviolascens » (lat.) = schwach violettlich werdend

Hut: 1-6 cm, grau-weißlich durch das faserig-seidige Velum auf graubraunem Grunde, später ockerlich oder rehbraun.

Lamellen: tonfarbig mit bläulichem Farbton, später ocker.

Stiel: 3-7×1-2,5 cm, ziemlich dick und kräftig, gleichdick bis keulig, lila, weißlich-lila, oder weißlich, faserig-filzig, voll.

Fleisch: im Stiel lila-violett. Geruch rettich- oder kampferartig.

Sporen: 7,7-11×4,5-6,5 µm.

Vorkommen: im Nadelwald, besonders bei Fichten.

Wert: ungenießbar.

BEMERKUNGEN: Der ähnliche **Wohlriechende Gürtelfuß (C. torvus** (Bull. ex Fr.) Fr.) unterscheidet sich vom beschriebenen Pilz durch ein deutlicher ausgebildetes, ringartiges Velum, der Geruch ist mehr süßlich, sein Standort der Laubwald.

CORTINARIUS IONOSMUS Mos. 951

von « ion » (gr.) = Veilchen und « osmos » (gr.) = Geruch. Wegen des Geruches nach Veilchen

Hut: 3-7 cm, gewölbt oder leicht gebuckelt, glatt, seidig, hygrophan, feucht kastanienbraun, trocken braungrau, Velum weißfaserig.

Lamellen: milchkaffeebraun, alt dunkler, mäßig gedrängt, dick und ausgebuchtet angewachsen.

Stiel: 4-8×0,5-1 cm, weißlich, Basis bräunend, dann gänzlich graubräunlich; voll, gleichdick, leicht keulig, bisweilen mit Velumgürteln.

Fleisch: blaß braun, Geruch charakteristisch und stark nach Veilchen oder Veilchenwurzeln.

Sporen: ellipsoidisch, warzig, 8-9,5×4,8-5,8 µm.

Vorkommen: montaner und subalpiner Fichtenwald. Sommer.

Wert: ungenießbar.

BEMERKUNGEN: Dieser unauffällige Pilz wird von Pilzesammlern übergangen und ist nur von wissenschaftlichem Interesse. Er ist unter den vielen ähnlichen Arten sofort zu erkennen am starken Geruch nach Veilchen. In Italien ist der Pilz wiederholt in Fichtenwäldern des Fleimstales (Trentino) gefunden worden.

Natürliche Größe

CORTINARIUS PHOLIDEUS (Fr. ex Fr.) Fr. **952**

von « pholis » (lat.) = Schuppe. Wegen der Hutornamentierung

Hut: 5-10 cm, nicht sehr fleischig, glockig ausgebreitet, bisweilen mit deutlichem Buckel, zimtbraun, dicht mit sparrigen, schokoladen-bis umbrabraunen Schüppchen bedeckt, Rand gewellt.

Lamellen: breit, ziemlich gedrängt, ausgebuchtet, anfangs blau, dann violettpurpurn, dann ocker-zimtbraun.

Stiel: 8-12×1-1,5 cm, gleichdick, keulig, mit sparrigen, dunkelbraunen bis schwärzlichen Schüppchen gestiefelt; über dem Ring glatt, mit blaß lila Farbtönen; ausgestopft, dann hohl.

Fleisch: blaß braun (etwas violett in der Stielspitze), mit wässerigen Flecken, geruchlos, mild.

Sporen: 7-8×5-6 μm, rundlich; Sporenpulver rostbraun.

Vorkommen: in Mooren, bei Birken und Pappeln. Spätherbst.

Wert: ungenießbar.

BEMERKUNGEN: Dieser **Cortinarius** mit trockener Huthaut ist ziemlich leicht zu erkennen am gleichfarbigen Hut und Stiel, die mit sparrigen Schüppchen bedeckt sind. Wegen dieses Merkmals kann er dem **C. humicola** (Quél.) R. Mre. mit ockergelben Lamellen gleichen.

Schwach vergrößert

CORTINARIUS RUBICUNDULUS (Rea) Pearson 953

von « rubicundus » (lat.) = rot angestrichen. Wegen der rötlichen Flecken

SYNONYME: **Cortinarius pseudobolaris** R. Mre.
Flammula rubicundula Rea

Hut: 4-7 cm, jung ockergelb, dann kupferrotbraun, eingewachsen faserig bis fein angedrückt schuppig; Rand mit zitronengelbem Velum.
Lamellen: hellocker, dann milchkaffeebraun.
Stiel: tonblaß, dann chromgelb, schließlich rostrot verfärbend.
Fleisch: im Schnitt stark gilbend, dann bräunend. Ohne besonderen Geruch, bei Berührung mit Speichel verfärbt es sich gelborange.
Sporen: 6-9×3-4,5 µm.
Vorkommen: im Laubwald. Spätsommer.
Wert: verdächtig.

BEMERKUNGEN: Ähnliche Pilze sind: der **Rotschuppige Dickfuß (C. bolaris, 83), C. limonius (500), C. redimitus** Fr., **C. callisteus** (Fr.) Fr., der **Goldfuchsige Dickfuß (C. tophaceus, 493), C. tophaceoides** Mos. und **C. citrinofulvescens** Mos.; die zwei letzten Arten wurden von Prof. Moser geschaffen, der sich mit dem Studium dieser Cortinariengruppe eingehend beschäftigt.

Natürliche Größe

CORTINARIUS SPILOMEUS (Fr. ex Fr.) Fr. 954

von « spilos » (gr.) = Flecken. Wegen der Schüppchen auf dem Stiel

Hut: 2-5 cm, dünnfleischig, helmförmig, höckerig gewölbt, Rand eben; Huthaut trocken, rötlich, graubraun oder milchkaffeebraun oder graulila, fein gerieft durch fuchsigrötliche, eingewachsene Fasern, mit glimmerigem Aussehen.
Lamellen: ziemlich entfernt, dünn, bogig herablaufend oder ausgebuchtet angewachsen, tonfarbig, bisweilen mit lila Farbtönen.
Stiel: 5-8×0,5-0,8 cm, fast zylindrisch, röhrig, faserig, anfangs fuchsigrötlich, Spitze violett, mit kupferbraunen Schüppchen, die ringartig angeordnet sind, oder mit feinen blutroten Tropfen. Cortina reichlich und grau gefärbt.
Fleisch: dick, weißlich, in der Stielspitze violett. Ohne besonderen Geruch und Geschmack.
Chemische Reaktionen: Fleisch mit Eisensulfat: keine Reaktion, Huthaut mit Eisensulfat: braungrünlich oder braungrau.
Sporen: 6-8×6-6,5 µm, warzig, eiförmig.
Vorkommen: im Nadelwald, aber auch bei Birken. Spätsommer.
Wert: ungenießbar.

BEMERKUNGEN: Wegen der Ornamentierung am Stiel kann der Pilz dem **Rotschuppigen Dickfuß (C. bolaris, 83)** ähnlich sein; dieser ist auffallender rot gefärbt.

3/4 natürliche Größe

CORTINARIUS MYRTILLINUS Fr. 955

Hut: 2-3,5 cm, glockig gewölbt, stumpf gebuckelt, matt, trocken, wenig hygrophan, ocker mit lila Ton, rußiggrau in der Mitte, Rand zuerst eingebogen, etwas gewellt, blaß isabellfarben, mit faserigen Velumresten, ganz außen bläulich.

Lamellen: wenig gedrängt, dünn, ausgebuchtet angewachsen, anfangs lila oder violett, dann graubraun-purpurn, Schneide lange lila.

Stiel: 5-8×0,6 cm, lang, dünn, faserig, brüchig, voll, später fast röhrig, Basis verdickt, oben faserig oder gerieft und violettlich, mit angedeuteter ringartiger, flüchtiger Cortina.

Fleisch: dünn, weißlich, mild, Geruch schwach rettichartig. Mit Phenol stark rötend.

Sporen: wenig warzig, elliptisch, zugespitzt, 9,9-11×4,5 µm.

Vorkommen: in Ringen, im Gras, am Waldrand (Pappeln und Birken).

Wert: ungenießbar.

BEMERKUNGEN: Der Pilz ist nahe verwandt mit **C. anomalus** und **C. azureus**, von denen er sich durch den nicht gestiefelten Stiel und durch den bläulichen Hutrand unterscheidet.

Natürliche Größe

CORTINARIUS TRIFORMIS Fr. 956

SYNONYM: **Cortinarius subferrugineus** ss. Bres.

Hut: 4-7 cm, ziemlich fleischig, kompakt, fest, stumpf gewölbt bis höckerig; Huthaut hygrophan, abtrennbar, feucht dunkel rotbraun, trocken gelbocker, Rand streifig, mit eingewachsenen Fasern, ausblassend.

Lamellen: breit, entfernt, ausgebuchtet angewachsen oder abgerundet-ausgebuchtet, anfangs creme, dann ocker, Schneide gekerbt.

Stiel: 6-8×1-2 cm, voll, fleischig, fest, Basis keulig, knollig, Spitze silbrigweiß, Basis fuchsig werdend. Cortina weiß und sehr flüchtig.

Fleisch: dick, weißlich-grau, ohne besonderen Geruch, Geschmack mild.

Sporen: unter dem Mikroskop gelbocker, warzig punktiert, fast mandelförmig, 8,8-11×6,5 μm; Sporenpulver rostbraun. Schneide mit nur fertilen Elementen, Zystiden fehlen.

Chemische Reaktionen: Huthaut mit Laugen: blaß graubraun; Fleisch mit Laugen: blaß braun-rosa. Reaktion mit Guaiak schwach, mit Phenolanilin schwach positiv. Fleisch mit Formol: an der Stielbasis schwach rosa.

Vorkommen: im Nadel- und Laubwald.

Wert: ungenießbar.

BEMERKUNGEN: Der Pilz gehört zur Untergattung **Telamonia;** er ist sehr ähnlich dem **C. bivelus** Fr. und dem **C. privignus (957).**

Natürliche Größe

CORTINARIUS PRIVIGNUS Fr. 957

von « privigna » (lat.) = Stieftochter

Hut: 3-5 cm, Mitte fleischig, Rand häutig, stumpf gewölbt, fast gebuckelt, gebogen, Rand wellig und eingerissen; stark hygrophan, feucht fuchsig, am Rand weißlich und seidig überfasert; trocken gelb fuchsig, glänzend.

Lamellen: mäßig gedrängt, ausgebuchtet, ziemlich breit, blaß ocker, dann fuchsig, Schneide fein gezähnelt, weißlich.

Stiel: 4-10×0,7-1 cm, weich, voll bis schwammig, keulig, fast rindig, anfangs faserig-seidig bescheidet, später seidig gestreift; oben violettlich angehaucht, Basis blaß ocker gefleckt. Cortina weiß.

Fleisch: ziemlich fest, im Stiel weich, weißlich oder etwas fuchsig im Hut und in der Stielbasis. Geschmack mild, geruchlos.

Chemische Reaktionen: mit Phenol rötend.

Sporen: ellipsoidisch-oval, warzig, 7,7-9×5,5 µm. Sterile Zellen keulig, hervorragend, 14-15 µm.

Vorkommen: im Gras, in Gruppen, am Rand von Fichenwäldern.

Wert: ungenießbar.

BEMERKUNGEN: Der Pilz gehört zur Untergattung **Telamonia;** der Stiel dieser **Cortinarien** ist unter der Cortina oft gegürtelt oder gestiefelt.

Natürliche Größe

CORTINARIUS DURACINUS Fr. **958**

von « duracinus » (lat.) = starr, hart. Wegen des steifen Stieles und des kompakten Fleisches

VOLKSNAME: **Spindeliger Wasserkopf**

Hut: 2-6 cm, stumpf gewölbt bis aufgeschirmt mit angedeutetem, breitem Buckel, glatt, einheitlich braun-rötlich-ocker, am Rande blasser, ziemlich fleischig.

Lamellen: tonfarben-rötlich, wenig gedrängt, ausgebuchtet angewachsen.

Stiel: 7-9×1,5 cm, weiß oder weißlich, voll, hart, keulig mit länglicher Knolle, meist spindelig, wurzelnd; weiß und sehr flüchtig.

Fleisch: weiß oder leicht rosa, geruchlos und mild.

Chemische Reaktionen: positiv mit Guaiak und Phenol; Fleisch mit Eisensulfat: graugrünlich.

Sporen: ellipsoidisch-länglich oder mandelförmig, ungleich, 10-14×4,5-5,5 µm.

Vorkommen: im Laub- und Nadelwald. Sommer-Herbst.

Wert: unbekannt.

BEMERKUNGEN: Der Pilz wird vielleicht oft nicht erkannt; er ist aber nicht schwer zu bestimmen wegen des weißen, fast wurzelnden Stieles und wegen der eintönigen, zimtbraunen Farbe des Hutes und der Lamellen.

Natürliche Größe

CORTINARIUS VIRIDIPES Mos.

959

von « viridis » (lat.) = grün und « pes » (lat.) = Fuß. Wegen des grünlichen Stieles

Hut: 2-5 cm, gewölbt, kastanienbraun, Scheitel fuchsig, trocken dunkel semmelbraun.

Lamellen: dick, entfernt, zimtgelb bis rostrotbraun, Schneide heller und flockig.

Stiel: 4-7(9)×0,7-1,2 cm, ziemlich dick, keulig, ganz oder im oberen Teil grünlich bis olivgelblich, alt abwärts braun.

Fleisch: weißlich, später schmutzig braun. Ohne besonderen Geruch und Geschmack.

Sporen: 8-10(11)×4,5-7 µm.

Vorkommen: im Nadelwald. Sommer, Herbst.

Wert: ungenießbar.

BEMERKUNGEN: Der Pilz ist eine der vielen **Hydrocybe**-Arten und im Aussehen dem **Olivgelben Wasserkopf (C. zinziberatus, 82)** ähnlich. Die grünliche Farbe des Stieles, die dem Pilz den Namen gegeben hat, wird beim reifen Pilz bald braun.

Natürliche Größe

CORTINARIUS INCISUS Fr. 960

von « incisus » (lat.) = eingeschnitten. Wegen des eingerissenen Hutrandes

SYNONYM: **Telamonia incisa** Ricken

Hut: 2-4 cm, eher dünnfleischig, glockig bis ausgebreitet, immer deutlich gebuckelt, alt am Rande radial einreißend, hygrophan, Oberfläche trocken glänzend, fuchsig bis rostbraun, bisweilen mit dunkel olivlichem Ton.

Lamellen: ziemlich entfernt, breit, am Stiel angewachsen, dunkel zimtbraun, graubraun.

Stiel: 5-6×0,3-0,5 cm, gleichdick, verbogen, voll bis hohl, dem Hut gleichfarbig, mit einer weißen Velumzone, Basis leicht behaart und manchmal verdickt.

Fleisch: fast gleichfarbig, fast geruchlos, Geschmack bitter.

Sporen: elliptisch-eiförmig; rauh-punktiert, 7,5-8,5×4-5 µm.

Vorkommen: im Nadelwald, besonders an Wegböschungen und Grabenrändern, oft büschelig.

Wert: ungenießbar wie alle kleinen **Cortinarien.**

EMERKUNGEN: Dieser kleine **Cortinarius** ist schwer zu bestimmen. Er wird in die Unterattung **Telamonia (Gürtelfüße)** gestellt, deren Stiel auffallend gegürtelt oder gestiefelt ist.

/4 natürliche Größe

CORTINARIUS RENIDENS Fr. 961

von « renidens » (lat.) = erglänzend. Wegen der lebhaften Hutfarbe

SYNONYM: **Cortinarius angulosus** ss. Bres., Ricken?

Hut: 2-6 cm, glatt, hygrophan, orangebraun, trocken lebhaft aprikosenfarben, stumpf gebuckelt, Rand oft geknickt.

Lamellen: ziemlich gedrängt, mit Zwischenlamellen, angewachsen, lebhaft rostocker, anfangs heller.

Stiel: 4-8×1-1,5 cm, ockerbraun oder heller, dunkler braun längsfaserig. Cortina strohgelb, faserig, flüchtig.

Fleisch: weißlich. Ohne besonderen Geruch und Geschmack.

Sporen: 6-7×4,5-5 µm, leicht warzig.

Vorkommen: im Nadelwald, in Torfmooren. Schon ab Juni.

Wert: ungenießbar.

EMERKUNGEN: Dieser **Cortinarius** ist ein eher unscheinbarer, mittelgroßer Pilz, der am ›bhaft orangebraunen Hut zu erkennen ist.

atürliche Größe

CORTINARIUS SATURATUS Lge. 962

von « satur » (lat.) = satt, reichlich

SYNONYM: **Cortinarius dilutus** ss. Ricken

Hut: 5-9 cm, gewölbt, dann flach, feucht rotbraun, trocken ockerrötlich; Rand fein gerieft und dünn.

Lamellen: gelb, dann rostbraun, fast entfernt oder angewachsen. Mit zahlreichen Zwischenlamellen.

Stiel: 6-10×1-1,5 cm, silbrig-seidig, alt bräunend, zylindrisch, gebogen.

Fleisch: weißlich mit bräunlichen Tönen. Ohne besonderen Geruch und Geschmack.

Sporen: rundlich, 5-6×4-5 µm.

Vorkommen: im Nadelwald. Spätsommer-Herbst.

Wert: ungenießbar.

BEMERKUNGEN: Der Pilz kann büschelig zu mehreren Exemplaren wachsen. Bemerkenswert ist der Kontrast zwischen dem zimtbraunen Hut und dem weißen, silbrig-seidigen Stiel, die runden Sporen und der Standort im Nadelwald.

Natürliche Größe

CORTINARIUS HINNULOIDES Hry. 963

von « hinnuleus » (lat.) = hirschfarbig. Wegen der hirschbraunen Farbe, ähnlich der von **C. hinnuleus**

Hut: 4-8 cm, gelbocker, dann gelbrötlich, schwärzlich gesprenkelt, Rand etwas schuppig-faserig, stark glockig, in der Mitte fast zugespitzt.

Lamellen: aderig verbunden, anastomosierend, sehr breit und entfernt und mit vielen Zwischenlamellen, angewachsen, bräunlich oder braunrötlich.

Stiel: ocker-strohgelb, oder gelblich-rötlich, gleichdick, gegen die Basis verdickt, dem Hut gleichfarbig, faserig, mit Resten des weißen Velums, besonders an der Basis.

Fleisch: Geruch angenehm, wie nach Orangenblüten; bräunlich.

Sporen: 6,5-8,5 µm.

Vorkommen: im Nadelwald. Sommer-Herbst.

Wert: ungenießbar.

BEMERKUNGEN: Der Pilz ist sehr ähnlich dem **Erdigriechenden Gürtelfuß (C. hinnuleus, 601)**; dieser riecht jedoch unangenehm erdartig.

Natürliche Größe

CORTINARIUS ADALBERTI Favre

964

SYNONYM: **Cortinarius pateriformis** ss. Ricken

Hut: 3-5 cm, stumpf gewölbt, gebuckelt, hygrophan; feucht schwarz- bis dunkel weinbraun, trocken kastanien- bis rehbraun.

Lamellen: wenig gedrängt, schmal, safrangelb, später dunkler.

Stiel: 2,5-9×0,4-0,8 cm, zylindrisch oder gegen die Basis verjüngt, steif, schokoladebraun, faserig-gerieft, nach Berührung an der Basis bräunend; mit weißem Velum mehrfach gegürtelt.

Fleisch: bräunlich. Ohne besonderen Geruch und Geschmack.

Sporen: 6-7,2(8)×3-4,2 µm.

Vorkommen: bei Nadelbäumen, besonders bei Fichten.

Wert: ungenießbar.

BEMERKUNGEN: Wie viele ähnliche Pilze ist diese Art bräunlich gefärbt, sie unterscheidet sich jedoch durch die gelblichbraune Lamellenfarbe und durch den glatten, hygrophanen Hut.

2/3 natürliche Größe

CORTINARIUS SUILLUS Fr. (ss. Favre) **965**

von « sus » (lat.) = Sau. Wegen des dicken Fruchtkörpers

Hut: 5-10 cm, braunrötlich bis hellbraun, nicht hygrophan, fleischig, Rand etwas filzig überzogen, gewölbt, angedeutet gebuckelt.

Lamellen: weißlich, dann creme-bräunlich, entfernt und ziemlich breit, am Stiel angewachsen; mit Zwischenlamellen.

Stiel: 6-8×2-4 cm, spindelig-dickbauchig, schmutzig zimtbraun bis bräunlich, etwas dunkler längsfaserig, Basis weißlich.

Fleisch: weißcreme oder bräunlich, ohne besonderen Geruch und Geschmack.

Sporen: 7-8,5×5-5,5 µm.

Vorkommen: an grasigen Stellen im Nadelwald.

Wert: ungenießbar.

BEMERKUNGEN: Dieser **Cortinarius** hat eine trockene Huthaut und ist eine fleischige Art. Der ähnlich gefärbte **Dunkelbraune Gürtelfuß (C. brunneus, 508)** hat einen vom Velum deutlich gegürtelten Stiel.

3/4 natürliche Größe

CORTINARIUS JUNGHUHNII Fr. 966

Hut: 2-3 cm, kegelig, zimtbraun, bis zur Hälfte gerieft, fast etwas samtig; trocken ocker-fuchsig.

Lamellen: ockergelblich, Schneide flockig; ziemlich breit und entfernt.

Stiel: 5-8×0,3-0,4 cm, außen blaß, innen rostbraun.

Fleisch: zimtbraun. Ohne besonderen Geruch und Geschmack.

Sporen: 7-9×5-6 µm. Cheilozystiden mehr oder weniger keulenförmig.

Vorkommen: im Nadelwald.

Wert: ungenießbar.

BEMERKUNGEN: Der Pilz ist eine der vielen kleinen **Hydrocyben** mit glockigem, fast zugespitztem Hut, die nicht immer leicht zu bestimmen sind. Das deutlichste Erkennungsmerkmal ist vielleicht die Riefung über die Hälfte des Hutes.

3/4 natürliche Größe

CORTINARIUS ATROCOERULEUS (Mos.) Mos. 967

von « ater » (lat.) = schwarz und « coeruleus » (lat.) = blau.
Wegen der Farben

Hut: 1,5-4 cm, glockig, dann gewölbt-gebuckelt, feucht schwärzlich, trocken kastanienbraun, glatt, Rand bis ins Alter stark weiß-wollig-seidig überkleidet.

Lamellen: milchkaffeebraun, nicht sehr gedrängt, mit Zwischenlamellen, am Stiel abgerundet.

Stiel: 6-8×0,3-0,6 cm, gleichdick, länglich, stark weiß gegürtelt, unten lila bräunlich.

Fleisch: weißbläulich im Stiel, bräunlich im Hut. Geruch bisweilen nach Pelargonien.

Sporen: 8-9×5 µm.

Vorkommen: in sumpfigem Nadelwald, im Gebüsch.

Wert: ungenießbar.

BEMERKUNGEN: Die abgebildeten Exemplare sind an moosigen Stellen am Waldrand im Herbst gefunden worden.

Natürliche Größe

CORTINARIUS OBTUSUS Fr. 968

von « obtusus » (lat.) = abgerundet, abgestumpft. Wegen der häufig stumpfen Hutform

Hut: ungefähr 4 cm, dünnfleischig, Rand fast häutig, hygrophan, feucht bis zur Mitte durchscheinend gerieft; glockig gewölbt, stumpf und manchmal spitz gebuckelt, Rand eingerollt, dann eben. Feucht fuchsig-rostbraun, trocken ocker, Scheibe dunkler.
Lamellen: breit und bauchig, ausgebuchtet angewachsen, wenig gedrängt, anfangs cremeocker, dann fuchsig-zimtbraun-rötlich.
Stiel: 6-8×0,4-0,6 cm, spindelig, gebogen, Basis zugespitzt, bisweilen bauchig und auch zusammengedrückt, gerieft-faserig, hell strohgelb, hohl.
Fleisch: dünn, gelblich, Geruch deutlich nach Jodoform (oder nach Karbolsäure), Geschmack mild, etwas rettichartig.
Chemische Reaktionen: Fleisch mit Phenol: Reaktion positiv.
Sporen: ellipsoidisch-oval, fein warzig, 7-9×5,5 µm.
Vorkommen: in Gruppen, auch büschelig. Im Nadelwald an grasigen Plätzen.
Wert: wertlos.

BEMERKUNGEN: Diese Art ist leicht zu erkennen am charakteristischen Geruch, am gebuckelten Hut, der trocken ocker, feucht durchscheinend gerieft ist.

Natürliche Größe

CORTINARIUS CAESIOCYANEUS Britz. 969

von « caesius » (lat.) = bläulichgrau und von « kyanos » (gr.) = blau. Wegen der Hut- und Lamellenfarbe

Hut: 6-12 cm, graublau-violettlich, Rand reichlich mit fast gleichfarbigen, eingewachsenen Fasern geschmückt.
Lamellen: anfangs weiß bis blaß blau, bald tonfarben oder zimtbraun, ziemlich gedrängt, am Stiel abgerundet.
Stiel: 6-8×1-1,5 cm, gleichdick, Basis mit gerandeter Knolle, dem Hut gleichfarbig, im unteren Teil weiß.
Fleisch: weißbläulich, ohne besonderen Geruch und Geschmack.
Sporen: 8-10×5-5,5 µm.
Vorkommen: in Buchenwäldern, auf Kalk.
Wert: ungenießbar.

BEMERKUNGEN: Der Pilz kann dem **Taubenblauen Schleimkopf (C. cumatilis, 70)** in den bläulichen Farben gleichen, sowie dem **Blauen Klumpfuß (C. coerulescens** (Schff. ex Secr.) Fr. mit der gerandeten Knolle. **Cortinarius cumatilis** hat eine nicht gerandete Knolle und der Stiel ist wie die Lamellen fast weiß.

Natürliche Größe

CORTINARIUS PSEUDOSALOR Lge. 970

Wegen der Ähnlichkeit mit **Cortinarius salor**

SYNONYM: **Cortinarius mucifluoides** Hry.

Hut: 4-6 cm, flach gewölbt mit angedeutetem Buckel, Rand lange eingerollt, hellocker, ockergrau mit bisweilen olivgrünlich-bläulich getöntem Rand, fein eingewachsen faserig. Schleim mit Schnallen.

Lamellen: tonblaß auch beim reifen Fruchtkörper, ziemlich entfernt und breit.

Stiel: 4-6×1-1,5 cm, spindelig, bläulich, schmierig.

Fleisch: bläulich.

Sporen: 12-15×6-8 µm.

Vorkommen: im Nadel- und Laubwald. Sommer-Herbst.

Wert: ungenießbar.

BEMERKUNGEN: Der Pilz gehört zur Untergattung **Myxacium** mit schmierigem Hut und Stiel. Er kann dem **Blaustiel-Schleimfuß (C. collinitus, 67)** ähneln; diesem fehlen jedoch die Schnallen im Schleim der Hutoberfläche. Auch **Cortinarius elatior** Fr. ist ihm sehr ähnlich.

Natürliche Größe

INOCYBE DULCAMARA var. axantha Kühn. 971

von « axanthos » (gr.) = ohne gelbe Farbe

Dieser Pilz ist eine der vielen Varietäten von **Inocybe dulcamara.** Er hat als charakteristisches Merkmal rötlichbraune Lamellen anstatt ockergelbliche oder gelb-olivgrüne in der typischen Form. Er kommt seltener vor als **I. dulcamara**; der Standort ist der gleiche: Föhren- und Fichtenwald, an Wegrändern. Die abgebildeten Exemplare sind in einem küstennahen Föhrenwald in der Nähe von Boscone della Mesola im Podelta gefunden worden anläßlich einer Tagung des wissenschaftlichen Komitees des « Gruppo Micologico "Bresadola" di Trento ».

Der Pilz gilt als verdächtig wie alle **Rißpilze (Inocybe).**

2/3 natürliche Größe

INOCYBE PUDICA Kühn. 972

von « pudicus » (lat.) = schamhaft. Wegen der weißen und rötenden Farben
SYNONYME: **Inocybe trinii** ss. Ricken
Inocybe rubescens ss. Lge.

Hut: 2-5,5 cm, anfangs halbkugelig-fast kreiselförmig, dann flach gewölbt, manchmal gebuckelt, lange weißlich-fleischfarben, stellenweise rötend, schließlich schmutzig rötlich; mehr oder weniger filzig; gespalten.

Lamellen: mäßig gedrängt, dünn und ziemlich breit, am Stiel abgerundet, tonfarben-bräunlich, rot gefleckt.

Stiel: 5-8×0,4-1 cm, gleichdick, mit kleinem, rundlichem Knöllchen (nicht gerandet), voll, dann hohl; anfangs schneeweiß, stellenweise rötend, Spitze bereift. Velum beim jungen Pilz im oberen Stielteil vorhanden, bald flüchtig.

Fleisch: sehr dünn, weiß, rötlich angehaucht; Geruch und Geschmack schwach.

Sporen: elliptisch mit abgerundeter Spitze, 7,7-9,5×5,2-5,5 µm. Zystiden spindelig-bauchig, mit schwach krönchenartiger Spitze, mit dünner Zellwand, 50-60×12-22 µm.

Vorkommen: im Nadelwald. Spätsommer.

Wert: verdächtig wie alle **Rißpilze.**

BEMERKUNGEN: Diese Art, die von Kühner gut abgegrenzt worden ist, wurde oft mit anderen rötenden Rißpilzen verwechselt. Sie unterscheidet sich von **I. godeyi** Gill. durch den Stiel (**I. pudica** mit höchstens rundlichem Knöllchen, **I. godeyi** mit gerandeter Knolle), durch das Velum (fast fehlend und der Stielbasis anliegend bei **I. godeyi**), durch den vollständig bereiften Stiel bei **I. godeyi** und durch die Sporen mit spitzbogenartiger-höckeriger Spitze.

2/3 natürliche Größe

INOCYBE OBSCURA (Pers. ex Pers.) Gill. 973

von « obscurus » (lat.) = dunkel. Wegen der dunklen Farben
VOLKSNAME: **Violettlicher Rißpilz**

Hut: 2-4 cm, dünnfleischig, glockig, dann gewölbt-gebuckelt, längsfaserig, Scheibe schuppig, blaß lila, bald bräunlich.

Lamellen: ziemlich gedrängt, bauchig, ausgebuchtet angeheftet, lila-nußbraun, dann dunkel ocker, Schneide gleichfarbig.

Stiel: 3-5×0,3-0,5 cm, gleichdick, ausgestopft, gegen die Basis verdickt, lila, ausblassend.

Fleisch: blaß lila oder schmutzig weiß, Geruch nach ranzigem Mehl, Geschmack mild.

Sporen: oval-mandelförmig, glatt, gelblich, 9-10×5-6 µm. Zystiden spindelig bis bauchig, mit Basiszelle, mit kronenartiger Spitze, 60-70×15-20 µm.

Vorkommen: gesellig oder auch büschelig, im Nadelwald. Frühling und Herbst.

Wert: verdächtig wie alle **Rißpilze.**

BEMERKUNGEN: Der Pilz kann dem **Blaufüßigen Rißpilz (I. calamistrata, 88)** ähnlich sein, besonders wegen der lila Färbung des Stieles.

2/3 natürliche Größe

INOCYBE UMBRATICA Quél. 974

von « umbraticus » (lat.) = im Schatten wachsend

VOLKSNAME: **Weißlicher Rißpilz**

Hut: 2-3 cm, fleischig, kegelig-glockig, ausgebreitet, gebuckelt, weißlich oder hellgrau, seidig-faserig, trocken, Rand bisweilen gefurcht.

Lamellen: sehr gedrängt, schmal, frei, weiß, dann grau-zimtbraun, Schneide fein fransig.

Stiel: 3-4×0,3-0,6 cm, voll, weiß, fein bereift, Spitze schuppig, gleichdick, knollig-kreiselförmig.

Fleisch: weiß, im Schnitt an der Stielbasis strohgelb; Geruch erdig, Geschmack mild.

Sporen: eckig-sternförmig, 10×7 µm. Zystiden spindelig-bauchig, an der Spitze krönchenartig, 40-45×12-14 µm.

Vorkommen: im Nadelwald. Herbst.

Wert: verdächtig wie alle **Rißpilze.**

BEMERKUNGEN: Der Pilz ist ähnlich dem **Erdblättrigen Rißpilz (I. geophylla, 90),** von dem er sich durch größere Fruchtkörper, durch die kreiselartige Knolle und die sternförmigen Sporen unterscheidet.

Natürliche Größe

INOCYBE FRIESII Heim. 975

Zu Ehren von Fries

VOLKSNAME: **Frühlings-Rißpilz**

Hut: 2-4(5) cm, gewölbt bis abgeflacht oder leicht gebuckelt, lange glatt, dann angedrückt faserig, kastanienbraun, gelblich, fuchsig getönt; jung mit Velumresten.

Lamellen: gerade und wenig bauchig, nußbraun, dann braun-olivlich und schließlich zimtbraun, Schneide heller.

Stiel: 3-5×0,3-0,8 cm, eher dünn, ohne Knolle, ocker-rötlich oder bräunlich; oben weiß bereift, sonst schwach gerieft.

Fleisch: fest, ocker-rötlich, Geruch spermatisch.

Sporen: glatt, oval, 9-12×5-7 µm. Zystiden mit dicker Zellwand, 45-70×12-20 µm.

Vorkommen: im Laub- oder Nadelwald, einzeln oder auch büschelig, zu 4-5 an der Stielbasis verwachsen.

Wert: verdächtig wie alle **Rißpilze.**

BEMERKUNGEN: Diesen häufigen **Rißpilz** erkennt man am rosa gefärbten, fast glatten Stiel.

Natürliche Größe

INOCYBE APPENDICULATA Kühn. 976

von « appendiculatus » (lat.) = behangen. Der Hutrand ist von Velum behangen

VOLKSNAME: **Behangener Rißpilz**

Hut: 2-4 cm, glockig, dann flach gewölbt, ocker bis hell rostbraun, fein filzig und etwas schuppig. Rand behangen oder gezähnelt von dickem, weißem Velum.

Lamellen: blaß braun, dann ocker-olivlich, Schneide heller.

Stiel: 2-4×0,4-0,9 cm, weißlich, voll, bei Berührung etwas bräunend, nur an der Spitze bereift. Ohne Velumreste.

Fleisch: Geruch spermatisch.

Sporen: glatt, elliptisch, 8-11×5,4-7 µm. Zystiden breit, fast keulig, 34-40×14-20 µm, mit dicker Zellwand und manchmal mit Kristallen gekrönt.

Vorkommen: im Mischwald.

BEMERKUNGEN: Ein deutliches Erkennungsmerkmal ist der behangene Hutrand.

2/3 natürliche Größe

INOCYBE VIRGATULA Kühn. 977

von « virgatus » (lat.) = rutenartig gestreift. Der Hut erscheint gestreift

Hut: 2-5 cm, gewölbt, dann ausgebreitet, stumpf gebuckelt, Rand lappig-wellig, gestreift durch angedrückte Fasern, auf strohgelbem-ockerem Grunde ocker-kastanienbraun, Scheibe dunkler.

Lamellen: dünn, gerade, angeheftet oder angewachsen.

Stiel: 3-6×0,4-0,8 cm, gleichdick, schlank, Basis gerandet knollig, voll; Spitze reichlich weiß bereift, sonst ockerlich, fein faserig, Basis weißlich.

Fleisch: fest, Geruch spermatisch und fruchtartig, im Hut weißlich, im Stiel gelblich.

Sporen: glatt, oval, 7,5-11×5-6 µm. Zystiden flaschenförmig, blasig, mit dünner Zellwand, 45-70×15-20 µm.

Vorkommen: auf grasigen Plätzen, im Nadelwald (Fichten, Lärchen), gesellig.

Wert: verdächtig wie alle **Rißpilze.**

BEMERKUNGEN: Dieser **Rißpilz** ist ziemlich leicht zu erkennen am braunen und dunkel gestreiften Hut.

Natürliche Größe

INOCYBE GRAMMATA Quél. **978**

von « gramme » (gr.) = Linie, Strich. Wegen des radialfaserigen Hutes

Hut: 2,2-6 cm, stumpf kegelig, Rand manchmal unregelmäßig, gelbbraun, Scheibe creme, dann braun mit angedrückten, radialen Fasern, weißseidig, besonders deutlich am Rande. Huthauthyphen mit Schnallen.

Lamellen: gedrängt, erst weißlich, dann bräunend, bauchig, schmal angewachsen.

Stiel: 3-6,5×0,3-0,9 cm, etwas gerandet knollig; oben rosa, furchig gerieft. Basis weiß und fein bereift; voll.

Fleisch: wenig dick, feucht bräunlich-rosa, trocken weiß mit rosa Farbton; Geruch unangenehm, Geschmack mild.

Sporen: 6,7-7,5×5-6 µm, mit 8-10 schwachen Ecken. Zystiden mit dicker Zellwand, 48-75×8-18 µm.

Vorkommen: auf Erde, im Gras, auf Wiesen, unter Eichen.

Wert: verdächtig wie alle **Rißpilze.**

BEMERKUNGEN: Im Aussehen gleicht der Pilz dem **Kegeligen Rißpilz (I. fastigiata, 86),** er ist aber braun gefärbt, nicht honiggelb.

Natürliche Größe

INOCYBE GEOPHYLLA var. lateritia Weinm. 979

von « lateritius » (lat.) = ziegelfarbig. Wegen der rötlichen Farbe

Diese Art ist sehr ähnlich der **Inocybe pudica (972),** mit der sie von manchen Autoren gleichgestellt wird, weil die morphologischen und anatomischen Merkmale fast identisch sind. Der Pilz ist aber meistens zarter und der Hut ist fast immer spitzkegelig, typisch für die Varietäten von **I. geophylla (90).**

Von der typischen **I. geophylla** unterscheidet man den Pilz durch die weißliche Farbe des Hutes und Stieles, die sich bei Berührung rötlich verfärben (wie bei **I. pudica**) und das Fehlen des Knöllchens.

Vorkommen: in grasigen Laubwäldern.

Wert: verdächtig wie alle **Rißpilze.**

Natürliche Größe

ENTOLOMA MOUGEOTII (Quél.) Hesler 980

Hut: 2-4 cm, schiefergrau, lilagrau, dünnfleischig, gewölbt, ohne zugespitzten Buckel, Rand nicht gerieft, filzig.

Lamellen: angewachsen und manchmal mit Zähnchen herablaufend; braunrötlich, weder bläulich, noch lila.

Stiel: 0,2-0,4 cm, dem Hut gleichfarbig, glatt oder glänzend, oben mit kleinen, braunen Flocken.

Fleisch: dünn, fast gleichfarbig, geruch- und geschmacklos.

Sporen: länglich, 10-12,5×7-8 μm, mit 5 deutlichen Ecken; rosa.

Vorkommen: an moosigen und grasigen Stellen.

Wert: wertlos.

BEMERKUNGEN: Diese Art wird von manchen Autoren (Lange, Bresadola) als **Rhodophyllus ardosiacus** beschrieben.

Natürliche Größe

ENTOLOMA NITIDUM Quél. 981

von « nitidus » (lat.) = glänzend, schimmernd

VOLKSNAME: **Stahlblauer Rötling**

Hut: 4-5 cm, dünnfleischig, glockig, blauviolett, dunkler faserig und seidig glänzend.

Lamellen: breit, etwas entfernt, ausgebuchtet angeheftet, bald frei, weißlich, dann fleischfarben.

Stiel: 4-10×1 cm, gleichdick, nach oben verschmälert, kahl, hohl bis ausgestopft und dem Hut gleichfarbig, dunkler faserig, Basis weißlich, gebogen.

Fleisch: weiß, im Stiel faserig, Geruch schwach unangenehm. Geschmack mild.

Sporen: fast kugelig, ungefähr 8 µm, mit 6-7 Ecken, rosa.

Vorkommen: im Nadelwald. Herbst.

Wert: wertlos.

BEMERKUNGEN: Der Pilz ist unverwechselbar wegen der stahlblauen Farbe auf Hut und Stiel.

Schwach vergrößert

ENTOLOMA AMEIDES (Bk. & Br.) Sacc. **982**

von « ameides » (lat.) = Zinnober-ähnlich
VOLKSNAME: **Duftender Rötling**

Hut: 2-5 cm, dünnfleischig, flach gewölbt, gebuckelt, seidig, weißlich, graulich mit ocker Farbton.

Lamellen: ziemlich breit, nicht gedrängt, ausgebuchtet oder leicht herablaufend, graulich bis schmutzig rosa.

Stiel: 3-4×0,4-0,8 cm, dem Hut gleichfarbig, gleichdick, gedreht, manchmal zusammengedrückt.

Fleisch: graulich, feucht, faserig, Geruch stark nach Früchtebonbons.

Sporen: 9-12×6-9 µm, rosa, länglich-vieleckig, eckig-rundlich.

Vorkommen: in Waldwiesen.

Wert: nach einigen Autoren könnte der Pilz gegessen werden. Andere halten ihn für verdächtig. Wir haben keine Erfahrung mit dem Pilz gemacht.

BEMERKUNGEN: Der Pilz ist unverwechselbar, nicht wegen des Aussehens, sondern wegen des starken Geruches nach Orangenblüten oder nach Früchtebonbons, ähnlich dem **Duftenden Fälbling (H. sacchariolens, 929).**

Natürliche Größe

ENTOLOMA NIPHOIDES Romagn. **983**

von « niphas » (gr.) = Schnee. Wegen des weißen Hutes
SYNONYM: **Entoloma speculum** ss. Cooke

Hut: 2-7 cm, nicht sehr groß, gewölbt, gebuckelt, schneeweiß oder etwas gelblich, hygrophan, feucht graulich, Rand eingerollt und unregelmäßig.

Lamellen: entfernt, hell bis rosa.

Stiel: 4-8×0,6-1 cm, weiß, gleichdick, ziemlich dick, glatt, verbogen.

Fleisch: weiß, eher faserig, Geruch und Geschmack mehlartig.

Sporen: 8-10×6,7-7,5 µm.

Vorkommen: in Waldwiesen. Frühling.

Wert: giftig (?)

BEMERKUNGEN: Dieser **Rötling** kann in die Gruppe um **E. clypeatum (94)** gestellt werden, sowohl wegen der Jahreszeit des Auftretens als auch wegen des mehlartigen Geruches. Der Pilz ist heller gefärbt und kleiner aber ähnlich dem **Geflammten Rötling (94).** Der **Schlehen-Rötling (E. sepium, 984)** ist ebenso hell gefärbt, er ist aber größer.

Natürliche Größe

ENTOLOMA SEPIUM (Noul.-Dass.) Richon & Roze 984

VOLKSNAME: **Schlehen-Rötling**

Hut: 3-10 cm, kegelig-glockig, gebuckelt, fleischig, hygrophan, feucht weißbräunlich, trocken fast schneeweiß, Rand eingerollt und dünn.

Lamellen: weiß, dann rosa, schließlich rosabraun, ausgebuchtet-herablaufend.

Stiel: 4-10×0,5-1,9 cm, gleichdick, weiß, glänzend, fein rötlich faserig.

Fleisch: weiß, an Fraßstellen von Larven typisch rötend. Geruch nicht mehlartig, eher nach Kokosnuß, aber der Geschmack mit mehlartiger Komponente.

Sporen: rötlich, rundlich-eckig, 8,5-10×7,5-9 µm.

Vorkommen: nicht im Wald, wohl im Gebüsch, an Wegrändern, bei Rosengewächsen. Frühling.

Wert: eßbar, aber mit süßlichem Geschmack.

BEMERKUNGEN: Alle Autoren schreiben dem Pilz einen mehligen Geruch und Geschmack zu; wir konnten schon öfters diesen Pilz mit Kokosnußgeruch sammeln. Dieses Merkmal tritt besonders beim Kochen des Pilzes hervor; gekocht schmeckt das Fleisch süßlich, fast etwas unangenehm. Aus diesem Grunde empfehlen wir, den Pilz nur in Mischgerichten mit anderen Frühlingspilzen zu verwenden.

2/3 natürliche Größe

ENTOLOMA SERICEUM (Bull. ex Mérat) Quél. **985**

von « sericeus » (lat.) = seidig. Wegen des seidigen Aussehens

VOLKSNAME: **Seidiger Rötling**

Hut: 2,5-5 cm, fleischig bis häutig, gewölbt, dann flach, kahl, hygrophan, feucht tabakbraun, trocken seidig, Rand eingebogen oder eingerollt, leicht gerieft.

Lamellen: ausgebuchtet, gerade, etwas entfernt, weißgrau, dann schmutzig rosa.

Stiel: 3-6×0,2-0,4 cm, röhrig, faserig-gerieft, feucht graulich oder dunkel, Basis weißlich.

Fleisch: weiß-graulich, etwas durchscheinend, Geruch nach frisch gemahlenem Mehl.

Sporen: länglich, rosa, 8-10×7-8 µm, mit 5-7 Ecken.

Vorkommen: an grasigen Standorten nach Regen. Sommer und Herbst.

Wert: verdächtig.

BEMERKUNGEN: Diese Art ist eine der kleinen Vertreter der Untergattung **Entoloma** mit braungrauen Farben. Charakteristisch sind der seidig schimmernde Hut und Stiel.

3/4 natürliche Größe

RHODOPHYLLUS SCABROSUS (Fr.) Quél. 986

von « scabrosus » (lat.) = rauh. Wegen des schuppigen Hutes

Hut: 4,5-5,7 cm, flach gewölbt, bald aufgebogen, Rand lappig verbogen, graubraun-gelbgraulich, feucht durchscheinend gerieft, trocken braungrau; Rand glatt, Scheibe konzentrisch schuppig.

Lamellen: entfernt, dick, ausgebuchtet angewachsen, schmutzig weiß, dann braun-lachsrosa.

Stiel: 6,5-9×0,3-0,6 cm, spindelig, verbogen, abgeplattet, markig ausgestopft, graublau, faserig gestreift.

Fleisch: sehr dünn, aber ziemlich zäh, bräunend, fast geruchlos.

Sporen: regelmäßig eckig, mit dicker Membran, 10-12×6,5-7,5 µm.

Vorkommen: in schattigen und feuchten Laubwäldern. Sehr selten.

Wert: wertlos.

Natürliche Größe

ENTOLOMA ICTERINUM (Fr.) Mos. 987

VOLKSNAME: **Gelber Glöckling**

Hut: 1-3 cm, zitronengelb oder gelbgrünlich, bräunlich angehaucht, bisweilen Scheibe dunkler braun, kahl, oft mit spitzer Papille.

Lamellen: gelblich.

Stiel: 2-6×0,1-0,2 cm, blaß gelblich bis fuchsig oder bräunlich, kahl, nicht seidig faserig, aber schuppig.

Fleisch: unbedeutend.

Sporen: 10-12×6-8 µm.

Vorkommen: im Nadelwald.

Wert: wertlos.

BEMERKUNGEN: Unter den kleinen **Rötlingen (Rhodophyllus)** ist der Pilz ziemlich leicht zu erkennen am gelb-grünlich gefärbten Hut.

Natürliche Größe

ENTOLOMA MOUGEOTII var. incarnatus Mos. (ined.) 988

von « incarnatus » (lat.) = fleischfarbig. Wegen der Hutfarbe

Hut: 1-4,5 cm, gewölbt, genabelt, Schüppchen nur am Nabel und Hutrand erkennbar; blau bis blauviolett auf fleischrötlichem bis fleischbräunlichem Grunde.

Lamellen: weiß, dann weißrosa, abgerundet angewachsen oder ausgebuchtet angewachsen.

Stiel: Spitze blaß fleischfarben und bläulich; nach unten bläulich und fein faserig.

Fleisch: unbedeutend.

Sporen: 9,5-11×7-8,5 µm. Cheilozystiden 35-45×8-16 µm.

Vorkommen: an moosigen und grasigen Plätzen.

Wert: wertlos.

BEMERKUNGEN: Die Varietät wurde geschaffen wegen der rötlichen Farbtöne auf dem Hut.

Natürliche Größe

RHODOPHYLLUS LAZULINUS (Fr.) Quél. 989

Hut: 2-3 cm, schwarzblau, Scheibe fast schwarz, dann mehr oder weniger rußig braun werdend, mehr oder weniger gerieft, kahl, oder leicht faserig, bisweilen filzig.

Lamellen: violett-bläulich, Schneide bisweilen schwach bräunlich.

Stiel: lebhaft blau oder dunkelblau schwärzlich, oder violett-schwärzlich, mehr oder weniger kahl, auch abgeplattet.

Fleisch: unbedeutend.

Sporen: 10-12×6,5-8 µm.

Vorkommen: in Waldlichtungen, Wiesen, Weiden.

Wert: wertlos.

Natürliche Größe

ENTOLOMA ARANEOSUM (Quél.) Mos. 990

von « araneosus » (lat.) = voll von Spinngewebe. Wegen der Ornamentierung von Hut und Stiel

Hut: 1-2,5 cm, silbriggrau, radial feinfaserig-filzig, kegelig-glockig.

Lamellen: wenig gedrängt, breit, graubraun, braunrötlich.

Stiel: 0,15-0,25 cm, silbriggrau, seidig faserig, stark behaart-flockig, Haare grau oder gelb, mehr oder weniger rötend. Cortina fädig und grau, flüchtig.

Fleisch: faserig, bräunlich.

Sporen: 12-13 × 7,5-8,5 µm. Nur mit Marginalzystiden, 60-90 × 1-20 µm.

Vorkommen: im Nadelwald.

Wert: wertlos.

BEMERKUNGEN: Der **Rötling** ist ziemlich leicht zu erkennen an den silbrigen Fasern, die Hut und Stiel bedecken. Die Abbildung gibt dieses Merkmal nicht deutlich wider, weil die Fruchtkörper schon alt sind und einen Teil der Ornamentierung verloren haben.

Natürliche Größe

ENTOLOMA MAMMOSUM (Fr.) Hesler

991

von « mammosus » (lat.) = mit großen Zitzen. Wegen des spitzen Buckels

VOLKSNAME: **Zitzen-Rötling**

Hut: 2-5(8) cm, kegelig-glockig, dann flach gewölbt, meist mit spitzem Buckel; feucht dunkelbraun und durchscheinend gerieft; trocken ockergrau bis hellbraun; glatt oder radial gerieft und Rand lange eingerollt.

Lamellen: frei, breit, blaß grau, dann schmutzig rosa.

Stiel: 4-12×0,1-0,3 cm, dem Hut gleichfarbig, längsfaserig, Spitze weißflockig, Basis behaart; röhrig.

Fleisch: wässerig, graubraun, trocken blaß, Geruch nach ranzigem Mehl oder nach Fisch.

Sporen: 9-13×6-8,5 µm.

Vorkommen: in grasigen Laub- oder Nadelwäldern. Besonders im Frühling.

Wert: verdächtig.

BEMERKUNGEN: Der Pilz gehört zur Gruppe der **Rötlinge,** die im Frühling und manchmal auch im Herbst wachsen; sie sind verdächtig und haben schon Vergiftungen hervorgerufen. Insbesondere sei der **Frühlings-Giftrötling (Rh. cucullatus, 532)** erwähnt.

Natürliche Größe

ENTOLOMA SERRULATUM (Pers. ex Fr.) Hesler

992

von « serrulatus » (lat.) = kleingesägt. Wegen der gesägten Lamellen

Hut: 1-2 cm, dünnfleischig, halbkugelig, dann ausgebreitet, genabelt, fast schuppig, dunkelblau, nicht gerieft, trocken schwärzlich und schimmernd; feucht rußigblau und fein gerieft.

Lamellen: etwas entfernt, breit, angewachsen und abtrennbar, graublau, dann grau-fleischrosa, Schneide dunkelblau und charakteristisch gesägt.

Stiel: 3-5×0,2-0,3 cm, knorpelig, gleichdick, gefurcht, kahl, schwarzbläulich, Spitze schwarz punktiert, Basis schwach flaumig und weißlich.

Fleisch: blaß blau.

Sporen: länglich bis fast fünfeckig oder sechseckig, getropft, rosa, 10-12× 6-8 μm.

Vorkommen: an grasigen Waldrändern. Sommer-Herbst.

Wert: wertlos.

BEMERKUNGEN: Der **Rötling** ist ziemlich leicht zu erkennen an den gesägten Lamellen mit schwarzblauer Schneide.

Natürliche Größe

CREPIDOTUS LUTEOLUS (Lamb.) Sacc.

993

SYNONYM: **Crepidotus pubescens** ss. Lge.
VOLKSNAME: **Flaumiges Krüppelfüßchen**

Hut: 1-2 cm, exzentrisch, dünnfleischig, nierenförmig oder halbkugelig, mehr oder weniger deutlich weiß-gelb, Rand dünn und leicht eingerollt.

Lamellen: ziemlich gedrängt, leicht bauchig, weiß bis gelblich, dann ockerbraun.

Stiel: seitlich, sehr kurz oder fast fehlend, weiß, filzig.

Fleisch: weiß, weich, geruchlos.

Sporen: 8-11×4-5,5 μm; Sporenpulver ocker.

Vorkommen: auf größeren krautigen Pflanzen, auch auf Laubholz.

Wert: wertlos.

BEMERKUNGEN: Der Pilz gehört zu einer Gruppe von Pilzen, die seitlich oder nicht gestielt und deren Sporen tonbraun-ocker gefärbt sind.

Natürliche Größe

PLUTEUS UMBROSUS (Pers. ex Fr.) Kummer **994**

von « umbra » (lat.) = Schatten. Wegen der dunklen Farbe des Hutes

VOLKSNAME: **Schwarzflockiger Dachpilz**

Hut: 4-8 cm, dünnfleischig, blaß braun, derb radial runzelig, samtig bis fast schwarzschuppig durch kleine Haarbüschel, Scheibe schwarz und dichter behaart; glockig, dann gewölbt, trocken mit dünnem und nicht gerieftem Rand, bisweilen etwas lappig.

Lamellen: anfangs schmutzig weiß, dann fleischrosa mit schwarzflockiger Schneide, gedrängt, dünn, bauchig, zuerst angewachsen, dann etwas frei.

Stiel: 4-8×0,5-1 cm, voll, brüchig, weiß, mit kleinen braunen Haarbüscheln bedeckt, Basis verdickt und braun striegelig, Stiel leicht vom Hut abtrennbar.

Fleisch: weiß, weich, ohne besonderen Geruch und Geschmack.

Sporen: 6-7×4-5 µm, elliptisch-oval, rosa. Zystiden keulenförmig oder spindelig, ohne Haken.

Vorkommen: einzeln oder in Gruppen auf moderigen Laubholzstrünken.

Wert: eßbar.

BEMERKUNGEN: Der Pilz ist ähnlich und wird verwechselt mit dem **Rehbraunen Dachpilz (P. atricapillus, 102);** er unterscheidet sich durch die schwarze Lamellenschneide und das Vorkommen nur auf Laubholzstrünken.

Natürliche Größe

PLUTEUS GRANULATUS Bres. 995

von « granulatus » (lat.) = körnig. Wegen der Körnchen auf dem Hut

VOLKSNAME: **Körniger Dachpilz**

Hut: 2,5-4,5 cm, fleischig, glockig-ausgebreitet, hygrophan, Rand gerieft, rötlichbraun und dicht mit kleinen, gleichfarbigen Körnchen bedeckt, auf der Scheibe dichter, gegen den Rand hin spärlicher.

Lamellen: ziemlich gedrängt, bauchig, frei, am Stiel und am Hutrand abgerundet, weißlich, dann fleischrosa, Schneide zart bewimpert.

Stiel: 2,5-4,5 × 0,3-0,5 cm, gleichdick bis zusammengedrückt, röhrig, weißlich-braun, gerieft-gefurcht, alt gilbend; Spitze heller.

Fleisch: wässerig, hyalin bis dunkel.

Sporen: fast kugelig, blaß, Sporenpulver fleischrötlich, 6-8 × 6-7 µm. Zystiden spindelig, 70-75 × 15-18 µm.

Vorkommen: auf modrigem Fichtenholz.

Wert: eßbar.

BEMERKUNGEN: Dieser mittelgroße **Dachpilz** ist ziemlich leicht zu erkennen an den schwarzbräunlichen Körnchen auf dem Hut.

Natürliche Größe

MARASMIELLUS RAMEALIS (Bull. ex Fr.) Sing. 996

von « ramealis » (lat.) = auf Ästen. Weil der Pilz auf morschen Ästchen wächst

VOLKSNAME: **Ast-Schwindling**

Hut: 0,5-0,8 cm, dünnfleischig, biegsam, gewölbt, dann flach und fast gebuckelt, kahl, weißlich, Scheibe nußbraun und bräunend.

Lamellen: entfernt, schmal, weiß, angewachsen.

Stiel: 1-1,5×0,05-0,1 cm, ausgestopft, weißlich, flockig, nach unten rötlich.

Fleisch: weiß, geruch- und geschmacklos.

Sporen: hyalin, glatt, länglichoval, 7-9×3-4 µm.

Vorkommen: auf morschen Ästchen. Herbst.

Wert: wertlos.

BEMERKUNGEN: Der Pilz ist einer der kleinen **Zwergschwindlinge (Marasmiellus),** die auf morschen Pflanzenresten wachsen.

Natürliche Größe

MARASMIUS ROTULA (Scop. ex Fr.) Fr. 997

von « rotula » (lat.) = kleines Rad. Wegen der ringartig verwachsenen Lamellen

VOLKSNAME: **Halsband-Schwindling**

Hut: 1-1,5 cm, häutig, weißlich, fallschirmartig faltig gefurcht.

Lamellen: sehr entfernt, um den Stiel in einem freien Ring (Kollar) zusammengewachsen.

Stiel: sehr dünn, borstenförmig, schwärzlich, glänzend.

Fleisch: unbedeutend.

Sporen: spindelig, 6-8×2-4 µm, hyalin.

Vorkommen: gesellig auf abgefallenen Ästchen und Blättern.

Wert: wertlos.

BEMERKUNGEN: Der Pilz ist unverkennbar wegen des « Kollars », einem freien Ring, zu dem die Lamellen um den Stiel zusammengewachsen sind. Er kann mit dem kleinen **M. bulliardii (554)** verwechselt werden.

Schwach vergrößert

MARASMIUS GRAMINUM (Libert) Berk. 998

von « graminum » (lat.) = zum Gras gehörend. Wegen des Standortes
VOLKSNAME: **Orangerötlicher Schwindling**

Hut: 0,2-0,4 cm, gewölbt, häutig, orangebraun oder ziegelrot, alt blaß rötlich, leicht gerieft-gefurcht.

Lamellen: stark entfernt, um den Stiel in einem freien Ring zusammengewachsen; weißlich.

Stiel: 2×0,05 cm, borstenförmig, glänzend, braunschwärzlich, oben blasser.

Sporen: farblos, lanzettförmig, 9-13×4-5 µm.

Vorkommen: auf dürren Grashalmen, Stengeln, Wurzeln.

Wert: wertlos.

BEMERKUNGEN: Vom **Halsband-Schwindling (M. rotula, 997)** unterscheidet er sich durch die rötliche Farbe und das Vorkommen auf Grashalmen.

Schwach vergrößert

MARASMIUS ALLIACEUS (Jacq. ex Fr.) Fr. 999

von « allium » (lat.) = Knoblauch. Wegen des Geruches
VOLKSNAME: **Saitenstieliger Knoblauchschwindling**

Hut: 1-2,5 cm, fast kegelig bis gewölbt, rotocker, bräunlich oder auch weiß, dünnfleischig.

Lamellen: ziemlich gedrängt, schmal, weißlich mit grau-rosa Farbton.

Stiel: dünn, sehr lang, schwärzlich, oben bräunlich, röhrig, fast seidig.

Fleisch: unbedeutend, aber mit starkem Knoblauchgeruch. Geschmack etwas bitter.

Sporen: 7-11×6-8 µm.

Vorkommen: auf morschem Laub- und Nadelholz.

Wert: wertlos.

BEMERKUNGEN: Der Pilz ist der größte von den nach Knoblauch riechenden **Schwindlingen.** Der **Knoblauch-Schwindling (M. scorodonius, 116)**, der **Nadel-Schwindling (Micromphale perforans, 121)** und der **Große Knoblauchschwindling (M. prasiosmus** (Fr.) Fr.) riechen alle mehr oder weniger ähnlich.

2/3 natürliche Größe

PHAEOMARASMIUS ERINACEUS (Fr.) Kühn. **1000**

Hut: 1-1,5 cm, gewölbt, flockig, mit sparrigen, rostockeren Schüppchen bedeckt.

Lamellen: anfangs blaß, dann dem Hut gleichfarbig.

Stiel: 2-3×0,4-0,6 cm, gleichdick, gebogen, mit sparrigen, braunen Schüppchen bedeckt.

Fleisch: nach Regen wieder auflebend wie die **Schwindlinge (Marasmius).**

Sporen: 10-11×8 µm, zitronenförmig, glatt, ohne Keimporus; Sporenpulver ocker.

Vorkommen: auf abgestorbenen Laubholzästen.

Wert: wertlos.

BEMERKUNGEN: Hut und Stiel dieses Pilzes sind mit mehr oder weniger aufgerichteten, sparrigen Schüppchen bedeckt. Er kann dem **Kegelschuppigen Schirmling (Lepiota hystrix, 408)** gleichen, der jedoch einen anderen Standort hat.

Natürliche Größe

MYCENA VULGARIS (Pers. ex Fr.) Quél. **1001**

von « vulgaris » (lat.) = gemein. Wegen des häufigen Auftretens

VOLKSNAME: **Klebriger Helmling**

Hut: 0,7-1 cm, häutig, gewölbt bis fast gebuckelt, dann niedergedrückt oder fast genabelt, graubräunlich, Scheibe dunkler, bisweilen fuchsig gefleckt, schmierig, Rand gerieft.

Lamellen: weißlich oder blaß grau, etwas entfernt, fast herablaufend.

Stiel: 2,5-5,5×0,1-0,2 cm, steif, röhrig, schmierig, kahl, schmutzig gelblich bis weißlich, Basis weiß und filzig, wurzelnd.

Fleisch: geruch- und geschmacklos.

Sporen: hyalin, eiförmig, 6-8×3-4 µm.

Vorkommen: rasig auf Nadelteppichen im Nadelwald.

Wert: wertlos.

BEMERKUNGEN: Der Pilz ist einer der häufigsten **Helmlinge** in Nadelwäldern, besonders bei Fichte.

/3 natürliche Größe

MYCENA PURA var. **rosea** Schum. **1002**

Von **Mycena pura** gibt es mehrere Varietäten; die Art ist sehr veränderlich in der Farbe. Die Varietät **rosea** unterscheidet sich von der typischen Form durch größere Fruchtkörper, durch blaßrosa Farben auf Hut und Stiel.

Im Farbbild wollten wir die Varietät **rosea** der typischen **Mycena pura** gegenüberstellen. Rechts im Bild stehen zwei Exemplare der Varietät mit dem zarten rosa Farbton, der allerdings in der Wiedergabe nicht gut herauskommt. Links steht der typische **Rettich-Helmling,** dessen Farbe gut wiedergegegen ist. In der Natur sind die Farben deutlich verschieden.

Wert: Mycena pura var. **rosea** gilt wie alle anderen Varietäten (soweit man von Varietäten wegen der starken Veränderlichkeit der Farben reden kann) als schwach giftig. Ein gemeinsames Merkmal ist der starke rettichartige Geruch, der den Pilz auch ungenießbar macht.

Natürliche Größe

MYCENA INCLINATA (Fr.) Quél. 1003

SYNONYM: **Mycena calopus** ss. Bres.

Hut: 3-5 cm, fast häutig, glockig, dann ausgebreitet, schmierig, kahl, graubraun, gerieft.
Lamellen: grau, ausblassend, bisweilen etwas rosa, ausgebuchtet angewachsen.
Stiel: 8-10×0,3-0,5 cm, röhrig, Spitze weiß, Mitte gelb, nach unten kastanienbraun, Basis wurzelnd und borstig mit fuchsigen Haaren.
Fleisch: gleichfarbig, geruch- und geschmacklos.
Sporen: hyalin, fast kugelig-elliptisch, 8-11×6-8 µm. Marginalzellen keulenförmig, mit verästelter Spitze, 6-12 µm.
Vorkommen: bei Baumstrünken. Herbst.
Wert: wertlos.

BEMERKUNGEN: Nach Fries ist diese Art eine Varietät von **Mycena galericulata (558).**

Natürliche Größe

MYCENA FLAVOALBA (Fr.) Quél. 1004

von « flavus » (lat.) = gelb und « albus » (lat.) = weiß
VOLKSNAME: **Zitronengelber Helmling**

Hut: 1-1,2 cm oder größer, anfangs kegelig-glockig, dann wie ein Chinesenhut, mit kleinem Buckel, trocken, nicht hygrophan; zitronen- oder strohgelb, am Rande blasser, kahl. Rand zugespitzt, gerade, leicht umgebogen, stark durchscheinend gerieft. Huthaut mit flachen und regelmäßigen Hyphen, ihre Zellen sind 2-3mal länger als breit.
Lamellen: mäßig gedrängt, ungleich, leicht bauchig, frei bis etwas angeheftet, weiß, Schneide ganzrandig, dann gleichfarbig.
Stiel: 4-4,5×0,1-0,12 cm, sehr dünn, gerade, gleichdick, an der Basis nicht verbreitert, schwach gefurcht, hyalin, durchscheinend, trocken, kahl und ganz glatt.
Fleisch: dünn. Ohne besonderen Geruch und Geschmack.
Sporen: elliptisch, stark zugespitzt, 7-9(10)×3,5-4 µm. Flachen und Randzystiden gleich geformt, an der Basis und in der Mitte etwas bauchig, nach oben zugespitzt, 28-30×6-7 µm.
Vorkommen: in Laub- oder Nadelwald, auf abgefallenen Nadeln oder Blättern, auch außerhalb des Waldes; häufig vom Sommer bis Spätherbst.
Wert: wertlos.

BEMERKUNGEN: Der Pilz ist sehr ähnlich der **M. floridula** (Fr.) Karst., von der er sich in der Farbe (letzterer Pilz ist zuerst korallenrot, dann lebhaft lachsfarben) unterscheidet.

1/2 natürliche Größe

MYCENA GALOPODA Pers. 1005

von « gala » (gr.) = Milch und « pous » (gr.) = Fuß, Stiel. Wegen des milchenden Stieles

VOLKSNAME: **Weißmilchender Helmling**

Hut: 1,5-3 cm, häutig, glockig, schmutzig grau, oder ziegelbraun, Scheibe braun, oder auch schwärzlich, bisweilen bereift, gerieft, fast furchig.

Lamellen: etwas entfernt, weißlich, verschmälert angeheftet.

Stiel: 4-6×0,2-0,3 cm, dünn, röhrig, bisweilen zusammengedrückt, etwas gerieft, Spitze ausblassend, nach unten gleichfarbig.

Fleisch: gleichfarbig; verletzt besonders im Stiel stark weiß milchend; Geruch etwas unangenehm, Geschmack bitter.

Sporen: hyalin, länglich, 9-12×5-6 µm. Zystiden spindelig-bauchig, 60-90× 10-14 µm.

Vorkommen: auf Erde, bei Holzstückchen, auf moosigen Strünken.

Wert: wertlos.

BEMERKUNGEN: Diesen **Helmling** erkennt man ziemlich gut an der weißlichen Milch, die aus dem verletzten Stiel quillt. Andere **Helmlinge** scheiden eine rote oder orange Milch aus: der **Gelbmilchende Helmling (M. crocata** (Schrad. ex Fr.) Kummer) mit orangegelber Milch, der **Purpurschneidige Bluthelmling (M. sanguinolenta, 565)** mit purpurner Milch, und der **Blut-Helmling (M. haematopoda** (Pers. ex Fr.) Kummer) mit blutroter Milch. Ein anderer weißmilchender **Helmling** ist **Mycena erubescens** F.v. Höhnel, er schmeckt sehr bitter und wächst bei Laubbäumen.

Natürliche Größe

MYCENA ROSELLA (Fr.) Kummer **1006**

VOLKSNAME: **Rosa-Helmling**

Hut: 0,7-1,5 cm, kegelig-glockig, halbkugelig, tief furchig gerieft, anfangs lebhaft rosa-rot, alt dunkler werdend. Epicutis sehr dünn, gebildet von flachen und länglichen Hyphen, die rosa, ziemlich dick, fadenförmig und ästig verzweigt sind.

Lamellen: fleischfarben oder rosa, Schneide dunkler oder satter gefärbt; aufsteigend, dann eben, fast frei.

Stiel: 2,5-4 × 0,07-0,15 cm, fadenförmig, Basis leicht behaart, hyalin und verwaschen fleischrosa.

Sporen: elliptisch oder zylindrisch, 6,5-8,5 × 4-4,5 µm, deutlich amyloid. Zystiden zahlreich, mit lebhaft rosa oder rotem Inhalt; Flächen- und Randzystiden verschieden, erstere glatt und spindelig, letztere keulig und stark verzweigt.

Vorkommen: rasig auf abgefallenen Nadeln bei Tanne und Fichte. Sommer-Herbst.

Wert: wertlos.

BEMERKUNGEN: Dieser **Helmling** gehört zur Gruppe **« Calodontes »**, die dadurch gekennzeichnet ist, daß die Lamellenschneide anders gefärbt ist als die Fläche (Marginalzystiden). Diese Gruppe ist ziemlich artenreich; der **Rosa-Helmling** unterscheidet sich außer durch die rosa Farbe auch durch die rosa Zystiden, wobei die Flächen- und Randzystiden verschieden sind.

Die Abbildung zeigt das rasige Auftreten des Pilzes auf dem Nadelteppich im Nadelwald.

MYCENA PSEUDOCORTICOLA Kühn. 1007

Hut: 0,3 cm, gewölbt, halbkugelig, glatt, Rand leicht bereift, etwas umgebogen, nicht furchig; blaß graublau, Scheibe mit weißlichem Fleck. Huthaut ohne Schnallen, Pigmente vakuolär und granuliert.

Lamellen: breit angewachsen und fast herablaufend, gleichfarbig, Schneide bereift.

Stiel: dünn, fast gleichfarbig, gegen die Basis verjüngt, unten bereift.

Fleisch: unbedeutend.

Sporen: 8,5-10 μm, rund, amyloid, glatt. Marginalzystiden verzweigt mit langen Ästen.

Vorkommen: auf der Rinde lebender Bäume, auf abgefallenen Laubholzästen.

Wert: wertlos.

BEMERKUNGEN: Der Pilz unterscheidet sich von der weißen **M. corticola (alba, 559)** in der Hutfarbe und in der vakuolären Lagerung der Pigmente.

Natürliche Größe

LACCARIA PROXIMA (Boud.) Pat. 1008

von « proximus » (lat.) = der nächste. Vielleicht wegen der Ähnlichkeit mit Laccaria laccata

VOLKSNAME: **Fuchsiger Lacktrichterling**

Hut: 3-7 cm, ziemlich groß, meist halbkugelig, einheitlich fleischfarben-fuchsig, meist fein schuppig.

Lamellen: weißlich-rosa, ziemlich gedrängt, fast angewachsen.

Stiel: 8-12 cm, ziemlich lang, gleichdick, dem Hut gleichfarbig, an der Basis bisweilen satter gefärbt.

Fleisch: rosa, ohne besonderen Geruch und Geschmack.

Sporen: oval, 7,5-9×7,5 μm.

Vorkommen: in Mooren, zwischen Sphagnum. Sommer-Herbst.

Wert: eßbar.

BEMERKUNGEN: Der Pilz ist sehr ähnlich dem **Rötlichen Lacktrichterling (L. laccata, 549)**, von dem er sich durch größere Fruchtkörper und durch den Standort sowie durch die nicht rundlichen Sporen unterscheidet. Es gibt eine Varietät **bicolor** Mre. mit lila Lamellen und ebenso gefärbter Stielbasis.

Natürliche Größe

LEUCOPAXILLUS MACROCEPHALUS (Schulz.) Bohus **1009**

von « makros » (gr.) = groß und « kephale » (gr.) = Kopf. Wegen des großen Hutes

Hut: bis 12-20 (auch 30) cm, halbkugelig, dann gewölbt oder auch flach, Rand eingerollt, weißlich bis ockerbräunlich, Rand blasser; glatt oder runzelig, kahl, feucht, Huthaut nicht abtrennbar; weißlich bereift.

Lamellen: weiß oder blaß, später etwas gelblich, bei Berührung fuchsig fleckend. Gedrängt, ziemlich schmal, ausgebuchtet angewachsen oder leicht mit Zähnchen herablaufend.

Stiel: 12×4-7 cm, sehr dick, gedrungen, bauchig, voll, fest, kürzer als der Hut breit, wurzelnd, weiß, ocker gefleckt, faserig. Die Fruchtkörper sind büschelig verwachsen und entspringen einem kugeligen Myzelklumpen, der an das Sklerotium von **Polyporus tuberaster** erinnert.

Fleisch: dick, fest, kompakt; weiß, mit starkem Geruch nach Seifenlauge, nach manchen Autoren wie feuchte Erde, nach anderen wie überreifes Obst oder auch rettichartig.

Sporen: hyalin, Sporenpulver weiß, ovoidal, 5-6,5×3,5-4,5 µm, glatt, amyloid. Cheilozystiden länglich keulig und etwas höckerig.

Vorkommen: im Laubwald. Die Fruchtkörper entspringen einem kugeligen, festen und kompakten Myzelklumpen, in den Boden eingesenkt, ähnlich wie **Lyophyllum conglobatum (610).**

Wert: unbekannt.

BEMERKUNGEN: Der Pilz ist gut charakterisiert durch die Größe und das Aussehen der Fruchtkörper, die mit einem kugeligen Myzelklumpen wurzelnde Stielbasis, durch den Geruch und die amyloiden und glatten Sporen. In Größe und Aussehen kann er mit dem **Dreifarbigen Krempentrichterling (L. tricolor, 136)** verwechselt werden, von dem er sich durch die Verfärbung des Fleisches, durch den Geruch und besonders durch die glatten Sporen unterscheidet.

Natürliche Größe

TRICHOLOMOPSIS FLAMMULA Metr. 1010

Hut: 1-2 cm, flach und mit eingerolltem Rand, Scheibe leicht niedergedrückt, fein faserig oder radialschuppig, purpurn auf schwefelgelbem Grunde; er gleicht einer **Flammula.**

Lamellen: mäßig gedrängt, schmal, etwas ausgebuchtet bis bogig angewachsen, lebhaft gelb, Schneide blasser.

Stiel: 3-4,5×0,2-0,3 cm, blaß gelb, glatt oder sehr fein faserig.

Fleisch: nicht dick, gelb, ohne besonderen Geruch und Geschmack.

Sporen: weiß, 6,5-8×3,4-5 μm, elliptisch, nicht amyloid. Pleurozystiden spindelig oder fadenförmig.

Vorkommen: auf modrigem Holz, auf Sägespänen.

Wert: unbekannt.

BEMERKUNGEN: Der Pilz ist selten. Er gleicht den anderen zwei europäischen **Holzritterlingen (Tricholomopsis): Rötlicher Holzritterling (T. rutilans, 148)** und **Olivgelber Holzritterling (T. decora, 1011).**

Natürliche Größe

TRICHOLOMOPSIS DECORA (Fr.) Sing. 1011

von « decorus » (lat.) = geschmückt
VOLKSNAME: **Olivgelber Holzritterling**

Hut: 5-10 cm, gewölbt, dann niedergedrückt, dünnfleischig, gelb, mit olivbraunen bis schwärzlichen Schüppchen.
Lamellen: gedrängt, abtrennbar, stumpf angewachsen, dunkler gelb.
Stiel: 5-8×0,7-1,2 cm, manchmal leicht exzentrisch, ausgestopft, dann hohl, faserig, dem Hut gleichfarbig und schuppig.
Fleisch: dünn, gelb.
Sporen: 6-7×4-4,5 µm.
Vorkommen: auf Nadelholzstrünken.
Wert: eßbar.

BEMERKUNGEN: Singer hat die Gattung **Tricholomopsis** aus einigen Arten von **Tricholoma** Fries und von **Pleurotus** Fries geschaffen; sie umfaßt Pilze mit ritterlingsartiger Struktur **(Tricholoma)**, andere mit dem Aussehen von Seitlingen **(Pleurotus)**, alle sind holzbewohnend. Alle **Holzritterlinge** haben einige gemeinsame Merkmale: die gelbe Grundfarbe (Hut, Lamellen, Stiel und Fleisch), Schuppen auf Hut und Stiel, hyaline Sporen, weißes Sporenpulver; Zystiden sind vorhanden; die Pilze sind holzbewohnende Arten. Der Pilz rechts im Bild ist **Mycena haematopoda** (Pers. ex Fr.) Kummer.

Natürliche Größe

TRICHOLOMA CORYPHAEUM (Fr.) Gill. 1012

Hut: 6-9 cm, gewölbt, dann flach, nicht gebuckelt, Rand anfangs kaum eingebogen, bald eben. Wenig schmierig, in der Mitte glatt oder etwas gefleckt, gegen den Rand hin etwas faserig, goldgelb oder lebhaft orange, Rand heller, Scheibe bräunlich oder milchkaffeebraun mit grünlichem Farbton, glatt oder filzig mit kleinen Schüppchen.
Lamellen: ziemlich gedrängt, breit, ausgebuchtet angewachsen, schneeweiß, mit zitronengelber Schneide.
Stiel: 6-10×1-1,5 cm, gleichdick, gänzlich dem Hut gleichfarbig, oder auch sehr blaß, bisweilen mit gelben Schüppchen, gegen die Basis eher faserig.
Fleisch: weiß, nach außen hin gelblich angehaucht. Geruch im Schnitt mehlig, jedoch flüchtig; Geschmack mehlig bis bitter.
Vorkommen: im Laubwald auf Kalkboden.
Wert: ungenießbar, bitter.

BEMERKUNGEN: Charakteristisch sind: die braungrünliche Hutscheibe, die weißen Lamellen mit gelber Schneide, die braunen Schüppchen. Der Pilz ist noch nicht sehr bekannt; er ist ähnlich dem **Gelblichen Ritterling (T. sejunctum, 128)**, jedoch dunkler und meistens mit regelmäßigerem, rundlich-kegeligem Hut. **Tricholoma coryphaeum** wächst im Laubwald, **Tr. sejunctum** im Nadelwald.

Natürliche Größe

TRICHOLOMA PSEUDOALBUM Bon **1013**

SYNONYME: **Tricholoma album** ss. Bat.
Tricholoma lascivum auct.

Hut: 5-10 cm, fleischig, steif, brüchig, flach gewölbt, leicht gebuckelt, Rand anfangs eingerollt und bisweilen etwas gerippt; weiß, dann schmutzig gelb oder blaß nußbraun; matt, trocken.

Lamellen: gedrängt, steif, regelmäßig, mit Zwischenlamellen, stark ausgebuchtet, vom Hut abtrennbar, weißlich-gelb, Rand manchmal rostig gefleckt.

Stiel: 6-9×1-1,5 cm, steif, brüchig, gegen die Basis verschmälert, weiß, gelblich oder braun getönt, matt; Spitze flockig-granuliert; voll.

Fleisch: blaß, Geruch stark und ähnlich **Tricholoma sulphureum (135).** Geschmack bitter, später herb und scharf.

Sporen: elliptisch, hyalin, 5,5-6,5×3,5-4 µm, mit Ammoniak gelblich.

Vorkommen: in feuchten Laubwäldern (Eiche, Buche, Birke); im Nadelwald fehlend.

Wert: ungenießbar.

BEMERKUNGEN: Mehr als dem **Strohblassen Ritterling (T. album, 1014)** gleicht der Pilz dem **Tricholoma sulphurescens (589);** dieser hat aber entferntere Lamellen und einen schuppigen Stiel; das Fleisch verfärbt sich bei beiden Pilzen gelblich. Der Pilz gehört zu einer Gruppe von **Ritterlingen** mit unangenehmem Geruch.

2/3 natürliche Größe

TRICHOLOMA ALBUM (Schff. ex Fr.) Kummer **1014**

von « albus » (lat.) = weiß. Wegen der Farbe

VOLKSNAME: **Strohblasser Ritterling**

Hut: 3-5 cm, flach gewölbt, dünnfleischig, seidig, glatt, weiß, später ockergraulich getönt; Rand eingebogen und lappig verbogen.

Lamellen: weiß, wenig gedrängt, abgerundet angewachsen, eher dünn.

Stiel: 5-7×0,5-0,8 cm, verhältnismäßig dünn, brüchig, glatt oder faserig, schneeweiß, gleichdick, Basis etwas verbogen.

Fleisch: weiß, Geruch anfangs mehlig-ranzig, später leicht erdartig. Geschmack scharf und bitter.

Sporen: 5-6,5×3,4-4 µm, elliptisch, fast ovoidal, hyalin.

Vorkommen: im Laubwald, einzeln.

Wert: ungenießbar.

BEMERKUNGEN: Der Pilz gehört zu einer Gruppe von weißen oder weißlichen **Ritterlingen,** die leicht miteinander verwechselt werden können: **inamoenum (592), lascivum** (Fr.) Gill., **pseudoalbum (1013).** Verschiedene Merkmale geben Unterscheidungsmöglichkeiten: **Tr. inamoenum** hat ziemlich dicke und entfernte Lamellen; **Tr. sulphureum** ist gelb, riecht leuchtgasartig und wächst auch im Laubwald; **Tr. pseudoalbum** ist kräftiger und fleischig, gebuckelt, der Geruch ist sofort unangenehm; **Tr. lascivum** ist von Anfang an ockerlich getönt und hat stärker herablaufende Lamellen. Die **Ritterlinge** um **Tr. columbetta (141)** sind ebenfalls weiß, haben aber einen milden und angenehmen Geschmack.

Natürliche Größe

TRICHOLOMA NICTITANS (Fr. ex Fr.) Gill. **1015**

Hut: 5-8 cm, gewölbt, fleischig, Scheibe gewölbt oder auch stumpf gebuckelt, schließlich flach gewölbt, Rand leicht eingerollt. Huthaut glatt, wenig schmierig, etwas behaart, ziegelbraun oder bronzebraun, gegen den Rand hin heller. Epicutis mit lose verschlungenen, zylindrischen Hyphen. Pigmente vakuolär oder an den Hyphenenden, gegen die Epicutis hin die Membran schollig inkrustierend.

Lamellen: regelmäßig, angeheftet oder leicht ausgebuchtet angewachsen, schmutzig gelblich, rötlich fleckend, schließlich bräunend (wie bei der Gattung **Agrocybe**).

Stiel: 4-8×0,5-1,2 cm, keulig oder fast spindelig, oder wurzelnd, nach unten verjüngt, fast gleichfarbig, etwas blasser, mit braunen oder rötlichen Fasern auf ocker oder fuchsigem Grunde, ohne deutliche Gelbtöne außer nach stärkerem Reiben.

Fleisch: in Hut und Stiel weiß, nach außen mehr oder weniger gelblich, besonders im Stiel. Geruch fast fehlend, oder nur schwach mehlartig; Geschmack bitter.

Sporen: regelmäßig elliptisch, 6-7,5×4,5-5,5 µm. Zystiden und Marginalzellen fehlen, vorhanden sind zahlreiche ästige Basidiolen, 30-45×1,3 µm.

Vorkommen: in Mischwäldern.

Wert: ungenießbar.

BEMERKUNGEN: Dieser **Ritterling** wird meistens in die Sektion **« Albobrunnea »** gestellt und ist sehr ähnlich dem **Gelbblättrigen Ritterling (T. flavobrunneum, 140)**, mit dem der Pilz von vielen Autoren gleichgestellt worden ist (Bresadola, Tafel 59; Barla, Tafel 27/4-6; Konrad & Maublanc, Tafel 243; Lange 18-c). Er unterscheidet sich jedoch von **T. flavobrunneum** durch die relativ dunkle Farbe, durch das Fehlen des Geruches, den wenig gefurchten Hutrand und das ubiquitäre Auftreten, sowie durch die hellen, fast weißen Lamellen. Leichter ist eine Verwechslung mit **T. pessundatum (569)**, **T. stans** (Fr.) Sacc., **T. populinum** Lge; ein Unterscheidungsmerkmal bildet der nach kräftigem Reiben gilbende Stiel.

3/4 natürliche Größe

TRICHOLOMA BRESADOLIANUM Clc. 1016

Zu Ehren von Bresadola

SYNONYM: **Tricholoma murinaceum** ss. Bres.

Hut: 5-12 cm, ziemlich fleischig, glockig bis flach ausgebreitet, bisweilen angedeutet breit gebuckelt, Rand leicht gelappt, zuerst eingerollt, dann eben, silbriggrau oder dunkler, manchmal auch etwas bräunlich, gleichfarbig oder dunkler schuppig oder faserig.

Lamellen: nicht sehr gedrängt, ziemlich dick, breit, grau, Schneide bisweilen schwärzlich, am Grunde aderig verbunden, abgerundet angewachsen.

Stiel: 5-10 × 1,2-2 cm, gleichdick, regelmäßig, meistens an der Basis verjüngt, dem Hut gleichfarbig, dunkel schuppig wie der Hut.

Fleisch: graulich, im Stiel faserig, ohne besonderen Geruch, Geschmack bitter, dann scharf wie **T. virgatum.**

Sporen: 8-9 × 6-7 µm, fast kugelig oder oval, mit einem Tropfen.

Vorkommen: wurde nur im Laubwald beobachtet.

Wert: ungenießbar, verdächtig.

BEMERKUNGEN: Wir haben uns immer dagegen gesträubt, diesen Pilz mit **T. sciodes** (Secr.) Mart. gleichzustellen, weil die Pilze deutlich verschieden sind. Clemencon faßt den Pilz als eigene Art auf und gibt ihm den Namen **Tricholoma bresadolianum.**

Natürliche Größe

TRICHOLOMA ATROSQUAMOSUM (Chev.) Sacc. 1017

von « ater » (lat.) = schwarz und « squamosus » (lat.) = schuppig

VOLKSNAME: **Schwarzschuppiger Ritterling**

Hut: 5-8 cm, flach gewölbt, mit breitem Buckel, grau oder tonblaß mit schwärzlichgrauen Schüppchen. Rand lange eingerollt, wollig behangen und radial schuppig. Huthaut mit kurzen, flachen und einigen aufgerichteten Hyphen, die an den Septen verjüngt sind. Pigmente streifenförmig die Membran inkrustierend.

Lamellen: ziemlich breit und gedrängt, ausgebuchtet angewachsen, schmutzig weiß, bisweilen Schneide schwärzlich punktiert.

Stiel: 5-7×0,8-1,5 cm, meist zylindrisch (oder auch leicht keulig), voll, kräftig, faserig oder leicht schuppig, meist weißlich oder blaß, manchmal schwarzgrau getönt.

Fleisch: schmutzig weiß, unter der Huthaut grau, unveränderlich, Geschmack pilzartig, Geruch typisch nach Pfeffer (oder ähnlich den Blättern von Asarum europaeum).

Sporen: 6,5-8×4,5-5,4 µm, breit elliptisch, mit dünner Membran. Ohne deutliche Marginalzellen.

Vorkommen: im Laubwald, besonders bei Buche, auch im Nadelwald.

Wert: eßbar.

BEMERKUNGEN: Der Pilz unterscheidet sich von verwandten Arten durch die mehr oder weniger wolligen Hutschuppen und durch den Geruch. Ähnliche Pilze sind: der **Tiger-Ritterling (T. pardinum, 138;** er hat einen gedrungeneren Stiel, fast dachziegelartige Schuppen, einen andersartigen Geruch), der **Erd-Ritterling (T. terreum, 127;** geruchlos, der Hut ist glatter), der **Gilbende Erd-Ritterling (T. scalpturatum, 573;** mit Mehlgeruch, alt gilbend), **Tricholoma bresadolianum (1016;** mit unangenehmem Geruch), **Tricholoma hordeum** (Fr.) (mit mehr gestreiftem und mehr kegeligem Hut und eingerissenem Hutrand, geruchlos, Lamellen mit schwarzer Schneide), **Tricholoma squamulosum (575)** (ist dem beschriebenen Pilz am ehesten ähnlich, aber stärker schuppig und mit deutlichem Mehlgeruch).

Natürliche Größe

TRICHOLOMA SAPONACEUM var. ardosiaca Bres. 1018

SYNONYM: **Tricholoma saponaceum** var. **squamosum** Cke.?

Der Pilz ist eine der vielen Varietäten von **Tricholoma saponaceum** (132) und unterscheidet sich besonders durch die schmutzig bläulichgraue Farbe des Hutes und durch die schwärzlichen Schüppchen auf dem Stiel und in der Hutmitte. Die Varietät ist von Bresadola geschaffen worden und wir erachten sie als gültig. Andere Varietäten sind: **sulphurinum** Quél. mit gelbem Hut und gelben Lamellen; **atrovirens** Karst. mit grünlichem Hut und glattem Stiel. Andere Varietäten betrachten wir als Formen der sehr veränderlichen Art.

Vorkommen: im Nadelwald.

Wert: ungenießbar, aber unschädlich.

3/4 natürliche Größe

DERMOLOMA CUNEIFOLIUM Fr. (ss. Cke.) 1019

von « cuneus » (lat.) = Keil. Wegen der dreieckigen Lamellen

VOLKSNAME: **Runzeliger Samtritterling**

Hut: klein, 1,5-3 cm, stumpf bis höckerig gewölbt, nicht regelmäßig gebuckelt, brüchig, dünn, hygrophan. Feucht dunkelbraun, trocken heller und ledergelb; kahl, matt, Rand etwas abgerundet, kaum durchscheinend gerieft. Huthauthyphen mit Schnallen. Huthaut mit zelliger Struktur.

Lamellen: nicht sehr gedrängt, breit, fast dicklich, sehr bauchig, manchmal dreieckig, grau, dann dunkel aschgrau, ausgebuchtet angewachsen.

Stiel: 2,5-4×0,2-0,4 cm, gleichdick, voll, röhrig, blaß braun, kahl, glatt, Spitze etwas schuppig. Ohne Velum.

Fleisch: dünn, zart, dem Hut gleichfarbig, Geruch und Geschmack mehlartig.

Sporen: elliptisch-zylindrisch mit runden Enden, mit einem Tropfen, amyloid, 7,2-8,4×4,6-5 µm. Zystiden fehlen.

Vorkommen: in Wiesen und an grasigen Plätzen.

Wert: eßbar, aber mit Vorsicht.

BEMERKUNGEN: Der Pilz gehört zu der kleinen Gruppe der **Samtritterlinge (Dermoloma)**, die gekennzeichnet ist durch die dreieckige Form der Lamellen, durch das matte, fast etwas samtige Aussehen des Hutes. Mikroskopische Merkmale erlauben die genaue Bestimmung. Der in Farbe und Aussehen sehr ähnliche **D. pseudocuneifolium** Herink hat viel größere Sporen. Wie haben von einem Vergiftungsfall mit diesem Pilz (pseudocuneifolium) erfahren, wobei er zusammen mit einigen **Schnecklingen (Hygrophorus)** gegessen worden ist. Da die **Schnecklinge** — soweit bisher bekannt — eßbare Pilze sind, haben wir dem **D. pseudocuneifolium** den Gehalt von giftigen Stoffen zugeschrieben.

Natürliche Größe

PORPOLOMA PESCAPRAE (Fr.) Sing. **1020**

SYNONYM: **Tricholoma pescaprae** Fr.

Hut: 4,5-7 cm, kegelig, etwas gebuckelt, schmutzig braun bis rötlichbraun, Rand heller, kahl; Rand furchig, dann aufgebogen. Epicutis der Huthaut mit Schnallen.
Lamellen: weißlich, bauchig, tief ausgebuchtet, mäßig gedrängt.
Stiel: 3-5×0,5-1 cm, fast zylindrisch, nach unten verdickt, weiß, kahl, voll.
Fleisch: dünn, weißlich, Geruch und Geschmack mehlartig.
Sporen: 7,5-9×5,5-6 µm, pflaumenförmig, elliptisch, stark amyloid. Marginalhaare keulenförmig.
Vorkommen: auf Bergwiesen und -weiden.
Wert: eßbar.

BEMERKUNGEN: Wegen der amyloiden Sporen und des Standortes in Wiesen wird der Pilz zur Gattung **Porpoloma** Sing. gestellt.

3/4 natürliche Größe

TRICHOLOMA ELYTROIDES (Fr.) Karst. **1021**

von « elytron » (gr.) = Hülle, Scheide und « eidos » (gr.) = Aussehen, Gestalt

Hut: 5-8 cm, fleischig, gewölbt, dann ausgebreitet oder auch in der Mitte oder um den Buckel niedergedrückt; Rand dünn, ganz, lappig; schmutzig gelbbraun oder schwärzlich, Huthaut trocken, mit feinen schwärzlichen Körnchen, die gegen die Mitte größer und dichter werden. Die Huthaut ist fädig mit parallelen und breiten Hyphen, Schnallen sind vorhanden.
Lamellen: weißlich-gelblich, schwarz fleckig, am Hutrande verschmälert, ziemlich gedrängt, ausgebuchtet angewachsen.
Stiel: 3-3,8×1-1,5 cm, nach unten stark verjüngt und etwas verbogen, schmutzig weiß-gelblich, mit bräunlichen Körnchen oder kleinen Schuppen. Zuletzt hohl.
Fleisch: in der Hutmitte dick, am Rand dünn, weiß, leicht schwärzend. Geruch und Geschmack nach frischem Mehl.
Sporen: glatt, mit mehreren Tropfen, 7-9×3-4 µm, stark amyloid, Sporenpulver weiß. Mit Zystiden.
Vorkommen: in Laub- und Mischwäldern, auf tonigem Boden.
Wert: unbekannt.

BEMERKUNGEN: Wegen der amyloiden Sporen wurde diese Art von Singer und anderen Autoren zur Gattung **Porpoloma** gestellt. Die französische Schule beläßt ihn bei den **Ritterlingen (Tricholoma)**, mit amyloiden Sporen.

3/4 natürliche Größe

MELANOLEUCA STRIDULA (Fr.) Metr. 1022

Hut: 3-6 cm, fleischig, gewölbt, dann ausgebreitet und gebuckelt, feucht, dunkel gefärbt, graubraun oder dunkelgrau, ausblassend.

Lamellen: weiß, unveränderlich, gedrängt, ausgebuchtet angewachsen, mit heteromorpher Schneide.

Stiel: 5-8×0,5-0,8 cm, hohl bis ausgestopft, gleichdick, gegen die Basis etwas verdickt, braunschwärzlich, Spitze weißlich bereift.

Fleisch: dunkel, braun, ohne besonderen Geruch und Geschmack.

Sporen: hyalin, warzig, länglich, 8-9×5-6 µm. Cheilozystiden spindelig, mit Krönchen, 50-65×10-15 µm.

Vorkommen: büschelig; häufig im Wald. Sommer.

Wert: eßbar.

BEMERKUNGEN: Der Pilz gleicht dem **Gemeinen Weichritterling (M. vulgaris, 145)**, er unterscheidet sich von ihm durch dunklere Farben und das gefärbte Fleisch. Die **Weichritterlinge (Melanoleuca)** sind oft schwer zu bestimmen.

3/4 natürliche Größe

MELANOLEUCA ARCUATA (Fr.) Sing. 1023

SYNONYM: **Tricholoma friesii** Bres.

Hut: 4-8 cm, ziemlich fleischig, gewölbt bis abgeflacht, mit zentralem Buckel, glatt, fast schmierig, rußig schwärzlich mit hellem Rand.

Lamellen: sehr gedrängt, ziemlich breit, schneeweiß, ausgebuchtet angewachsen.

Stiel: 4-7×0,8-1,2 cm, voll bis fast hohl, dunkel gefärbt mit Ausnahme die Spitze, die weiß und schuppig ist, sonst schwärzlich faserig.

Fleisch: wässerig, im Hut ocker, im Stiel sehr dunkel, ohne besonderen Geruch und Geschmack.

Sporen: 7-9×5-5,5 µm, elliptisch, hyalin, leicht rauh.

Vorkommen: in grasigen Wäldern, bei feuchtem Wetter.

Wert: eßbar.

BEMERKUNGEN: Der Pilz gehört in die Gruppe um den **Gemeinen Weichritterling (M. vulgaris, 145 = M. melaleuca)**, von dem er sich in der Farbe des Stieles und des Fleisches unterscheidet.

3/4 natürliche Größe

CALOCYBE CERINA (Pers. ex Fr.) Donk 1024

von « cerinus » (lat.) = wachsgelb. Wegen der Hutfarbe
VOLKSNAME: **Wachsgelber Schönkopf**

Hut: 2-4 cm, gewölbt oder leicht gebuckelt, dann ausgebreitet, fast genabelt, glatt, von wachsgelb bis bräunlichrot, Mitte dunkler.

Lamellen: zitronengelb, gedrängt, bogig angewachsen, Schneide schartig.

Stiel: 1,5-2×0,3-0,4 cm, kurz, hell gelb, bräunend, an der Basis fast schwarz werdend; oben hohl.

Fleisch: weißgelblich, Geruch mehlartig, Geschmack bitterlich.

Sporen: oval-elliptisch, farblos, glatt, 2-4×2-3 µm. Basidien siderophil.

Vorkommen: im Nadelwald, auf abgefallenen Nadeln, sehr zahlreich.

Wert: unbekannt.

BEMERKUNGEN: Der Pilz gehört zur Gruppe der kleinen **Schönköpfe (Calocybe)** mit lebhaften Farben. Er kann mit dem **Dottergelben Schönkopf (C. chrysenteron, 607)** verwechselt werden, er unterscheidet sich unserer Meinung nach in den blassen gelben Farben und in den stärker gedrängten Lamellen.

1/2 natürliche Größe

CALOCYBE ONYCHINA (Fr.) Donk 1025

von « onyx » (gr.) = gelblicher Edelstein. Wegen der Lamellenfarbe

Hut: 2,5-4 cm, glockig gewölbt bis stumpf gewölbt, dunkel braunpurpurn, kahl, aber fein fischhautähnlich runzelig (Lupe!), nicht schmierig. Huthaut bestehend aus rundlichen Elementen mit rötlichem Inhalt.

Lamellen: gedrängt, gelb, am Hutrand verschmälert, am Stiel abgerundet und ausgebuchtet angewachsen, gedrängt, schartig.

Stiel: 4×0,4-0,8 cm, nach unten verjüngt, schmutzig purpurn, nach unten bräunend, spinnwebig faserig, voll, dann hohl bis ausgestopft.

Fleisch: wenig dick, blaß, Geruch mehlartig.

Sporen: ellipsoidisch-zylindrisch, glatt, 2-2,5×4 µm. Lamellentrama regulär. Basidien siderophil.

Vorkommen: bei Fichte, sehr selten.

Wert: eßbar.

BEMERKUNGEN: Der Pilz ist einer der wenigen **Schönköpfe (Calocybe)** mit zellulärer Huthautstruktur; auch **Dermoloma cuneifolium (1019)** hat dieses Merkmal, die Farbe des Hutes und der Lamellen ist jedoch verschieden, er hat amyloide Sporen und nicht siderophile Basidien.

Natürliche Größe

CALOCYBE CARNEA (Bull. ex Fr.) Donk 1026

Wegen der fleischrötlichen Farbe

VOLKSNAME **Fleischrötlicher Schönkopf**

Hut: 1,5-3 cm, dünnfleischig, flach gewölbt, seidig, blaß fleischrosa, Mitte oft entfärbt.

Lamellen: weiß, wenig gedrängt, schmal, abgerundet-frei.

Stiel: 2-4×0,2-0,4 cm, gleichdick, weich, brüchig, hohl, rosa mit weißer Zone an der Spitze und flockig.

Fleisch: weiß, geruch- und geschmacklos.

Sporen: elliptisch, farblos, 4-6×2-3 µm. Basidien siderophil.

Vorkommen: auf Waldwiesen, auch im Wald. Meist einzeln.

Wert: eßbar.

BEMERKUNGEN: Der Pilz ist ein **Schönkopf (Calocybe)** mit rosa Hut und weißen Lamellen. Ähnlich ist vielleicht **C. alpestris** (Britz.) Sing. ss. Huijsman mit kreme-isabellfarbenen Lamellen. Der **Rosenrote Schönkopf (1027)** kann mit dem **Fleischrötlichen Schönkopf** verwechselt werden, der erstere wächst jedoch meist büschelig.

Natürliche Größe

CALOCYBE PERSICOLOR (Fr.) Sing. 1027

von « persicum » (lat.) = Pfirsich und « color » (lat.) = Farbe. Wegen der Farbe

VOLKSNAME: **Rosenroter Schönkopf**

Hut: 3-5 cm, fleischig, wenig gebuckelt, nicht hygrophan, satt fleischrosa, ausblassend, trocken; Rand bereift.

Lamellen: schmal und dünn, weiß, abgerundet angewachsen oder herablaufend.

Stiel: 3-5×0,4-0,8 cm, glatt, steif, Spitze weiß, Mitte fleischrötlich und Basis bräunlich; fast hohl, nach unten verjüngt.

Fleisch: weiß, an der Basis bräunend; Geruch schwach obstartig.

Sporen: elliptisch, farblos, 4-5×2-3 µm. Basidien siderophil.

Vorkommen: in Weidewiesen, an Wegrändern, büschelig. Sommer-Herbst.

Wert: eßbar.

BEMERKUNGEN: Der schöne, satt fleischrosa gefärbte Pilz wächst meist büschelig, was sonst bei der Gattung **Calocybe** selten ist. Die **Schönköpfe** erkennt man auch am kompakten Fleisch und an der glatten Oberfläche der Fruchtkörper.

Natürliche Größe

LYOPHYLLUM CRASSIFOLIUM (Bk.) Sing. 1028

von « crassus » (lat.) = dick und « folium » (lat.) = Blatt. Wegen der dicken Lamellen

VOLKSNAME: **Dickblättriger Rasling**

Hut: 4-7 cm, fleischig, glockig-gebuckelt, dann flach bis niedergedrückt, seidig, kahl werdend, isabellfarben-ocker, Mitte dunkler, wellig eingerollt oder auch gelappt.

Lamellen: entfernt, breit, dick, weißlichgrau, bei Berührung charakteristisch blauend, dann schwärzend; abgerundet angeheftet, einige sind gegabelt.

Stiel: 2,5-5×0,5-1,5 cm, an der Basis bald verjüngt, bald verdickt, bereift, dann kahl werdend, weiß, nach oben etwas dunkler; ausgestopft, dann hohl, fast knorpelig.

Fleisch: weiß, im Bruch schwärzlichbraun fleckend; Geruch stark ranzig, Geschmack mild.

Sporen: hyalin, fast kugelig, mit einem Tropfen, 6-7 µm. Basidien siderophil.

Vorkommen: im Nadelwald.

Wert: eßbar, aber ohne besonderen Wert.

BEMERKUNGEN: Der Pilz gleicht sehr dem **Rauchgrauen Rasling (L. immundum, 601)**, der zur gleichen Gruppe, die von Lange einmal zu « Nigrescentia » zusammengefaßt wurde, gehört: das Fleisch schwärzt bei Berührung. Der ähnliche **Rautensporige Rasling (L. infumatum, 602)** unterscheidet sich durch die fast rhombischen und nicht kugeligen Sporen. Die vertreter der Gattung **Lyophyllum** sind nicht immer leicht auseinanderzuhalten; die mikroskopischen Merkmale können bei der Bestimmung weiterhelfen.

3/4 natürliche Größe

LYOPHYLLUM FUMATOFOETENS (Secr.) J. Schff. 1029

SYNONYME: **Lyophyllum gangraenosum** ss. Lge.
Lyophyllum leucophaeatum Karst.

Hut: 3-8 cm, gewölbt, dann abgeflacht, faserig, flockig, grau-ocker, ockerbraun, feucht graubraun; Rand eingerollt und weiß bereift.

Lamellen: ausgebuchtet, vom Hutfleisch abtrennbar, gelbbraun.

Stiel: 4-7×0,5-1,5 cm, gleichdick, Basis zugespitzt, mit einem starken Myzelfilz; gelbbraun oder graubraun.

Fleisch: schmutzig grau, bei Berührung verfärbt es sich blauschwärzlich; mit Säuren rötend, mit Eisensulfat blaugrünlich verfärbend. Geschmack bitterlich, Geruch fischartig oder nach Gerberei.

Sporen: länglich, warzig, 7-10×3,5-4 µm. Basidien siderophil.

Vorkommen: im Nadelwald und in Auen.

Wert: eßbar, aber ohne besonderen Wert.

BEMERKUNGEN: Die abgebildeten Exemplare sind etwas untypisch, weil die Hutoberfläche eben ist, sie ist auch heller und die Lamellen sollten weniger herablaufend sein. Die mikroskopische Untersuchung hat aber die richtige Bestimmung ergeben.

Natürliche Größe

LYOPHYLLUM TRANSFORME (Britz.) Sing. **1030**

SYNONYM: **Lyophyllum trigonosporum** (Bres.) Kühn.

VOLKSNAME: **Blauender Rasling**

Hut: 3,5-7-15 cm, gewölbt, dann etwas niedergedrückt, hell braun bis braunschwärzlich, Rand zuerst eingerollt, dann eben, unregelmäßig.

Lamellen: weißlich-grau, bei Berührung verfärben sie sich bläulich, dann schwärzlich.

Stiel: 3-5×0,5-1,5 cm, frisch weißlich, nach dem Pflücken und alt schwärzend.

Fleisch: fast geruchlos, weiß, schwärzend.

Sporen: mehr oder weniger typisch dreieckig, 9-10×5-6 µm. Basidien siderophil.

Vorkommen: im Nadelwald, gesellig und auch büschelig. Sommer-Herbst.

Wert: eßbar.

EMERKUNGEN: Die Sporenform ist das Haupterkennungsmerkmal. Makroskopisch ist der lz nicht leicht zu bestimmen.

/4 natürliche Größe

TRICHOLOMA ALBATUM (Quél.) Maubl. & d'Astis 1031

on « albus » (lat.) = weiß. Wegen der Farbe des Pilzes

Hut: 3-6 cm, gewölbt, leicht kegelig oder gebuckelt, seidig mit feinen radialen Fasern, schneeweiß, bei Berührung leicht gilbend. Rand leicht eingerollt.
Lamellen: wenig gedrängt, ziemlich breit, etwas bauchig, ausgebuchtet oder mit Zähnchen herablaufend, weiß; bei Berührung gilbend.
Stiel: 4-5×0,5-0,8 cm, gleichdick, nach unten verjüngt, faserig, voll, dann hohl, rein weiß, bei Berührung gilbend.
Fleisch: wenig dick, weißlich, Geruch schwach mehlartig oder leicht aromatisch, Geschmack schwach mehlartig.
Sporen: elliptisch-oval, 5,5-6,5×3-4,5 µm, hyalin, Sporenpulver weiß.
Vorkommen: im Laub- und Nadelwald, auf Silikatboden.
Wert: eßbar.

BEMERKUNGEN: Der Pilz läßt an eine Albinoform des **Gilbenden Erd-Ritterlings (T. scalptu-tum, 573)** denken und gehört zur Gruppe um **Tricholoma terreum (127).** Er hat in der Tat die gleiche Größe, dasselbe Aussehen der Huthaut, und besonders in den Lamellen gilbendes Fleisch. Wir haben den Pilz durch viele Jahre hindurch an verschiedenen Plätzen mit konstanten Farbtönen wiedergefunden, jedoch in Nadelwäldern, nicht in Laubwäldern, wie die Autoren der Art angeben. Moser führt auch den Standort bei Kiefern an.

/4 natürliche Größe

RHODOCYBE NITELLINA (Fr.) Sing. (ss. Kühn.) 1032

on « nitellinus » (lat.) = eichhörnchenfarbig

Hut: 2,5-5 cm, gewölbt, auch höckerig, dann flach oder genabelt, hygrophan, glatt, glänzend, fuchsigbraun, dann fuchsigocker. Rand dünn, anfangs schmal abgerundet.
Lamellen: angewachsen, dann frei, bogig, ziemlich gedrängt, schmal, ganzrandig, blaß gelblich, dann dem Hut gleichfarbig.
Stiel: 3-6×0,6-1 cm, fast zylindrisch oder zusammengedrückt, röhrig, steif, hart, rindig, leicht faserig und seidig glänzend, gleichfarbig, trocken blasser, Basis weiß und etwas behaart; Spitze bereift-flockig.
Fleisch: brüchig, fuchsig, Geruch aromatisch, schwach ranzig; Geschmack unangenehm.
Sporen: ellipsoidisch-pflaumenförmig, 7-8×4,5-5 µm, punktiert-körnig, leicht fleischrötlich.
Vorkommen: im Nadel- und Laubwald.
Wert: unbekannt.

BEMERKUNGEN: Meistens ist der Pilz kleiner als er in der Abbildung wiedergegeben und eintönig aber auffallend orangegelb gefärbt.

türliche Größe

COLLYBIA CIRRHATA (Schum. ex Fr.) Kummer 1033

von « cirrus » (lat.) = krauses Haar

VOLKSNAME: **Seidiger Sklerotien-Rübling**

Hut: 0,3-0,8 cm, sehr klein und dünnfleischig, häutig, gewölbt bis flach, meist genabelt oder niedergedrückt, schmutzig weiß, Mitte satter gefärbt.

Lamellen: weiß, ziemlich schmal, gedrängt, angewachsen.

Stiel: sehr dünn, fast röhrig, dem Hut gleichfarbig, wurzelnd.

Fleisch: weiß, geruch- und geschmacklos.

Sporen: hyalin, eiförmig, 4-5×2 µm.

Vorkommen: auf Resten faulender Blätterpilze.

Wert: wertlos.

BEMERKUNGEN: Der kleine und mit einem fadenförmigen Stiel versehene Pilz wächst büschelig auf Resten faulender Blätterpilze, wobei die Stiele mehr oder weniger parallel verlaufen und verschieden hoch sind. Manche Autoren sehen in ihm eine sklerotienlose Form des **Braunknolligen Sklerotien-Rüblings (C. tuberosa, 544).** Die ähnliche **C. racemosa** (Pers. ex Fr.) Quél. trägt auf zahlreichen kurzen Seitenzweigen des Stieles kleine Köpfchen.

Natürliche Größe

TEPHROCYBE RANCIDA (Fr.) Donk 1034

von « rancidus » (lat.) = ranzig, widerlich. Wegen des Geruches

VOLKSNAME: **Wurzel-Graublatt**

Hut: 4-6 cm, dünnfleischig, gewölbt, dann flach und gebuckelt, bleigrau-schwärzlich, Rand weißlich bereift; feucht schmierig.

Lamellen: gedrängt, schmal, aschgrau, fast abgerundet bis frei.

Stiel: 6-8×0,3-0,5 cm, röhrig, gleichfarbig, kahl, Spitze weiß bereift, Basis wurzelnd, weiß, striegelig.

Fleisch: gleichfarbig, Geruch nach ranzigem Mehl, Geschmack fast fehlend.

Sporen: hyalin, länglich oval, 7-9×4 µm. Basidien siderophil.

Vorkommen: auf moosigem Boden im Nadelwald. Herbst.

Wert: wertlos.

BEMERKUNGEN: Dieser **Graublatt-Rübling** ist ziemlich leicht zu erkennen an der Färbung, besonders aber am wurzelnden Stiel und am ranzigen Geruch.

2/3 natürliche Größe

TEPHROCYBE INOLENS (Fr.) Mos. **1035**

von « inolens » (lat.) = geruchlos. Dem Pilz fehlt der ranzige Geruch

Hut: 2-3 cm, glockig gewölbt, etwas höckerig, bisweilen gesäumt, unregelmäßig, dünnfleischig, stark hygrophan, rußig grau, bei trockenem Wetter blaß tonfarben, seidig glänzend, Rand manchmal gerieft.
Lamellen: ausgebuchtet angewachsen, dann frei, ziemlich gedrängt, schmal, weißlich, dann braungrau.
Stiel: röhrig-rindig, wellig verbogen, brüchig wie der Hut, dunkelbraun, Basis weißfaserig, Spitze fein weißflockig.
Fleisch: fast geruchlos, schwach mehlartig.
Sporen: elliptisch, hyalin, 7-8×5 µm. Basidien siderophil.
Vorkommen: im Nadelwald.
Wert: wertlos.

ɪEMERKUNGEN: Die Bestimmung der **Graublatt-Rüblinge** ist nicht immer leicht; es sind ʼilze, die am ganzen Fruchtkörper eintönig graulich gefärbt sind und meistens mehr oder veniger deutlich mehlartig riechen.

latürliche Größe

ɪEPHROCYBE PUTIDA (Fr.) Mos. **1036**

on « putidus » (lat.) = stinkend. Wegen des Geruches

lut: 4-5 cm, kegelig und gebuckelt, Rand gerade, Huthaut glatt, schmutzig braun, Buckel etwas schwärzlich; trocken bereift; schwach hygrophan, feucht fein gerieft. Epicutis einfach und mit dünnen Hyphen.
amellen: gegen den Hutrand stark verschmälert, fast angewachsen, blaß grau oder gleichfarbig, mäßig gedrängt.
tiel: 6-7×0,8-1 cm, voll, dann fast hohl, Spitze weißgraulich und bereift, sonst silbrig seidig und nicht gerieft.
leisch: weißlich, grau werdend, mit starkem Geruch und Geschmack nach ranzigem Mehl.
poren: 5-6×3 µm, elliptisch, glatt, seitlich etwas abgeplattet, Inhalt granuliert. Basidien siderophil.
orkommen: in Bergnadelwäldern. Sommer-Herbst.
ert: eßbar, minderwertig.

ΞMERKUNGEN: Der silbrig weiße Stiel kann bei der Bestimmung des Pilzes weiterhelfen. ı Habitus ist er ähnlich dem **Gerieften Trichterling (C. vibecina, 1044)** und dem **Mehlichterling (C. ditopa, 1045)**, wegen der siderophilen Basidien wird er aber in die Gruppe r **Lyophylleae** eingeordnet.

3 natürliche Größe

COLLYBIA FODIENS (Kalchbr.) Favre **1037**

von « fodio » (lat.) = graben. Wegen des gefurchten Stieles?

Hut: bis 10 cm, am Scheitel rötlichgelb-fleischfarben, oder dunkler; gegen den Rand hin weißlich flaumig, dann blaß fleischfarben; gewölbt bis abgeflacht, fast gebuckelt, ziemlich fleischig.

Lamellen: gelblich oder kreme, gezähnelt, ziemlich gedrängt, nicht sehr breit.

Stiel: robust, mehr oder weniger gleichdick, oder leicht angeschwollen, steif, längsfaserig bis gefurcht, wurzelnd, weiß, später gelblich-bräunlich.

Fleisch: weißlich, ohne besonderen Geruch und Geschmack, im Stiel faserig.

Sporen: kreme, 6,5-8×4,5-8 µm.

Vorkommen: im Nadelwald.

Wert: eßbar, aber eher bitter.

EMERKUNGEN: Der Pilz gleicht dem **Gefleckten Rübling (C. maculata, 111)**, er ist aber ößer und der Hut ist nicht rostbraun gefleckt, sondern einheitlich nußbraun-rötlich mit atter gefärbter Hutmitte.

atürliche Größe

LYOPHYLLUM DECASTES (Fr.) Sing. 1038

von « decas » (gr.) = Zehner. Wegen des büscheligen Auftretens

Hut: 7-10 cm, fleischig bis fast häutig, gewölbt bis höckerig, dann aufgeschirmt und niedergedrückt, Rand wellig bis eingerollt oder gelappt, alt oft flatterig; ledergelb oder blaß bräunlichgrau, ausblassend, kahl.
Lamellen: gedrängt, breit, dann aderig, weißlich, abgerundet angewachsen, oder stumpf herablaufend.
Stiel: 4-7×0,5-1,5 cm, kahl, gleichdick und zusammengedrückt, fast knorpelig, Spitze bereift, weißlich.
Fleisch: blaß, Geruch schwach mehlartig, Geschmack angenehm.
Sporen: hyalin, kugelig, 6-7 µm.
Vorkommen: im Laubwald. Herbst. Büschelig.
Wert: eßbar.

BEMERKUNGEN: Der Pilz gleicht sehr dem **Geselligen Ritterling (L. fumosum, 165)** sowohl in der Konsistenz des Fleisches als auch im büscheligen Auftreten. Sein Synonym ist **L. aggregatum** (Schff. ex Fr.) Kühn.

1/2 natürliche Größe

LEPISTA CAESPITOSA (Bres.) Sing. 1039

von « caespitosus » (lat.) = büschelig. Wegen des büscheligen Auftretens

Hut: 4-8 cm, weißlich-ledergelb oder hell bräunlich, mit bräunlicher Mitte, flach gewölbt, alt mehr oder weniger niedergedrückt und mit verbogenem Rand.
Lamellen: weißlich, dann isabellfarben, angewachsen oder fast herablaufend, abtrennbar.
Stiel: 6-12×0,6-1 cm, gleichdick, verbogen, mit anderen Stielen büschelig verwachsen, weiß, mehr oder weniger faserschuppig.
Fleisch: weiß, mit mehlartigem, fast ranzigem Geruch und Geschmack.
Sporen: 5-6×3-4 µm, rundlich.
Vorkommen: auf Almböden, büschelig.
Wert: eßbar.

BEMERKUNGEN: Der Pilz ist sehr ähnlich der **Lepista nimbata** (Batsch ex Secr.) und der **Lepista rickenii (599)** und wird mit ihnen manchmal verwechselt. Das deutlichste Unterscheidungsmerkmal ist das büschelige Auftreten des Pilzes, während die erwähnten Arten gesellig und in Hexenringen wachsen und oft größer sind. Die Lamellen aller dieser Pilze sind vom Hutfleisch abtrennbar. Der abgebildete Pilz ist zum erstenmal von Bresadola beschrieben und mit dem Gattungsnamen **Clitocybe** versehen worden, noch bevor R. Maire den Gattungsnamen **Rhodopaxillus** geprägt hatte; der jetzt gültige Gattungsname ist **Lepista** (Fr.) W.G. Smith. Die Gattung ist gekennzeichnet durch mehr oder weniger fleischige Fruchtkörper mit dem Habitus von **Trichterlingen (Clitocybe)** oder **Ritterlingen (Tricholoma)**, durch ausgebuchtet bis herablaufend angewachsene Lamellen, die vom Hutfleisch abtrennbar sind, durch blaß rosa Sporenpulver und punktierte bis fein warzige, nicht amyloide Sporen, sowie durch das Fehlen von Zystiden. Ein nahe verwandter Pilz ist **Lepista piperata** Ricek, die Lamellen sind im reifen Zustand mehr rötlich, der zuerst mehlartige Geschmack wird nach längerem Kauen des Pilzfleisches pfefferartig scharf; obwohl der gekochte Pilz für längere Zeit einen scharfen Nachgeschmack hat, kann er ohne Bedenken gegessen werden.

1/2 natürliche Größe

CLITOCYBE FRAGRANS (Sow. ex Fr.) Kummer 1040

von « fragrans » (lat.) = stark riechend. Wegen des starken anisartigen Geruches

VOLKSNAME: **Weißer Anis-Trichterling**

Hut: 1,5-4 cm, etwas fleischig, gewölbt und fast genabelt, dann flach niedergedrückt, hygrophan, Rand gerieft, fleischfarben-ocker, trocken weiß und fast seidig.

Lamellen: leicht entfernt, angewachsen, dann leicht herablaufend, weiß und dann strohgelb.

Stiel: 3-5×0,3-0,4 cm, gleichdick, weißlich, Spitze bereift, Basis weißflockig und hohl bis ausgestopft.

Fleisch: weiß, mit starkem Anisgeruch und fast geschmacklos.

Sporen: hyalin, länglich, 6×2-2,5 µm.

Vorkommen: auf moosigem Waldboden.

Wert: ungenießbar.

BEMERKUNGEN: Der Pilz unterscheidet sich vom **Duft-Trichterling (C. suaveolens** (Schum. ex Fr.) Kummer durch die weniger stark herablaufenden Lamellen, durch den stärkeren Geruch und die brüchigere Struktur.

Natürliche Größe

CLITOCYBE ERICETORUM Bull. ex Quél. 1041

Wegen des Vorkommens auf Ericaceen - Heiden

Hut: 2-3 cm, dünnfleischig, gewölbt und genabelt, dann niedergedrückt, Rand wellig und gelappt, glatt, dann gerieft, kahl, weiß, dann leicht gilbend.

Lamellen: entfernt, weiß, stark herablaufend.

Stiel: 2-3×0,4-0,5 cm, ausgestopft, weiß, flaumig, gegen die Basis verjüngt.

Fleisch: weiß, zäh, Geruch schwach und angenehm, Geschmack leicht bitterlich.

Sporen: eiförmig, 4-5×2,5-3 µm.

Vorkommen: an grasigen Plätzen im Mischwald.

Wert: verdächtig.

BEMERKUNGEN: Der Pilz gleicht dem **Glasigweißen Ellerling (Camarophyllus niveus, 667),** der ebenfalls sehr entfernte und herablaufende Lamellen hat. Der in der Abbildung umgekehrt liegende Pilz ist zu rötlich wiedergegeben.

Natürliche Größe

CLITOCYBE PHYLLOPHILA (Fr.) Quél. 1042

von « phyllon » (gr.) = Blatt und « philos » (gr.) = Freund

VOLKSNAME: **Gilbender Trichterling, Laubfreund-Trichterling**

Hut: 5-9(12) cm, nie hygrophan, von rein weiß (besonders am Rande) bis weißlich; auf blaß ockerem, auch geflecktem Grund filzig oder weiß bereift und glänzend. Jung gewölbt bis gebuckelt, dann abgeflacht und unregelmäßig trichterförmig, das Fleisch ist nur in der Mitte dick. Die Hyphen der Huthaut tragen Schnallen.

Lamellen: anfangs weißlich, dann blaß grau, dann schmutzig rosa-ocker, gedrängt, angewachsen oder leicht herablaufend.

Stiel: 3-7×0,4-1,2 cm, blaß ocker bis blaß ziegelbraun, leicht längs gerieft, Basis filzig und Spitze seidig bereift, voll, dann schwammig ausgestopft, schließlich hohl; meist gebogen.

Fleisch: blaß weiß, feucht bräunlich, geruchlos oder mit sehr schwachem, bitterlichem Geruch und Geschmack.

Sporen: oval, oder auch wie ein Apfelkern, glatt, 4-6,5×3,5-4,2 µm. Sporenpulver rosa.

Vorkommen: auf abgefallenen Nadeln und Blättern; bis in den Spätherbst.

Wert: verdächtig.

BEMERKUNGEN: Wir halten den Pilz als verdächtig, weil er leicht mit Arten verwechselt werden kann, deren Giftigkeit erwiesen worden ist (« Muscarin-Syndrom »). Moderne Autoren führen diese Art auf **C. cerussata** Fries und Quélet zurück, die heute als nicht mehr gültig erachtet wird. Der abgebildete Pilz ist leicht zu bestimmen; das Erkennungsmerkmal ist das rosa Sporenpulver. Die oben gegebene Beschreibung folgt jener von Michelhüber 1974 und trifft den Pilz mit einer gewissen Sicherheit. Es besteht kein Zweifel, daß diese Gruppe von **Trichterlingen** unsicher und schlecht einzuordnen ist. Die Schwierigkeiten sind beträchtlich wegen der Ähnlichkeit der einzelnen Arten untereinander und wegen der Einheitlichkeit der mikroskopischen Merkmale.

Natürliche Größe

CLITOCYBE COSTATA Kühn. & Romagn. 1043

von « costatus » (lat.) = gerippt. Wegen des gekerbt gerieften Hutrandes

SYNONYM: **Clitocybe incilis** ss. Bres.

VOLKSNAME: **Gerippter Trichterling**

Hut: 4-8(15) cm, braun-ocker-orange, am Rand bisweilen setter gefärbt. Anfangs gewölbt, wenig gebuckelt, bald niedergedrückt oder trichterförmig, seidig filzig (mit der Lupe!), Rand mehr oder weniger fein bereift, gekerbt gerieft. Hyphen der Huthaut mit Schnallen.

Lamellen: kreme-weißlich, dann ocker-kreme, sehr gedrängt, stark herablaufend.

Stiel: 2,5-4×0,5-1 cm, faserig-rindig, auch runzelig, an der Basis verjüngt, dem Hut gleichfarbig, eher etwas heller; voll bis ausgestopft, dann hohl.

'leisch: weiß wässerig, bis blaß ocker, geruchlos, Geschmack mild und mehlig.

Sporen: hyalin, 6-8×3,7-6,3 µm, oval oder zitronenförmig.

'orkommen: gesellig im Nadelwald.

Vert: eßbar.

MERKUNGEN: Der Pilz ist sehr ähnlich dem **Ockerbraunen Trichterling (C. gibba, 162)** t gleichfarbigem Hut und Stiel und mit tief gekerbt gerieftem Hutrand. Ein wenig ıbter Pilzesammler verwechselt beide Pilze; es sind jedoch beide eßbar.

türliche Größe

CLITOCYBE VIBECINA (Fr.) Quél. 1044

von « vibex » (lat.) = Strieme, Riefe. Wegen des gerieften Hutrandes
VOLKSNAME: **Geriefter Trichterling**

Hut: 2-5 cm, fast häutig, gewölbt bis genabelt, dann trichterförmig, hygrophan, Rand gerieft, kahl, grau-weißlich oder bräunlich, Mitte ledergelb.

Lamellen: ziemlich gedrängt, grau-weißlich, ausgebuchtet angewachsen, dann fast herablaufend.

Stiel: 3-8×0,3-0,6 cm, markig ausgestopft, dann hohl, gleichdick, dem Hut gleichfarbig, faserig bis kahl, Basis leicht behaart und blasser.

Fleisch: gleichfarbig, Geruch schwach nach ranzigem Mehl, geschmacklos.

Sporen: hyalin, fast elliptisch, 7-8×4 µm.

Vorkommen: auf moosigem Waldboden. Herbst.

Wert: mittelmäßiger Speisepilz.

BEMERKUNGEN: Der Pilz gehört zur Gruppe der grau oder braun gefärbten **Trichterlinge (Clitocybe).**

3/4 natürliche Größe

CLITOCYBE DITOPA (Fr. ex Fr.) Gill. 1045

VOLKSNAME: **Mehl-Trichterling**

Hut: 3-4 cm, anfangs gewölbt und genabelt, dann flach niedergedrückt, ganzrandig, Rand lange eingerollt oder fein bereift. Feucht grauocker bis schmutzig braun. Scheibe matt, eingewachsen bereift.

Lamellen: gedrängt, dunkel grau, mäßig breit, herablaufend.

Stiel: 2-4×0,3-0,75 cm, braun-grau-kreme, rindig-faserig, längs gerieft.

Fleisch: feucht gelblich-ocker, trocken weißlich. Geruch deutlich nach ranzigem Mehl, Geschmack mild oder säuerlich.

Sporen: hyalin, charakteristisch klein, 3-4×3,25-3,75 µm, fast rund.

Vorkommen: in Nadelwald, auf abgefallenen Nadeln; bis in den Spätherbst.

Wert: er wird für ungiftig gehalten.

BEMERKUNGEN: Dieser Pilz gehört zur Gruppe der mehr oder weniger hygrophanen **Trichterlinge** mit kahlem und dünnem Hut, mit dünnem Stiel, graubraunen Lamellen und Mehlgeruch. Ein Erkennungsmerkmal ist das Fehlen der Hutrandriefung.

Natürliche Größe

LACTARIUS PTEROSPORUS Romagn. 1046

von « pteron » (gr.) = Flügel. Wegen der geflügelten Sporen

VOLKSNAME: **Flügelsporiger Milchling**

Hut: 4-10 cm, gewölbt, Mitte niedergedrückt, manchmal gebuckelt oder mit höckeriger Mitte und runzeligem Rand, Rand zuerst eingerollt, dann eben, später wellig; gelblich oder ocker, rußig braun getönt, oder fleckig, matt, bereift-filzig, trocken, feucht etwas schmierig, an verletzten Stellen fleischrötlich.

Lamellen: gelblich oder orangerötlich, dünn, gedrängt, verschieden lang, manchmal gegabelt und angewachsen bis herablaufend.

Stiel: 4-8×0,5-1,8 cm, fast zylindrisch, nach unten verjüngt, anfangs leicht gerieft, dann kahl, voll oder markig ausgestopft, blaß gelblich, gegen die Basis graubräunlich, an Druckstellen verfärbt er sich dunkelbraun.

Fleisch: weiß, im Schnitt verfärbt es sich rosa-lila oder lebhaft karminrot, dann orange, schließlich braun; Geruch wie nach Petroleum.

Milch: unveränderlich weiß, anfangs mild, dann sehr scharf.

Sporen: fast rund, 7-8,5×7-8 µm, mit wenigen einzelstehenden Stacheln und flügeligen Graten.

Vorkommen: in feuchten Laubwäldern, bei Buche, Eiche und Hainbuche.

Wert: ungenießbar.

BEMERKUNGEN: Das charakteristische Merkmal sind die geflügelten Sporen, die ein bischen an jene von **Russula laurocerasi (211)** erinnern.

Natürliche Größe

LACTARIUS FLUENS Boud. **1047**

VOLKSNAME: **Braunfleckender Milchling**

Hut: 5-10 cm, flach gewölbt, bisweilen gebuckelt, in der Mitte niedergedrückt und manchmal konkav, Rand zuerst eingerollt, dann eingebogen, schließlich wellig verbogen; schmierig, trocken wenig glänzend, gelblich bis olivgrünlich gefärbt, oder graulich, mit olivbraunen Zonen; Druckstellen mehr oder weniger ziegelrotbraun.

Lamellen: am Stiel abgerundet, mit Zähnchen, am Hutrand verschmälert und zugespitzt, weißlich, dann fleischrosa oder blaß ocker, bei Verletzung verfärben sie sich braunorange oder zimtbraun.

Stiel: 4-8×0,8-2 cm, ausgestopft, später hohl, längs aderig, blaß ockergrau, nach unten fuchsig fleckig, feucht schmierig, sonst trocken, kahl.

Fleisch: an der Basis weiß, dann bräunlich, milchlos, Geschmack fast mild, Geruch angenehm.

Milch: weiß oder wässerig, anfangs mild, dann scharf.

Sporen: rund oder länglich, 7,5-8,5×5,5-6,5 µm, dicht warzig, fast netzartig.

Vorkommen: im Laubwald, besonders bei Hainbuche und Buche, in kleinen Büscheln. Sommer-Herbst.

Wert: ungenießbar.

BEMERKUNGEN: Der Pilz ist sehr ähnlich dem **Graugrünen Milchling (L. blennius, 179)**, man kann ihn aber deutlich erkennen an der mehr grünlichen Färbung und an der Milch, die sich bräunlich, nicht grau verfärbt.

Natürliche Größe

LACTARIUS VIETUS Fr. 1048

von « vietus » (lat.) = welk, verschrumpft. Wegen der verbogenen Hutoberfläche

VOLKSNAME: **Graufleckender Milchling, Birkenmilchling**

Hut: 6-9 cm, ziemlich fleischig, brüchig, gewölbt, dann flach niedergedrückt, manchmal mit kegeliger Papille, nicht deutlich schmierig, glatt, kahl, nicht zoniert, nicht gefleckt, graulich, fleischrot-lila, ausblassend; Rand dünn, manchmal verbogen, anfangs eingerollt.

Lamellen: angewachsen bis fast herablaufend, gedrängt, dünn, wenig breit, an beiden Enden zugespitzt, manchmal gegabelt, zuerst weiß, dann gelbfleischrötlich, bei Berührung braunolivlich fleckend, die Milch läßt graubraunolivliche Flecken zurück.

Stiel: voll, schwammig bis hohl, brüchig, länglich, Spitze bereift, weiß, Basis später graulich-ocker.

Fleisch: zart, weich, gleichfarbig, geruchlos, später scharf.

Milch: reichlich, weiß, grau-olivlich verfärbend, später scharf.

Sporen: hyalin, rundlich-ellipsoidisch, kammartig-netzig, $8\text{-}10 \times 6\text{-}8$ µm, Sporenpulver blaß kreme. Zystiden reichlich vorhanden, spindelig, auf der Lamellenschneide, $45\text{-}55 \times 8\text{-}11$ µm.

Vorkommen: zwischen Heidelbeersträuchern, auf moosigem Boden (Polytrichum, Sphagnum), besonders bei Birke und Föhre mit Birke.

Wert: ungenießbar.

BEMERKUNGEN: Der in Nordeuropa häufige Pilz bevorzugt saure Böden und meidet Kalkböden. Er ist gut charakterisiert durch den Standort, durch die graulila Färbung, durch die grau-olivlich verfärbende Milch. In der Farbe nähert er sich dem **Kleinen Duftmilchling (L. glyciosmus, 626)**, ihm fehlt aber der diesem Pilz eigentümliche Geruch und die Milch verfärbt sich. Der **Graugrüne Milchling (L. blennius, 179)**, dem er ähneln könnte, ist stärker schmierig.

Natürliche Größe

LACTARIUS HELVUS Fr. 1049

von « helvus » (lat.) = gelblich rot, blaßrot

VOLKSNAME: **Maggipilz**

Hut: 5-16 cm, filzig-schuppig, trocken, gelb-rötlich, nicht zoniert, Mitte niedergedrückt, aufgeschirmt, Rand dünn und unregelmäßig verbogen.

Lamellen: nicht gedrängt, angewachsen oder leicht mit Zähnchen herablaufend, mit Zwischenlamellen, manchmal auch gegabelt, zuerst weißgelb mit rosa Farbtönen, später dunkler bis ocker orange, alt wegen der abgefallenen Sporen auffallend weiß.

Stiel: 4-13×0,5-4,5 cm, gleichdick, nach unten leicht verjüngt, die Basis ist mit einem weißen Myzel bedeckt, glatt oder fein ornamentiert, heller als der Hut, der obere Teil ist weißlich.

Fleisch: hell ocker, an der Stielbasis rotbraun, anfangs fast geruchlos, später besonders im Austrocknen stark nach Maggiwürze.

Milch: wässerig, nicht reichlich.

Sporen: 6,5-9×5,5-6,5 µm, Sporenpulver gelblich.

Vorkommen: in feuchten, moosreichen Nadelwäldern. Sommer-Herbst.

Wert: ungenießbar, nach einigen Autoren schwach giftig.

BEMERKUNGEN: Dieser **Milchling** ist leicht zu bestimmen wegen des charakteristischen Maggigeruches, ein Merkmal, das er mit dem **Kampfer-Milchling (L. camphoratus, 177)** teilt. Die Stielbasis der abgebildeten Exemplare trägt Moosreste, die auf den typischen Standort hinweisen. Die spärliche und wässerige Milch fehlt bei erwachsenen Fruchtkörpern.

3/4 natürliche Größe

LACTARIUS LILACINUS (Lasch) Fr. 1050

Wegen der Farbe

VOLKSNAME: **Lila - Milchling**

Hut: 5-8(12) cm, gewölbt, dann flach niedergedrückt, manchmal mit kaum angedeutetem Buckel, trocken, auf der Scheibe seidig bis schuppig-flockig, manchmal etwas runzelig; fleischrötlich-amethystfarben-ziegelbraun.

Lamellen: herablaufend, dünn, blaß ocker oder fleischrötlich, wenig gedrängt.

Stiel: 4-7×0,4-0,8 cm, relativ schlank, nach unten verdickt, voll, dann ausgestopft und hohl, ocker oder braun-orange-fleischrötlich, bereift.

Fleisch: weißlich bis blaß lila; Geruch nach Zichorien (oder nach Trigonella foenum graecum/Bockshornklee), besonders im ausgetrockneten Zustand.

Milch: weißlich-wässerig, spärlich, mild, dann scharf; eingetrocknet graugrünliche Flecken bildend.

Sporen: kugelig-länglich, 7,5-8,5×6-7,5 µm, mit feinen Warzen. Sporenpulver weiß. Zystiden lanzettförmig und fein zugespitzt, besonders an der Lamellenschneide sitzend.

Vorkommen: bei Erlen, in größeren Gruppen, bis in den Spätherbst.

Wert: ungenießbar.

BEMERKUNGEN: Er ist ein schöner **Milchling** mit auffallenden lila Farben, sodaß er ziemlich leicht erkannt wird. Ähnlich gefärbt ist die kleinere nordische Art **L. spinosulus** Quél.

3/4 natürliche Größe

LACTARIUS FUSCUS Roll. 1051

VOLKSNAME: **Dunkler Duft-Milchling**

Hut: 4-6 cm, dünnfleischig, flach oder wenig gewölbt, etwas niedergedrückt um einen zentralen Buckel (der bei reifen Fruchtkörpern nicht immer vorhanden ist), Rand bald eben, nie gerieft, später gelappt; dunkel ziegelrotbraun oder rostiggrau, Mitte dunkler und schuppig-faserig. Gegen den Rand hin angedeutet zoniert.

Lamellen: anfangs gelb-fleischrosa, dann dunkel ocker, fast gedrängt, angewachsen oder leicht herablaufend.

Stiel: gleichdick, nach oben oder nach unten etwas verjüngt, weißlich bereift, ocker getönt, trocken glänzend, Druckstellen ocker-braun, voll und fest, dann ausgestopft bis hohl, bereift, dann kahl.

Fleisch: dünn, brüchig. weißlich-fleischfarben, beim Austrocknen schwach nach Perubalsam oder Kokosflocken riechend, später, nach längerem Austrocknen, nach Zichorien.

Milch: weiß oder wässerig weiß, Geschmack zuerst mild, dann scharf werdend.

Sporen: gelblich, rundlich-länglich, 7,5-9×5,5-6,5 µm, mit kleinen, dichtstehenden Warzen.

Vorkommen: im Nadelwald. August bis Oktober.

Wert: ungenießbar.

BEMERKUNGEN: Der Pilz gleicht dem **Kleinen Duft-Milchling (L. glyciosmus, 626)** im Geruch, während er sich unserer Meinung nach in der Größe (er ist größer) und in der Farbe unterscheidet. Der **Kleine Duft-Milchling** ist mehr graulich-lila gefärbt.

2/3 natürliche Größe

LACTARIUS SPHAGNETI (Fr.) Neuh. 1052

von « sphagnum » (lat.) = Moos, Torfmoos. Wegen des Standortes
VOLKSNAME: **Torfmoos-Milchling**

Hut: 3-5 cm, kegelig-glockig, dann flach gewölbt, anfangs mit zugespitztem Buckel, dann fast eben, Rand eingebogen, Huthaut kahl, fett glänzend, ziegelbraun bis gelb-rötlich oder orange oder schmutzig fuchsig-orange.

Lamellen: gedrängt, weich, angewachsen oder leicht herablaufend, gelbrötlich, dann hellbraun.

Stiel: 4-7×0,3-0,8 cm, gegen die Basis verjüngt, glatt, etwas bereift, hell braun-rötlich, oder blaß fleischrötlich, ausgestopft, hohl, brüchig.

Fleisch: geruchlos, blaß ockerbraun.

Milch: wässerig weiß, Geschmack mild.

Sporen: 8-9,5×6,5-8 µm, mit dicken Warzen, die kammartig verbunden sind, wenig netzig. Zystiden spindelig, spärlich.

Vorkommen: in Mooren, feuchten Fichtenwäldern, bei Birken, Weiden und Föhren; gesellig.

Wert: ungenießbar.

BEMERKUNGEN: Der Pilz kann den **Milchlingen** um **Lactarius rufus (180)** ähnlich sein. Erkennungsmerkmale können die gelblichen Lamellen und der Standort bilden.

Natürliche Größe

LACTARIUS OEDEMATOPUS (Scop.) Fr. **1053**

von « oidema » (gr.) = Geschwulst und « pus » (gr.) = Fuß. Wegen des bauchigen Stieles?

Wir wollten diesen Pilz, der von vielen Autoren, von Fries angefangen, als eine Varietät von **L. volemus (176)** angesehen wird, als eigene Art vorstellen. Manche Autoren haben diese Varietät nicht anerkannt und faßten sie als Synonym eines sehr veränderlichen Typus von **L. volemus** auf. Andere Autoren wiederum (z.B. Neuhoff) sind für eine Trennung von **L. volemus** und seiner Varietät **oedematopus.** Nach moderner Auslegung bildet **L. volemus** eine Sammelart mit mehreren Formen, von denen mindestens eine (**L. rugatus** Kühn. & Romagn.) als eigene Art angesehen wird. Unter diesem Gesichtspunkt kann auch **oedematopus** zumindest als eine Varietät von **L. volemus** angesehen werden. Folgende Merkmale unterscheiden **L. oedematopus** vom typischen **L. volemus:** die Fruchtkörper sind kleiner (bis höchstens 8 cm im Durchmesser) und gedrungener, der Stiel ist kurz und bauchig, der Hut ist weniger niedergedrückt, die Farbe des Hutes ist dunkel rotbraun oder kupferrot mit Kastanienbraun.

Vorkommen: im Laubwald, aber auch im Nadelwald wie der typische **L. volemus.**

Wert: eßbar mit den gleichen Eigenschaften wie **L. volemus.**

Natürliche Größe

LACTARIUS LUTEOLUS Peck **1054**

von « luteolus » (lat.) = gelblich. Wegen der Farbe

SYNONYM: **Lactarius kühnerianus** Mal.

Hut: 6-7 cm, gewölbt bis abgeflacht, mit eingebogenem Rand, nicht gerieft; mehr oder weniger niedergedrückt; Huthaut trocken, filzig oder wollig, elfenbeinweiß, in der Mitte ocker werdend, bei Berührung bräunend.

Lamellen: wenig gedrängt, ungleich, manchmal gegabelt, abgerundet bis fast frei, 5 mm breit, weiß oder kreme, dann strohgelb, bei Berührung oder mit dem Austrocknen der Milch bräunend.

Stiel: 3,5-6 × 1,8-2,5 cm, gleichdick, manchmal nach unten verjüngt, fest, voll, bereift, behaart, weiß oder kreme.

Fleisch: weiß, fest, Geschmack mild, Geruch schwach wie **Lactarius volemus (176);** mit Eisensulfat sofort grünblau verfärbend.

Milch: reichlich, weiß, durchscheinend, beim Trocknen wird sie schwarz, Geschmack mild.

Sporen: ellipsoidisch, mit kegeligen Warzen, die hin und wieder verbunden sind, 8-9,5 × 6,5-7,4 μm. Zystiden fehlen, nur kurze, flaschenförmige Marginalhaare.

Vorkommen: in Korkeichenwäldern des Mittelmeerraumes, in Laubwäldern Norditaliens, im Tessin.

Wert: ungenießbar.

BEMERKUNGEN: Der fast weiße Milchling verfärbt sich ziemlich rasch in allen Teilen bräunlich fleckend (Hut, Lamellen, Stiel, Fleisch), wenn man an der Oberfläche reibt oder wenn die Fruchtkörper alt sind. Lange behält er einen täublingsartigen Habitus bei (fast ebener Hut mit eingebogenem Rand). Der Pilz ist in vielen Merkmalen mit **L. volemus** verwandt (reichliche und kremige Milch, Geruch, Braunverfärbung, usw.), er wird aber als eigene Art angesehen (R. Maire, der den Pilz in Algerien kennengelernt hat, beschrieb ihn als eine weiße Varietät von **L. volemus**). Ein wichtiges Unterscheidungsmerkmal sind die Zystiden, die bei **L. luteolus** fehlen, während **L. volemus** reich an Cheilo- und Pleurozystiden ist. Daher könnte man den **L. luteolus** als dem **L. rugatus** näherstehend betrachten (auch ihm fehlen die Zystiden). Die Art wurde von Peck aus Nordamerika aufgestellt, für Europa bzw. Nordafrika kürzlich von Malencon unter dem Namen **L. kühnerianus** beschrieben (Synonym). Der Pilz ist sehr häufig in Korcheichenwäldern an der Mittelmeerküste Maroccos, er wurde jedoch auch in Katalonien, in Italien und in der Schweiz gefunden. Die abgebildeten Exemplare sind in der Lombardei von Herrn Erminio Ferrari gefunden worden.

3/4 natürliche Größe

LACTARIUS RUBROCINCTUS Fr. 1055

von « ruber » (lat.) = rot und « cinctus » (lat.) = umgeben. Wegen des rötlichen Zone am Stiel
VOLKSNAME: **Rotgürteliger Milchling**

Hut: 6-10 cm, fleischig, brüchig, flach gewölbt oder leicht niedergedrückt, oder auch leicht gebuckelt; Rand eben und später lappig; Huthaut flachwarzig, höckerig-runzelig, rauh, dann felderig-rissig, blaß ocker-orange, Mitte mehr rötlich.
Lamellen: gedrängt, angewachsen - mit Zähnchen herablaufend, wenig gegabelt, aderig verbunden, gelb-fleischfarben, fleckig, Schneide braun-olivlich.
Stiel: 4-5×1,2-1,4 cm, gleichdick, an der Basis zugespitzt, längs runzelig, Spitze weißgelblich bereift, sonst satt orange, dunkelrötlich gefleckt. Spitze oft mit rötlicher Zone.
Fleisch: blaß ocker-fleischfarben, Geruch unangenehm und an **Lepiota cristata (28)** erinnernd.
Milch: unveränderlich wässerig weiß, anfangs mild, dann scharf und kratzend.
Sporen: rundlich, 8-9×6,5-7,7 µm, mit einzelnen Stacheln, unterbrochen netzig.
Vorkommen: im Nadel- und Laubwald (Buche, Eiche), gesellig.
Wert: ungenießbar.

BEMERKUNGEN: Der Pilz gleicht dem **Orangebraunen Milchling (L. ichoratus, 1057)** und dem **Runzel-Milchling (L. tithymalinus, 628)** besonders in der Farbe. Er unterscheidet sich jedoch durch die eigentümliche ringartige Zone an der Stielspitze und durch die meistens dunklere Färbung.

2/3 natürliche Größe

LACTARIUS CITRIOLENS Pouzar 1056

von « citrum » (lat.) = Zitrone und « olens » (lat.) = riechend. Wegen des Geruches

Hut: 6-8 cm, weiß bis ockergelb, gegen den Rand mit gleichfarbigen, dann ockerlich bis rostbraunen, verklebten Haarschuppen, flach, Mitte niedergedrückt und Rand eingebogen; manchmal gezont.
Lamellen: weißlich-gelb, angewachsen, leicht herablaufend.
Stiel: 3-4×1-2 cm, gleichdick, ziemlich kurz, weißlich, oft grubig wie **L. scrobiculatus (183).**
Fleisch: weißlich, Geruch nach Zitronenschale.
Milch: etwas kremig, weiß, schwefelgelb werdend. Scharf.
Sporen: 7,5-8,5×6-7 µm.
Vorkommen: im Nadelwald. Spätsommer-Herbst.
Wert: ungenießbar.

BEMERKUNGEN: Der Pilz ist sehr ähnlich dem **Wimpern-Milchling (L. resimus, 631)** und wächst im Nadelwald.

2/3 natürliche Größe

LACTARIUS ICHORATUS Batsch ex Fr. ss. lat. **1057**

von « ichor » (gr.) = Lymphe, Blutwasser. Wegen der wässerigen Milch

SYNONYM: **Lactarius subsericeus** Hora

VOLKSNAME: **Orangebrauner Milchling**

Hut: 3-7 cm, dünn, flach und niedergedrückt, orange-ziegelbraun, nicht glänzend, bereift, wässerig gefleckt, oder gerieft, Rand dünn und blasser, bisweilen gesäumt.

Lamellen: ocker-fuchsig, wie gepudert, gedrängt, steif, angewachsen oder leicht herablaufend.

Stiel: 3-7 × 0,8-1,2 cm, braun-weinrötlich, Spitze heller, gleichdick, voll, längsaderig.

Fleisch: weißlich, an der Luft bräunend, Geschmack mild.

Milch: weiß, wässerig, mild, dann leicht bitter.

Sporen: 7,5-8,5 × 6,5-7 μm, kugelig-länglich, fein warzig.

Vorkommen: im Laubwald, auf Kalkboden, in Gruppen.

Wert: ungenießbar.

BEMERKUNGEN: Der Pilz könnte dem **L. rugatus** Kühn. & Romagn. ähnlich sein. Er unterscheidet sich in der Hutoberfläche, die allerdings nicht immer glatt ist. Die abgebildeten Exemplare zeigen eine nicht typische Oberfläche.

Natürliche Größe

LACTARIUS TABIDUS Fr. 1058

von « tabidus » (lat.) = schmelzend

Hut: 2-3 cm, ausgebreitet, in der Mitte etwas niedergedrückt, runzelig, mit einer flachen Papille, Rand leicht gerieft, orangerot gefärbt.
Lamellen: angewachsen bis herablaufend, ziemlich entfernt mit vielen Zwischenlamellen, blaß ocker mit orange-fleischrötlichen Tönen.
Stiel: 2,5-5×0,3-0,6 cm, gleichdick, meist etwas verbogen und an der Basis mit Myzelresten. Bald hohl, glatt, dem Hut gleichfarbig, dann mehr bräunlich.
Fleisch: dem Hut und Stiel gleichfarbig, etwas bitter, mit schwachem Geruch.
Milch: weiß, später etwas gilbend.
Sporen: 8-9,5×6,5-7,5 µm.
Vorkommen: im Moos. Herbst.
Wert: ungenießbar.

BEMERKUNGEN: Dieser kleine **Milchling** wächst im Moos oder auf grasigem, feuchtem Boden. Manche Autoren setzen ihn mit **L. cyathula** Fr. gleich.

Natürliche Größe

RUSSULA COERULEA Fr. 1059

von « coeruleus » (lat.) = blau. Wegen der Hutfarbe
VOLKSNAME: **Buckel-Täubling**

Hut: 6-8 cm, fast immer gebuckelt, Rand manchmal etwas gerieft, Huthaut glänzend und abziehbar. Violett-schwarz bis violett-mahagonifarben. Es gibt auch blasse und braunrote Formen.
Lamellen: dünn und gedrängt, fast frei, lange blaß, dann hellgelb.
Stiel: 5-8×0,8-1,5 cm, immer weiß, glatt, hart, oft lang und spindelig.
Fleisch: geruchlos, mild (manchmal in der Huthaut etwas bitter).
Chemische Reaktionen: mit Guaiak schwache Reaktion, mit Eisensulfat orange; mit Sulfovanillin an der Stielspitze rosa.
Sporen: kugelig, 7-9 µm, mit ziemlich deutlichen, einzelstehenden oder in kurzen Abschnitten oder kammartig verbundenen Warzen, Sporenpulver hellgelb.
Vorkommen: nur im Nadelwald, bei Kiefern.
Wert: eßbar.

BEMERKUNGEN: Der Pilz ist leicht zu erkennen an der blauvioletten oder violettbraunen Farbe und besonders am kleinen, brustwarzenartigen Buckel, sowie an der glänzenden Huthaut.

Natürliche Größe

RUSSULA FLAVA (Rom.) Rom. apud Lindbl. **1060**

von « flavus » (lat.) = gelb. Wegen der gelben Farbe des Hutes

VOLKSNAME: **Gelber Graustieltäubling**

Hut: 4-10 cm, gewölbt bis flach ausgebreitet, mit ziemlich dicker, harter Huthaut, Rand bald etwas furchig, Huthaut abziehbar, glänzend, gelb bis gelborange.

Lamellen: ziemlich breit, angewachsen, manchmal gedrängt, gelblich, alt grau und schließlich schwarz werdend.

Stiel: 3-6×1-1,5 cm, ziemlich lang, gleichdick, weiß, alt schwärzlich marmoriert.

Fleisch: fast mild, geruchlos, schwärzend.

Chemische Reaktionen: mit Guaiak schwache Reaktion. Mit Sulfovanillin an der Stielbasis karminrot.

Sporen: 8-10 µm, mit feinen, einzelstehenden, unregelmäßigen Warzen, die manchmal untereinander mit kurzen Kämmen verbunden sind. Sporenpulver kreme.

Vorkommen: bei Birke, gesellig, an feuchten Plätzen.

Wert: eßbar.

BEMERKUNGEN: Der Pilz gehört zu der Gruppe von **Täublingen,** deren Stielfleisch sich grau verfärbt, die kremefarbene Sporen hat und mild schmeckt. Diesem **Täubling** ähnlich ist der **Orangerote Graustieltäubling (R. decolorans, 195)** mit mehr orange gefärbtem Hut, sein Standort ist der Nadelwald.

Natürliche Größe

RUSSULA SORORIA (Fr.) Romell ss. Boud. **1061**

von « sororius » (lat.) = schwesterlich. Wegen der Ähnlichkeit mit anderen Täublingen

Hut: 4-12 cm, sepia oder dunkelbraun, Huthaut feucht schmierig und fast gummiartig, ziemlich zäh, bis zur Hälfte abziehbar, Rand deutlich gerieft, eher dünn.

Lamellen: weiß, bald grau getönt, später auch gelblich, nicht sehr breit, mäßig gedrängt, angewachsen bis leicht abgerundet, am Grunde mit Queradern.

Stiel: 3-6 × 1-2 cm, gleichdick, regelmäßig, weißgraulich, Oberfläche matt.

Fleisch: graulich, ziemlich kompakt, Geschmack bald nach dem Kosten mäßig scharf, Geruch deutlich nach Camembert.

Sporen: 6-8 × 5,7-7,2 µm.

Vorkommen: in Wäldern. Sommer.

Wert: ungenießbar.

BEMERKUNGEN: Der Pilz ist ähnlich dem **Kratzenden Kammtäubling (R. pectinata, 201)**, von dem er sich durch das scharf schmeckende Fleisch unterscheidet; das des **Kratzenden Kammtäublings** ist zuerst mild, später aber kratzend, auch ist dieser meistens heller gefärbt.

Natürliche Größe

RUSSULA PECTINATOIDES Peck 1062

Wegen der Ähnlichkeit mit **Russula pectinata**

VOLKSNAME: **Milder Kammtäubling**

Hut: 4-7 cm, gewölbt, flach bis niedergedrückt, fast becherförmig, Rand gelappt oder höckerig-furchig, braun, rußig, blaß ocker oder ocker bis braun, Mitte graubräunlich, Huthaut feucht, leicht fettglänzend, bis zu einem Drittel abziehbar, fein schollig inkrustiert (Lupe!), dann glatt. Huthaut mit stark gegliederten Haaren.

Lamellen: ziemlich gedrängt, dünn, ungleich und am Stiel verbunden, manchmal kraus, am Hutrand abgerundet, etwas bauchig, ziemlich breit, weiß-kreme und etwas graulich.

Stiel: 2-5×0,7-1,7 cm, kurz, fest und hart, gleichdick, voll, später unregelmäßig hohl, weißlich; im unteren Viertel gelblich; Oberfläche leicht bereift. Die Basis verfärbt sich mit Ammoniak rot.

Fleisch: mehr oder weniger fest, steif, zerbröckelnd, Geruch obstartig (wie **Russula fellea**), später fast geruchlos. Geschmack mild, auch in den Lamellen.

Sporen: 6,5-8×5-6 µm, fast kugelig, warzig, kammartig-netzig, Sporenpulver blaß kreme. Zystiden spindelig, 70-90×6-11 µm, mit länglichem Hals; mit Sulfoformol färbbar.

Vorkommen: im Laub- und Mischwald mit Föhre, an grasigen und feuchten Plätzen.

Wert: ungenießbar.

BEMERKUNGEN: Der Pilz wird oft mit verwandten Arten verwechselt, er unterscheidet sich jedoch durch die deutlichen gelben Haare und Körnchen in der Epicutis. Verwandte Arten: **R. pectinata (201)** hat einen angenehmen Geruch und kratzenden Geschmack, das Sporenpulver ist dunkler und das Fleisch zerbröckelt beim Brechen stärker. **Russula sororia (1061)** schmeckt mäßig scharf und riecht camembert- bis topinamburartig; **R. consobrina (200)** hat einen grauen Hut, wächst im montanen Fichtenwald, hat ein scharfes Fleisch, ist geruchlos, der Hutrand ist beinahe glatt, die Epicutis trägt Dermatozystiden.

Natürliche Größe

RUSSULA ILLOTA Romagn. **1063**

von « illotus » (lat.) = schmutzig. Wegen der Flecken auf dem Hut

Hut: 5-16 cm, gewölbt bis ausgebreitet, Rand gerieft, manchmal gefurcht, unregelmäßig gelappt, braunocker, dann schmutzig gelbbraun, manchmal schmutzig purpurbraun gefleckt, schmierig, auch radial faserig. Epicutis mit großen Dermatozystiden, 6,5-8,5 µm; Hypodermis mit zahlreichen großen Laticiferen.

Lamellen: weißlich, bald schmutzig braunrötlich, Schneide fein violettlich gerandet.

Stiel: 4-10×1-3,7 cm, weiß, blaß braun punktiert, bald bräunend, später runzelig; mit schmutzigem Aussehen.

Fleisch: mehr oder weniger dünnfleischig, weiß, Geruch nach Bittermandeln und fruchtartig, Geschmack im Stiel scharf; violett fleckend.

Sporen: 7-8,5×6,2-7 µm, weniger gratig als bei **R. laurocerasi** und **R. fragrans,** mit einzelnen langen Stacheln. Sporenpulver blaß kreme.

Vorkommen: häufig in Wäldern.

Wert: ungenießbar.

BEMERKUNGEN: Romagnesi unterscheidet vier **Täublinge** der Gruppe um **R. foetens,** die nach Bittermandeln riechen: **R. fragrans** Romagn. hat mild schmeckendes Fleisch mit reinem Geruch nach Bittermandeln; **R. illota** schmeckt scharf und riecht unangenehm nach Bittermandeln und obstartig; der Hut ist fast purpurn gefleckt und die Lamellenschneide ist braunpurpurn punktiert; **R. laurocerasi (211)** schmeckt scharf und riecht unangenehm nach Bittermandeln und obstartig; der Hut ist weniger fleckig, die Lamellenschneide ist nie punktiert, höchstens etwas bräunend; **R. fragrantissima** Romagn. riecht anisartig oder nach Marzipan. Auch in den mikroskopischen Merkmalen sind die Arten etwas verschieden.

2/3 natürliche Größe

RUSSULA AMETHYSTINA Quél. **1064**

von « amethysteus » (lat.) = amethystblau, -violett. Wegen der violetten Farbe

VOLKSNAME: **Amethyst-Täubling**

Hut: 4-12 cm, bald ausgebreitet, Rand lange eingerollt und etwas furchig. Farben veränderlich, vorallem aber rosa-lila (auch rosa-braun, sepiabraun, olivlich, u.a.), Huthaut fein behaart, abziehbar und manchmal auch schmierig.

Lamellen: kreme, dann hell gelb, ziemlich entfernt, breit.

Stiel: weiß (sehr selten mit rosa Farbton), glatt, bereift, ausgestopft-hohl.

Fleisch: Geschmack mild, Geruch schwach jodoformartig.

Sporen: kugelig, ungefähr 10 µm, Ornamentation veränderlich: warzig, gratig, nicht netzig; Sporenpulver hellgelb.

Vorkommen: im Nadelwald.

Wert: eßbar.

BEMERKUNGEN: Der Pilz ist nahe verwandt mit dem **Ockerblättrigen Jodoformtäubling (R. turci, 217),** von dem man ihn makroskopisch schwer unterscheiden kann. Nur die Sporenornamentation erlaubt eine Trennung der beiden Arten: **R. amethystina** hat einzelstehende und wenig verbundene Warzen. Der Jodoformgeruch ist bei **R. turci** mehr oder weniger auf die Stielbasis beschränkt.

3/4 natürliche Größe

RUSSULA ANATINA Romagn. **1065**

von « anatinus » (lat.) = zu den Enten gehörend

Hut: mittelgroß, etwas niedergedrückt, verbogen, Huthaut anfangs matt und filzig, später glatt und glänzend, am Rand einreißend. Grau-grünlich-bronzefarben, in der Mitte ausblassend und gelblich; oder dunkel oliv-grünlich mit lila Farbtönen gegen den Rand hin.

Lamellen: schmal und gedrängt, fast herablaufend, hell kremefarben.

Stiel: 4-8×0,8-1,5 cm, weiß und sehr fein runzelig, gleichdick.

Fleisch: geruchlos, Geschmack mild.

Chemische Reaktionen: mit Guaiak fast keine Reaktion; mit Eisensulfat sehr blaß.

Sporen: mehr oder weniger kugelig, ungefähr 7 µm, mehr oder weniger isoliert warzig, Sporenpulver kremefarben.

Vorkommen: in grasigen Laubwäldern.

Wert: eßbar.

BEMERKUNGEN: Der Pilz gehört in die Gruppe um **R. aeruginea:** im Aussehen und im Aufbau kann er mit **R. parazurea** J. Schff. verwechselt werden; er unterscheidet sich in den Sporen, die bei **R. anatina** isoliert warzig, bei **R. parazurea** warzig-netzig sind. Der ähnliche **Grauliche Täubling (R. palumbina = grisea, 202)** unterscheidet sich im Standort.

2/3 natürliche Größe

RUSSULA PSEUDOAERUGINEA Romagn. **1066**

Wegen der Ähnlichkeit mit **R. aeruginea**

Hut: 5-8 cm, bald becherartig niedergedrückt, Huthaut etwas runzelig, grünlich bis bronzefarben oder manchmal grün-gelblich-grau, Rand gerieft, Huthaut bis zur Hälfte abziehbar. Dermatozystiden keulenförmig, bis 10 µm.

Lamellen: entfernt, angewachsen, elfenbeinweiß, dann kreme und lachsfarben getönt, am Grunde aderig verbunden.

Stiel: 4-6×1-1,5 cm, mehr kegelig als zylindrisch, weiß, bräunend.

Fleisch: mild und geruchlos. Mit Eisensulfat orange, mit Guaiak keine Reaktion.

Sporen: um 8 µm, warzig, gratig-fast netzig. Sporenpulver hell kreme.

Vorkommen: im Laubwald, besonders bei Eiche.

Wert: eßbar.

BEMERKUNGEN: Dieser **Täubling** ist schwer zu erkennen und kann nur unter Zuhilfenahme mikroskopischer Merkmale bestimmt werden.

Natürliche Größe

RUSSULA CITRINA Gill. **1067**

von « citrinus » (lat.) = zitronengelb. Wegen der Hutfarbe

Hut: 4-8 cm, ziemlich fleischig, halbkugelig gewölbt, fast nie aufgeschirmt, Rand glatt, lebhaft gelb, später heller, weißkreme gefärbt.

Lamellen: ziemlich gedrängt, breit, regelmäßig, angewachsen, weiß.

Stiel: 4-8×1,5-2 cm, gleichdick, meistens nach unten verjüngt, schneeweiß, leicht runzelig.

Fleisch: weiß, anfangs mild, dann etwas scharf, geruchlos.

Sporen: fast kugelig, stumpf warzig - netzig, 9-10×7-9 µm.

Vorkommen: in Mischwäldern. Sommer-Herbst. Selten.

Wert: eßbar.

BEMERKUNGEN: Bresadola hat diesen **Täubling** gekannt und wir konnten den Pilz wiederfinden. Einige Autoren wollen ihn in die Gruppe um **R. violeipes (642)** und **R. amoena** Quél. stellen. Er ist diesen zwar ähnlich in der Konsistenz und im Aufbau, die gelbe Hutfarbe und der nicht violettlich gefärbte Stiel unterscheiden ihn.

Natürliche Größe

RUSSULA XERAMPELINA var. **olivascens Zvara** (= **elaeodes** Bres.) **1068**

Wegen der olivgrünen Färbung

Hut: 5-10 cm, er hat ein dunkles Aussehen, die Farben erinnern ein wenig an die von **Xerocomus badius** oder **Boletus erythropus,** dunkel rotbraun, mahagonibraun, kastanienbraun, sepiabraun; später blassen die Farben aus und werden grau-olivgrünlich. Dermatozystiden sind zahlreich vorhanden und zylindrisch.

Lamellen: bald kremefarbig.

Stiel: 6-8×1-2 cm, immer weiß, bei Berührung stark bräunend, manchmal bis braunschwärzlich.

Fleisch: nach Trimethylamin oder fischartig riechend, Geschmack mild.

Chemische Reaktionen: mit Eisensulfat lebhaft dunkelgrün.

Sporen: kugelig, 9-10 µm, grob warzig, schwach netzig, Sporenpulver dunkel kreme.

Vorkommen: bei Buchen und Fichten.

Wert: eßbar.

BEMERKUNGEN: Dieser Pilz ist eine der vielen Kleinarten um **R. xerampelina (206),** die gekennzeichnet sind durch herings- oder krebsartigen Geruch und durch das mit Eisensulfat grün verfärbende Fleisch.

Natürliche Größe

RUSSULA PSEUDOINTEGRA Arn. & Gor. **1069**

Wegen der Ähnlichkeit mit **R. integra**

VOLKSNAME: **Ockerblättriger Zinnobertäubling**

Hut: 4-12 cm, anfangs kugelig, dann gewölbt, später abgeflacht, fest, Huthaut feucht schmierig, dann trocken, glatt und kahl, fast glänzend, jung mit vergänglichen, weißen Flocken punktiert; Rand glatt. Huthaut abziehbar, zinnoberrot bis rosarot, manchmal teilweise entfärbt zu orange oder gelb oder weißlich, ockerfleckig. Zystiden fehlen.

Lamellen: mäßig gedrängt, breit, stumpf abgerundet, schmal am Stiel angeheftet; anfangs weiß oder kreme, im reifen Zustand eigelb.

Stiel: 4-7×1-3 cm, dick, lange voll, fest, später ausgestopft, auf der ganzen Oberfläche filzig (unter der Lupe mit porösem Aussehen), nie gerieft, schneeweiß, nur in Ausnahmefällen an der Basis rosarot.

Fleisch: sehr fest, weiß, an der Luft graulich verfärbend; Geruch fruchtartig, Geschmack kaum scharf, fast mild.

Sporen: relativ klein, fast kugelig, 7,5-8×7-8 µm, mit kurzen, spitzen Stacheln, netzig-gratig; Sporenpulver dottergelb. Zystiden spindelig, 55-88×10-13 µm, von eigentümlichen Kristallen umgeben.

Chemische Reaktionen: mit Guaiak fehlende oder fast fehlende Reaktion; mit Eisensulfat grau-rosa; mit Phenol schokoladebraun; mit Ammoniak keine Reaktion.

Vorkommen: auf feuchtem Boden, zwischen abgestorbenen Blättern von Laubbäumen.

Wert: ungenießbar.

3/4 natürliche Größe

RUSSULA CURTIPES Moell. & J. Schff. 1070

von « curtus » (lat). = kurz und « pes » (lat.) = Fuß

VOLKSNAME: **Kurzstieliger Ledertäubling**

Hut: 5-12 cm, gewölbt, dann niedergedrückt, weinrot oder rotbraun, Mitte manchmal ockerbraun. Huthaut feucht schleimig, sonst trocken, matt, kaum abziehbar, wenig dick.

Lamellen: anfangs weißlich, dann hellocker, nie dottergelb; am Stiel schmal bogig abgerundet, breit, entfernt, manchmal konkav.

Stiel: 4-6×1-1,5 cm, kurz, fest, auch hart, weiß, nie rot getönt, Basis verjüngt.

Fleisch: weiß, fest, Geschmack mild, Geruch schwach nach Brot.

Chemische Reaktionen: mit Eisensulfat fleischrot; mit Guaiak später grün werdend; mit Naphtol schnell dunkelblau; mit Phenol rotbraun.

Sporen: stumpf bis spitz warzig, Warzen isoliert oder kurz zusammengewachsen, manchmal gratig. Sporenpulver ocker. Zystiden nicht herausragend, mit Sulfoformol färbbar, lang und schmal, zugespitzt.

Vorkommen: im Buchenwald.

Wert: eßbar.

BEMERKUNGEN: Diese Art ist nahe verwandt mit **R. romellii** R. Mre., jedoch von ihr verschieden: das Fleisch ist härter, der Hut ist mehr weinrot-bräunlich gefärbt, die Hutmitte ist nur wenig blasser oder grünlich. Durch Regen kann die Huthaut auch purpurrötlich-ocker gefleckt erscheinen.

Natürliche Größe

RUSSULA MESOSPORA Sing. **1071**

Hut: 5-10 cm, ziemlich fleischig, gewölbt bis abgeflacht bis etwas niedergedrückt, Rand zuerst glatt, später mit mehr oder weniger deutlichen Riefen, dunkelrot oder orangerot oder auch dunkler. Mitte gelblich, Huthaut bis zur Hälfte abziehbar, feucht glänzend und glatt.

Lamellen: ziemlich gedrängt, regelmäßig, mit einzelnen Zwischenlamellen, angeheftet, dann abgerundet frei, gelbocker, am Grunde aderig.

Stiel: 4-6,5×1,5-2 cm, kompakt, gleichdick, voll, weiß, ohne rötliche Farbtöne.

Fleisch: fest, weiß, gilbend, Geruch obstartig (Apfel), Geschmack scharf.

Sporen: 6,7-8,5×6-7 μm, rundlich, klein, warzig.

Vorkommen: im Laubwald.

Wert: ungenießbar.

EMERKUNGEN: Der Pilz kann dem **Flecktäubling (R. maculata, 1090)** und der **R. lundellii 1089)** gleichen; er wird als eine Varietät des zuletzt genannten Pilzes angesehen.

RUSSULA ROSEIPES Secr. ss. Bres. 1072

von « roseus » (lat.) = rosenrot und « pes » (lat.) = Fuß. Wegen der Stielfärbung

VOLKSNAME: **Rotbereifter Täubling**

Hut: 4-7 cm, fleischig, ziemlich brüchig, flach gewölbt oder niedergedrückt, schmierig, aber bald trocken, kahl, fleischrosa, oder orangerosa, blaß gefleckt, bald zur Gänze ausblassend; Rand dünn, höckerig-gerieft; Huthaut abziehbar.

Lamellen: nicht sehr gedrängt, gegabelt, abgerundet-frei, manchmal ausgebuchtet angeheftet, bauchig, ockergelb, trocken gegen lachsfarben.

Stiel: 3-6×0,8-1,5 cm, weiß, stark rötlich getönt, fast zur Gänze rot bereift; markig-ausgestopft-mit Hohlräumen.

Fleisch: weißlich, etwas gelblich, Geruch und Geschmack schwach und angenehm.

Sporen: ocker, kugelig, stumpf warzig, kurz gratig, 8-10 µm. Zystiden spindelig, 60×8 µm.

Vorkommen: im Frühjahr und Herbst in sonnigen Bergwäldern. Im Nadel- und Laubwald.

Wert: eßbar.

BEMERKUNGEN: Der Pilz gehört zur schwer bestimmbaren Gruppe von **Täublingen,** die kleine bis mittelgroße Fruchtkörper bilden, die mild schmecken und ein gelbes Sporenpulver haben. In morphologischen Merkmalen und im brüchigen Fleisch gleicht er der **R. lutea** (Huds. ex Fr.) S. F. Gray; er unterscheidet sich durch den rot bereiften Stiel, durch die Hutfarbe und die Ornamentierung der Sporenmembran.

Natürliche Größe

RUSSULA PURPURASCENS Bres. 1073

von « purpureus » (lat.) = purpurn. Wegen der purpurnen Lamellenschneide

Hut: 8-16 cm, fleischig, gewölbt, dann ausgebreitet und niedergedrückt, Rand glatt und alt etwas gerieft, fast schmierig, bald trocken, ausblassend purpurviolett, Mitte ocker oder bräunlich; Huthaut abziehbar, bisweilen etwas eingerissen.

Lamellen: dick, breit, weiß, dann ledergelb, manchmal mit purpurner Schneide, aderig verbunden, verschmälert angeheftet, oder abgerundet angeheftet, bisweilen gegabelt.

Stiel: 5-7×1,5-3 cm, voll, gleichdick, runzelig, weiß, rosa getönt.

Fleisch: körnig, weißlich, Geschmack später etwas scharf, geruchlos.

Sporen: warzig oder leicht punktiert-stachelig, gratig-netzig, 9-11×8-9 µm. Zystiden spindelig-zugespitzt, 70-90×8-10 µm. Sporenpulver weißlich.

Vorkommen: im Laubwald.

Wert: eßbar.

BEMERKUNGEN: Wir erachten diese von Bresadola geschaffene Art als gültig; er beschreibt sie mit purpurner Lamellenschneide. Dieses Merkmal kann man manchmal auch an Exemplaren von **R. rosacea (208)** finden, die jedoch helle Lamellen hat und anders schmeckt.

Natürliche Größe

RUSSULA NITIDA Fr. 1074

von « nitidus » (lat.) = glänzend, schimmernd

Hut: 3-6 cm, ausgebreitet, später niedergedrückt, manchmal angedeutet gebuckelt, Rand etwas gewellt, dünn, gerieft, Oberfläche etwas schmierig, trocken glänzend, purpurrot, Rand etwas dunkler, Mitte fast schwärzlich, Huthaut bis zur Hälfte abziehbar.

Lamellen: ziemlich entfernt, mit Zwischenlamellen, am Rand bisweilen gegabelt, am Stiel frei, weiß oder weißlich-kreme.

Stiel: 4-6×0,8-1,5 cm, gleichdick, nach oben verjüngt, Basis manchmal aufgeblasen, nicht zäh, weiß glänzend, auch rosa getönt.

Fleisch: sehr gebrechlich, weiß, mild, mit undeutlichem Geruch.

Sporen: kugelig, 6,5-9 µm, stark punktiert.

Vorkommen: an feuchten und grasigen Plätzen, besonders bei Birke.

Wert: eßbar.

BEMERKUNGEN: Der Pilz ist sehr ähnlich der **R. sphagnophila** Kauffm. (ss. Romagn.), dieser **Täubling** ist jedoch heller und enger an Moore gebunden.

Natürliche Größe

RUSSULA ATROPURPUREA Krombh. 1075

von « ater » (lat.) = schwarz und « purpureus » (lat.) = purpurn. Wegen der Hutfarbe

VOLKSNAME: **Purpurschwarzer Täubling**

Hut: 6-10 cm, purpurrot mit dunkler, fast schwarzer Mitte, aber auch mit rot-ziegelbraun-violetten Farbtönen und ockerlich gefleckt, nie rosa, halbkugelig bis abgeflacht, Mitte etwas niedergedrückt, nicht sehr fleischig.

Lamellen: weiß bis hell strohgelb, ziemlich gedrängt, fast angewachsen oder leicht abgerundet, dünn, am Grunde aderig.

Stiel: 4-6×1-1,5 cm, weiß, nie rosa, leicht runzelig.

Fleisch: weiß, sehr kompakt, mild oder leicht scharf, ohne besonderen Geruch.

Sporen: stumpf warzig, selten fein netzig, 7,5-8×6-7 µm.

Vorkommen: in Mischwäldern, an Wegrändern, Ende Juni bis Spätherbst.

Wert: eßbar.

BEMERKUNGEN: Dieser Pilz ist sehr veränderlich besonders in der Färbung des Hutes, sodaß viele Formen oder Unterarten geschaffen worden sind. Unter ihnen sind **R. depallens** Fr., **R. dissidens** Zv., **R. rubripes** Sing., **R. bresadolae** (Schulz.) Sing. u.a. grünlich, karminrot oder gelblich gefärbt.

3/4 natürliche Größe

RUSSULA LUTEOTACTA Rea 1076

von « luteus » (lat.) = gelb und « tactus » (lat.) = berührt. Wegen des gelbgefleckten Stieles

VOLKSNAME: **Gelbfleckender Speitäubling**

Hut: 3,5-8 cm, flach gewölbt, etwas niedergedrückt, ziemlich dünn, fast immer schmierig, meist lebhaft rot, meistens ausblassend und weißlich, mehr oder weniger rötlich getönt. Kahl, Rand dünn, abgerundet und brüchig, kurz gerieft; Huthaut bis zu einem Drittel abziehbar. Auf der Huthaut zahlreiche gebrechliche Dermatozystiden, 40-130×6-9 µm.

Lamellen: gedrängt bis fast entfernt, mäßig dick, ziemlich breit, am Hutrand abgerundet, am Stiel angeheftet und bisweilen mit Zähnchen herablaufend; brüchig, schmutzig weiß-kreme, lebhaft gelb fleckend.

Stiel: 3-4×0,8-1 cm, gleichdick, weiß oder rosa getönt, voll, dann ausgestopft; bei Berührung lebhaft gelb verfärbend.

Fleisch: dünn, weiß (unter der Huthaut rosa), geruchlos, Geschmack später scharf.

Sporen: kurz elliptisch, 7,5-8×5,7-6,3 µm, stumpf warzig, wenig gratig. Zystiden lanzettförmig, zahlreich, 60-70×8-10 µm. Sporenpulver rein weiß.

Vorkommen: im Laubwald.

Wert: ungenießbar.

BEMERKUNGEN: Diese Art wurde verschieden interpretiert. Der Pilz hat das Aussehen eines **Bluttäublings (R. sanguinea, 203)** mit gelb fleckendem Stiel. Bresadola gibt den Pilz in der Iconographia Mycologica unter dem Namen **R. sardonia** wieder mit einer ziemlich polemischen Bemerkung über Kritiken anderer Autoren, die die Bestimmung des Pilzes betreffen. In diesem Fall ist Bresadola jedoch im Unrecht, weil die **R. sardonia** in der Gegend, wo er gewirkt hat, sehr selten ist.

2/3 natürliche Größe

RUSSULA EMETICA var. griseascens Bon & Hau 1077

von « griseus » (lat.) = grau. Wegen des sich grau verfärbenden Fleisches

Diese Varietät unterscheidet sich vom typischen **Speitäubling (R. emetica, 644)** durch das sich besonders im Stiel grau verfärbende Fleisch. Der zuerst rein weiße Stiel wird bald schmutzig grau, beginnend beim Lamellenansatz, später am ganzen Stiel; ebenso das Fleisch. Die Varietät ist weniger kräftig als der Typus und in jungen Exemplaren gleich lebhaft rot gefärbt wie var. **gregaria** Kalchbr. Der Pilz wächst an feuchten und moosigen Standorten, besonders bei Birke und zwischen Sphagnum.

Wert: giftig wie alle **Speitäublinge.**

Natürliche Größe

RUSSULA CAVIPES Britz. (ss. Heim) 1078

von « cavus » (lat.) = hohl und « pes » (lat.) = Stiel. Wegen des hohlen Stieles

SYNONYM: **Russula violacea** ss. J. Schff.

Hut: 4-6 cm, manchmal etwas wellig, fast gebuckelt, Huthaut abziehbar, glatt, glänzend, weinrot-violett, purpurgrau getönt; manchmal mit grünlichen Farbtönen. Konsistenz brüchig, Rand breit gerieft.

Lamellen: entfernt, regelmäßig, ziemlich breit, abgerundet, blaß zitronengelb, dann kreme.

Stiel: 4-6×0,8-1,2 cm, eher länglich, auch verbogen, Basis aufgeblasen, bald hohl, weiß, gelblich fleckend.

Fleisch: Geruch süßlich, Geschmack scharf, weiß.

Chemische Reaktionen: mit Guaiak keine Reaktion; mit Ammoniak rosa (besonders in den Lamellen), aber erst spät und wenig dauerhaft.

Sporen: 8,5-10,5×7,2-8,3 µm, warzig und fein gratig.

Vorkommen: zwischen Moos im Nadelwald (Fichte). Herbst.

Wert: ungenießbar.

BEMERKUNGEN: Wie der **Zitronenblättrige Täubling (R. sardonia, 647)** ist der Pilz leicht zu erkennen an der chemischen Reaktion mit Ammoniak auf den Lamellen, die sich rosa verfärben.

Natürliche Größe

RUSSULA FRAGILIS (Pers. ex Fr.) Fr. **1079**

von « fragilis » (lat.) = brüchig. Wegen der Konsistenz des Fleisches

VOLKSNAME: **Wechselfarbiger Speitäubling**

Hut: 3-6 cm, bald ausgebreitet und etwas niedergedrückt, mehr oder weniger gerieft, glatt, durchscheinend, etwas schmierig, rosa oder rosa-violett, Mitte dunkler mit bräunlichen, olivgrünlichen Farbtönen.

Lamellen: ziemlich dick, entfernt, ohne Zwischenlamellen, am Grunde aderig, am Stiel angewachsen oder abgerundet, weiß, später graulich verfärbend, Schneide meist gesägt.

Stiel: 3-5×0,5-1,5 cm, nach oben verjüngt, gegen die Basis verdickt, ebenso unter dem Lamellenansatz, brüchig, ausgestopft, weiß, eher glatt, leicht bereift oder seidig gefasert, bei Berührung gelb fleckend.

Fleisch: gebrechlich, weich, weiß, Hutmitte dünn, am Rande fast fehlend, Geruch fruchtartig und angenehm, Geschmack sehr scharf.

Sporen: weiß, 7-9×6-7,5 µm.

Vorkommen: im Laub- und Nadelwald, Juni bis November.

Wert: ungenießbar.

BEMERKUNGEN: Dieser kleine **Täubling** ist in der Farbe sehr veränderlich; wenn er rot gefärbt ist, kann er mit **Speitäublingen** (aus der Gruppe **R. emetica, 644**) verwechselt werden. Die gesägten Lamellen sind ein gutes Erkennungsmerkmal.

2/3 natürliche Größe

RUSSULA RHODOPODA Zvara **1080**

von « rhodon » (gr.) = Rose und « pus » (gr.) = Fuß. Wegen der Stielfärbung

VOLKSNAME: **Flammenstieltäubling**

Hut: 7-10 cm, gewölbt, dann ausgebreitet, niedergedrückt, Rand unregelmäßig, gelappt und wellig, Huthaut glatt und stark glänzend, etwas feucht, fast lackiert lebhaft rot, ziemlich weit abziehbar.

Lamellen: gedrängt, abgerundet angewachsen, ziemlich breit, mit Zwischenlamellen und gegabelt, am Grunde aderig verbunden, weißlich, dann kreme.

Stiel: 5-8 × 1,5-3,5 cm, gerade, Basis aufgeblasen, sehr hart, voll, leicht runzelig, rötlich auf der ganzen Oberfläche, mit einigen gelben Flecken.

Fleisch: fest, weißlich, Geschmack scharf und bitter. Geruch fruchtartig.

Sporen: 7,5-9 × 7-8 µm, kugelig bis eiförmig, flach warzig-netzig.

Vorkommen: in Bergwäldern, bei Fichte, im Moos. Sommer, Herbst.

Wert: ungenießbar.

BEMERKUNGEN: Dieser schöne **Täubling** ist ziemlich leicht makroskopisch zu erkennen am leuchtend roten, oft wie lackiert glänzenden Hut und am lebhaft rot geflammten Stiel. Der Pilz bildet mittelgroße, jung rundliche Fruchtkörper.

2/3 natürliche Größe

RUSSULA PERSICINA Krombh. em. Melz. & Zv. **1081**

von « persicum » (lat.) = Pfirsich. Wegen der Hutfarbe

VOLKSNAME: **Rosaroter Speitäubling**

Hut: 7-12 cm, kräftig, bald abgeflacht, leicht niedergedrückt, Huthaut sehr fein runzelig, dann glatt und fast glänzend, teilweise abziehbar, das darunterliegende Fleisch ist rosa gefärbt. Rosarot glänzend, bald gelbfleckend ausblassend. Dermatozystiden zylindrisch oder leicht keulig, 6-8 µm.

Lamellen: sehr breit, mehr oder weniger gedrängt, kreme-graulich.

Stiel: 6-8×1-2 cm, ziemlich kräftig, weiß, rosa oder auch rosa-violettlich gefleckt.

Fleisch: mäßig scharf, leicht graulich verfärbend, Geruch fruchtartig wie bei **R. emetica.**

Chemische Reaktionen: mit Guaiak mittelstarke Reaktion.

Sporen: rundlich, etwas länglich, 8 µm, grob isoliert warzig bis leicht netzig. Sporenpulver hell kreme.

Vorkommen: im Laubwald, auch bei Nadelbäumen.

Wert: ungenießbar.

BEMERKUNGEN: Der Pilz wird in die Gruppe um **R. sanguinea (203)** gestellt. Die Hutoberfläche dieser **Täublinge** wird trocken bald matt. In diese Gruppe gehört auch **R. persicina** var. **intactior** (J. Schff.) Romagn. Die abgebildeten Exemplare könnten mit dem **Flammenstiel-Täubling (1080)** verwechselt werden, wenn sie nicht an der matten Oberfläche erkenntlich wären.

Natürliche Größe

RUSSULA PULCHELLA Borszcow **1082**

SYNONYM: **Russula exalbicans** (Secr.) Melz.

VOLKSNAME: **Verblassender Täubling**

Hut: 5-12 cm, dickfleischig, kompakt, anfangs gewölbt, dann abgeflacht und auch ziemlich tief niedergedrückt, Rand aufgebogen, glatt oder leicht gerieft, violettrötlich, sehr stark ausblassend, sodaß der Hut weißlich erscheinen kann mit rosa oder graulichen Flecken.

Lamellen: ziemlich gedrängt und fest, mit vielen Zwischenlamellen, die zum Stiel hin mehr oder weniger gegabelt sind, leicht herablaufend, sichelförmig, bogig, milchweiß, dann schmutzig ocker mit graulichen Farbtönen, am Grunde aderig verbunden.

Stiel: 3-7×1-2,5 cm, ziemlich fest, nach oben oder unten verjüngt, weiß, manchmal rosa getönt oder braungelblich gefleckt.

Fleisch: weiß, an der Stielbasis gilbend oder schmutzig bräunend. Geruch fruchtartig, Geschmack scharf.

Sporen: 8-9,5×5,5-6,5 µm, elliptisch, stumpf warzig-gratig, netzig.

Vorkommen: bei Birken. Sommer-Herbst.

Wert: ungenießbar.

BEMERKUNGEN: Der Pilz ist sehr ähnlich dem **Blut-Täubling (R. sanguinea, 203)** mit der Eigenschaft, in allen Teilen sehr stark nach Weißgrau auszublassen. Der Standort bei Birken und das grau verfärbende Fleisch sind deutliche Erkennungsmerkmale.

Natürliche Größe

RUSSULA RUBRA Krombh. **1083**

von « ruber » (lat.) = rot. Wegen der Hutfarbe
VOLKSNAME: **Roter Speitäubling**

Hut: 7-10 cm, gewölbt, dann aufgeschirmt und auch niedergedrückt, Rand stumpf, mehr oder weniger regelmäßig, gegen den Rand hin karminrot, Mitte satter gefärbt, die feucht glänzende Huthaut ist bei trockenem Wetter matt und fein samtig.

Lamellen: nicht sehr gedrängt, dick, gegabelt, zum Stiel hin schmäler werdend und herablaufend oder auch angewachsen, frei, weißlich, später hell ocker, am Grunde aderig.

Stiel: 4-7×1,5-2 cm, gleichdick, nach oben etwas verdickt, nach unten leicht verjüngt, voll, weiß, später manchmal rosa oder graulich, Oberfläche runzelig.

Fleisch: anfangs fest, dann etwas weich, weiß, bald schmutzig grau oder gelb, Geschmack ziemlich scharf, Geruch honigartig.

Sporen: 7-9×6,5-8 µm, oval, stumpf warzig, kurz gratig.

Vorkommen: im Kiefernwald, auch im Laubwald, selten. Sommer-Herbst.

Wert: ungenießbar.

BEMERKUNGEN: Der Pilz gleicht dem **Zinnober-Täubling (R. rosacea, 208)**, er unterscheidet sich jedoch durch das scharfe Fleisch und die dunkleren Sporen.

Natürliche Größe

RUSSULA TORULOSA Bres. **1084**

VOLKSNAME: **Gedrungener Täubling**

Hut: 4-8 cm, unregelmäßig gewölbt, dann mehr aufgeschirmt, Rand mehr oder weniger regelmäßig, aber auch höckerig, Oberfläche schmierig, fett, etwas glänzend, violett oder dunkel weinrot, auch olivlich gezont.

Lamellen: sehr gedrängt, schmal, mit Zwischenlamellen, am Stiel gegabelt, am Grunde aderig verbunden, angewachsen oder abgerundet, etwas fettig aussehend, weißkreme bis dunkler kreme.

Stiel: 3-6×1-3 cm, fast bauchig, voll, am Lamellenansatz verdickt, rosarot bis violett, dem Hut gleichfarbig, gegen die Basis hin heller, sehr fein bereift.

Fleisch: eher kompakt, unter der Huthaut rot getönt, Geschmack scharf, Geruch sehr stark nach Obstkompott (Birne).

Sporen: 7-9×6-7 µm; fast kugelig, getropft.

Vorkommen: im Kiefernwald. Spätsommer, Herbst.

Wert: ungenießbar.

BEMERKUNGEN: Der Pilz ist nahe verwandt mit dem **Stachelbeer-Täubling (R. queletii, 207)**, er wächst jedoch bei Kiefern und riecht stärker nach Obstkompott. Er ist weniger violett, jedoch fester als **R. queletii**. Dieser Pilz wächst bei Fichten, nicht bei Kiefern. Unter Kiefern kann man **R. torulosa** var. **fuscorubra (1085)** finden; dieser Pilz scheint eher eine Varietät von **R. queletii** zu sein mit fast schwärzlicher Hutmitte und mit größeren Fruchtkörpern.

Natürliche Größe

RUSSULA TORULOSA var. **fuscorubra** Bres. **1085**

von « fuscus » (lat.) = dunkelbraun und « ruber » (lat.) = rot. Wegen der Hutfarbe

Hut: 10-12 cm, Huthaut wenig abziehbar, dunkel gefärbt, schwärzlich rot oder purpurrot, Mitte schwärzlich, am Rand leicht gegen Ockerlich ausblassend. Huthaut mit dicken Dermatozystiden.

Lamellen: schmal, gedrängt, angewachsen, weißlichkreme.

Stiel: 6-8×1,2-2 cm, violett-rot, dunkel, dem Hut gleichfarbig, meist nach oben etwas verdickt, manchmal kurz im Verhältnis zur Hutbreite.

Fleisch: weiß, scharf, fast geruchlos.

Sporen: 8-9 µm, rundlich, fein warzig, gratig-weitnetzig.

Chemische Reaktionen: Fleisch mit Eisensulfat schwache Färbung; mit Guaiak schwache Färbung; mit Ammoniak keine Reaktion.

Vorkommen: bei Föhren. Herbst.

Wert: ungenießbar.

BEMERKUNGEN: Diese Art zeigt mehr Ähnlichkeit mit **R. queletii (207)** als mit **R. torulosa (1084).** In seinem Werk über die Gattung **Russula** erklärt Romagnesi, diese Art nicht zu kennen, er verweist jedoch auf das Werk von Blum. Im Trentino findet man den Pilz häufig in Kiefernwäldern und wir sind überzeugt, die typische **R. fuscorubra** vor uns zu haben; man könnte sie auch als eigenständige Art in der Gruppe um **R. queletii** auffassen.

Natürliche Größe

RUSSULA BADIA Quél. 1086

von « badius » (lat.) = braun-rötlich. Wegen der Färbung

VOLKSNAME: **Zedernholz-Täubling**

Hut: 7-12 cm, regelmäßig, fest und fleischig, Rand wenig gerieft, Huthaut anfangs mehr oder weniger samtig, später wie lackiert glänzend. Rotpurpurn, auch schwarz-purpurn, violett-braun, braun-rötlich, rosa-ocker-kreme.

Lamellen: ziemlich schmal, gedrängt, frei, zitronengelb.

Stiel: 4-10×1,2-3 cm, kräftig und hart, gleichdick, fein bereift, Basis rosa, Rest weißlich, manchmal zur Gänze rosa.

Fleisch: weiß, Geschmack anfangs mild, nach einigem Kauen brennend scharf. Geruch nach Zedernholz (besonders wenn man an den Lamellen reibt). Mit Phenol färbt es sich zuerst rot (später schokoladenbraun).

Sporen: kugelig-länglich, 8-11×7-8 µm, warzig-fein gratig, fast netzig. Sporenpulver hell gelb.

Vorkommen: in Bergnadelwäldern. Sommer.

Wert: ungenießbar.

BEMERKUNGEN: Dieser Pilz hat vielleicht das schärfste Fleisch unter den **Täublingen.** Der Geschmack wird erst nach einigem Kauen brennend scharf, was bei der Bestimmung des Pilzes weiterhilft. Mit den gelben Lamellen und der weinroten Hutoberfläche gleicht er sehr dem **Braunen Ledertäubling (R. integra, 191)**, der jedoch mild schmeckt und ein guter Speisepilz ist. Andere **Täublinge** mit gelben Lamellen, scharfem Fleisch und ähnlicher Färbung sind: der kleinere **Scharfe Glanztäubling (R. firmula, 1087)**, der mehr bräunlich gefärbte **Scharfe Brauntäubling (R. adulterina** Fr.) und die grünliche **R. urens** Rom. Keiner dieser Pilze ist eßbar.

3/4 natürliche Größe

RUSSULA FIRMULA J. Schff. **1087**

von « firmus » (lat.) = fest, stark. Wegen der Konsistenz des Fleisches?

VOLKSNAME: **Scharfer Glanztäubling**

Hut: mittelgroß, 3-8 cm, anfangs gewölbt und hart, dann abgeflacht, aber nicht niedergedrückt, Huthaut zuerst etwas bereift, dann schmierig und glänzend. Die Färbung ist sehr veränderlich: violett purpurn mit lebhaft gelben Flecken; dunkel purpurviolett wie **R. coerulea,** oder blasser wie **R. vesca** oder **R. maculata,** häufiger braunolivlich mit lila oder violetten Tönen. Dermatozystiden ziemlich dick und zylindrisch.

Lamellen: hell bis ockergelb oder dottergelb, gedrängt, angewachsen, Schneide weißlich.

Stiel: 4-6×0,8-1,5 cm, glatt, oder Spitze fein bereift, nach unten etwas aderig, gilbend oder schwach bräunend.

Fleisch: scharf, jedoch manchmal erst später; weiß; Geruch schwach fruchtartig, gerieben nach Pelargonienblättern.

Sporen: kleiner als 10 µm, niedrig und stumpf warzig, leicht gratig. Sporenpulver gelblich.

Vorkommen: im Nadel- und Laubwald, gesellig.

Wert: ungenießbar.

BEMERKUNGEN: Der Pilz ist vielleicht der kleinste der sehr scharfen **Täublinge** mit satt gelben Lamellen. Die Hutfärbung erinnert an den **Frauen-Täubling (R. cyanoxantha, 190).** Es ist jedoch keine Verwechslung möglich wegen der gelben, nicht weißen Lamellen und wegen des scharfen Fleisches. Der Geruch nach Pelargonienblättern erspart einem das Verkosten des Fleisches, weil **Täublinge** mit diesem Geruch sicher scharf schmecken.

3/4 natürliche Größe

RUSSULA HELODES Melz. 1088

Hut: 8-12 cm, bald aufgeschirmt, stark niedergedrückt, Huthaut glatt, matt, feucht, abziehbar, rosa oder rosa-fleischfarben, Mitte dunkler, manchmal ockerfleckig. Dermatozystiden zahlreich, kurz und schmal, keulig.

Lamellen: schmal, zugespitzt, sehr gedrängt, weiß-kreme, mit vielen Zwischenlamellen.

Stiel: 7-12×3-4 cm, weiß, purpurn oder auch heller gefärbt, markig-schwammig.

Fleisch: weiß, bald grau, besonders im Stiel, nach einigem Kauen scharf, jedoch nicht anhaltend, Geruch schwach.

Sporen: 9-10×7-8 µm, ellipsoidisch, fein netzig, Sporenpulver blaß kreme.

Vorkommen: in Torfmooren, Sphagneten, bei Birken oder in Heiden mit Bergkiefer.

Wert: ungenießbar.

EMERKUNGEN: Dieser **Täubling** ist typisch für feuchte und moosige Standorte. Er kann ıehreren **Täublingen** mit rotem Hut und größeren Fruchtkörpern ähnlich sein, unter ihnen em **Apfel-Täubling (R. paludosa, 196)**, dem **Blut-Täubling (R. sanguinea, 203)**, dem **Flamıenstiel-Täubling (R. rhodopoda, 1080)**.

RUSSULA LUNDELLII Sing. 1089

Zu Ehren von Seth Lundell

Hut: 5-12 cm, dick, ausgebreitet, rot, orange, kupferrot, manchmal auch fast purpurn; bisweilen jedoch nur hell ocker mit einem leicht rosa Rand. Dermatozystiden zylindrisch, etwas keulig, 8-9×4-5 µm.

Lamellen: schmal, gedrängt, fast frei, abgerundet, gelblich.

Stiel: 6-10×1,5-3 cm, dick, weiß (selten rosa angehaucht), deutlich bräunend.

Fleisch: anfangs bitter, dann scharf, Geruch schwach obstartig.

Chemische Reaktionen: mit Guaiak langsam verfärbend und sehr schwache Reaktion.

Sporen: rundlich, 8 µm oder kleiner, grob warzig. Sporenpulver gelb.

Vorkommen: bei Birken, in Bergwäldern.

Wert: ungenießbar.

BEMERKUNGEN: Dieser große **Täubling** ist gekennzeichnet durch die bräunliche Verfärbung, durch die lebhaften Hutfarben, die manchmal an **Amanita caesarea (4)** erinnern, durch kleine, grobwarzige Sporen und durch den Standort bei Birken.

/4 natürliche Größe

RUSSULA MACULATA Quél. & Roze

1090

von « maculatus » (lat.) = gefleckt. Wegen des gefleckten Hutes

VOLKSNAME: **Fleck-Täubling**

Hut: 3-6 cm, hart, lange gewölbt, Mitte fast immer etwas genabelt, Rand ganz leicht furchig, Huthaut wenig abziehbar, manchmal rostbraun gefleckt, besonders in der Hutmitte; blaß gefärbt (rötlich, orange, gelb), bisweilen mit dunkleren Tönen, purpurn oder karminrot, mit helleren und dunkleren Flecken. Dermatozystiden zylindrisch und klein.

Lamellen: wenig breit, lange hell, später lebhaft orange oder satt gelb, manchmal mit Rostflecken.

Stiel: 2-5×1,2-4 cm, gleichdick, nach oben verjüngt, hart, manchmal rosa getönt mit rostfleckiger Basis, auch bis zur Hälfte des Stieles fleckig.

Fleisch: weiß, kompakt, immer scharf, Geruch etwas fruchtartig.

Chemische Reaktionen: mit Eisensulfat blaß orange; mit Guaiak mittelstarke Reaktion.

Sporen: 9-11 µm, mit stumpfen Warzen, die leicht gratig verbunden sind. Sporenpulver gelb.

Vorkommen: im Laubwald, bei Eichen. Spätsommer.

Wert: ungenießbar.

BEMERKUNGEN: Dieser **Täubling** wächst im Laubwald; man erkennt ihn am rotgefleckten, orangegelben Hut. Die Lamellen bleiben lange Zeit hell, werden dann satt gelb. Von den Pilzen der Gruppe um **R. badia (1086)** unterscheidet er sich gut durch den orange, nie purpurrot gefärbten Hut.

3/4 natürliche Größe

HYGROPHORUS CHRYSODON (Batsch) Fr. 1091

von « krysos » (gr.) = Gold. Wegen der Hutfarbe
VOLKSNAME: **Goldzahnschneckling**

Hut: 5-7 cm, fleischig, gewölbt, dann ausgebreitet und gebuckelt, höckerig, weiß, schmierig, goldgelb flockig, besonders am Rande, der zuerst eingerollt und weiß behaart ist.

Lamellen: entfernt, weiß, jung auf der Schneide gelbflockig, angewachsen, dann herablaufend.

Stiel: 5-8 × 1-1,5 cm, hohl-ausgestopft, gleichdick, nach unten verjüngt, weiß, weißflockig, Flocken später besonders an der Spitze gelb werdend.

Fleisch: weiß, weich, geruch- und geschmacklos.

Sporen: hyalin, elliptisch, 8-10 × 4-5 µm.

Vorkommen: im Nadel- und Laubwald. Herbst.

Wert: eßbar.

BEMERKUNGEN: Dieser **Schneckling** gehört in die Gruppe **Hygrophorus**, die gekennzeichnet ist durch einen schmierigen Hut und Stiel. Man erkennt ihn an der gelbpunktierten Stielspitze; der ganze Fruchtkörper ist hell gefärbt.

2/3 natürliche Größe

HYGROPHORUS PICEAE Kühn. 1092

Der Pilz wächst im Fichtenwald
VOLKSNAME: **Fichtenschneckling**

Hut: 3-6,5 cm, glockig-gewölbt, dann abgeflacht, Rand eingebogen, nur an einzelnen Exemplaren leicht gebuckelt, matt, weiß, feucht schmierig oder lackiert glänzend, kahl; eher dünnfleischig. Epicutis der Huthaut mit fadenförmigen Hyphen, Schnallen sind vorhanden.

Lamellen: entfernt, bogig, herablaufend, milchigweiß.

Stiel: 2,5-8,5 × 0,4-1 cm, gleichdick, nach oben etwas verjüngt, weiß, mehr oder weniger faserig, Spitze bereift, filzig-flockig oder punktiert, nicht deutlich schmierig, voll.

Fleisch: weiß, zart, geruchlos.

Sporen: ellipsoidisch, 7-8 × 4,5-5,5 µm, mit körnigem Inhalt.

Vorkommen: auf Erde, im Moos, in Fichtenwäldern der Alpen.

Wert: eßbar.

BEMERKUNGEN: Dieser weiße **Schneckling** hat als Standort den Fichtenwald. Von anderen weißen Vertretern der Gattung **Hygrophorus** unterscheidet er sich durch den nicht schmierigen, nur etwas klebrigen Stiel.

natürliche Größe

HYGROPHORUS ERUBESCENS Fr. 1093

von « erubere » (lat.) = erröten. Wegen der Farben

VOLKSNAME: **Rasiger Purpurschneckling**

Hut: 4-8 (10) cm, fleischig, fest, anfangs gewölbt bis gebuckelt, dann abgeflacht und schließlich niedergedrückt oder trichterförmig, Rand dünn, eingebogen und filzig. Huthaut mit weißlichem Grund, rötlich gefärbt, mit purpurrosa Schüppchen oder eingewachsenen Fasern; auch karminrot oder gelblich gefleckt; wenig schmierig; Scheibe punktiert-schuppig.

Lamellen: weiß, rosa oder rotfleckig; trocken gelblich; dick, nicht gedrängt, angewachsen-herablaufend.

Stiel: 5-7×1,5-1,8 cm, gleichdick, schlank, meist gebogen, voll; weißlich, Spitze rötlich punktiert, Basis rötlich-faserig; bei Berührung rot fleckend.

Fleisch: weiß, rötlich zoniert, gilbend. Geruchlos, Geschmack bitter.

Sporen: farblos, lang elliptisch, 8-11×4-5 µm.

Vorkommen: in Bergwäldern, bei Nadelbäumen, in kleinen Büscheln oder in Ringen.

Wert: eßbar.

BEMERKUNGEN: Dieser **Schneckling** gehört in die Gruppe um **H. russula (Purpurschneckling, 129).** Letzterer wächst im Laubwald, der oben beschriebene Pilz im Nadelwald. Um diese Gruppe besser zu charakterisieren, führen wir den **H. persicolor (1094)** an, der rosa gefärbt und schlanker ist; er wächst im Fichtenwald besonders in Gesellschaft der Heidelbeere (Vaccinium myrtillus). In diese Gruppe gehört auch **H. purpurascens** (A. & S.) Fr. mit einer lila-violetten Lamellenschneide und einem flüchtigen Ring, sowie **H. capreolarius (1095)**, der dunkler gefärbt ist.

Natürliche Größe

HYGROPHORUS PERSICOLOR Ricek

1094

von « persicum » (lat.) = Pfirsich. Wegen der Farbe

Hut: 3-8 cm, gewölbt, dann unregelmäßig ausgebreitet, etwas höckerig, Rand dünn und unregelmäßig verbogen, ziemlich fleischig, rosa, Mitte oft dunkler, sehr selten gelb gefleckt.

Lamellen: weiß, nur selten rosa, nicht fleckend, gedrängt, leicht sichelförmig, mit Zwischenlamellen, am Hutrand gabelig, angeheftet oder fast herablaufend.

Stiel: 4-12×0,8-1,2 cm, gleichdick, oder etwas spindelig, verbogen, weiß, rosa oder graubraun kleiig punktiert.

Fleisch: weißlich, Geschmack mild, fast geruchlos.

Sporen: 7-9×5-6 µm.

Vorkommen: im Fichtenwald. Spätsommer, Herbst.

Wert: eßbar.

BEMERKUNGEN: Dieser **Schneckling** ist vor nicht langer Zeit von Ricek beschrieben worden und gehört in die Gruppe um **H. russula (129).** Er hat ein anderes Aussehen als die verwandten Arten, der Stiel ist immer lang, der Hut relativ klein, der Hutrand ist oft aufgebogen und erinnert etwas an einen **Trichterling (Clitocybe).** Er wächst im Fichtenwald manchmal in dichten Scharen in Gesellschaft der Heidelbeere, bisweilen büschelig.

Natürliche Größe

HYGROPHORUS CAPREOLARIUS Kalchbr. **1095**

VOLKSNAME: **Weinroter Schneckling**

Hut: 4-8 cm, gewölbt bis ausgebreitet und gebuckelt, Rand lange eingebogen, purpurrot oder rotbraun, mit kleinen schwärzlichbraunen Flecken.

Lamellen: sehr entfernt, mit Zwischenlamellen, am Grunde aderig verbunden, herablaufend, weinrot oder braunrot im reifen Zustand.

Stiel: 4-6×0,4-1 cm, gleichdick, faserig, fast dem Hut gleichfarbig, braunnetzig.

Fleisch: weinrot-braun, mild, ohne besonderen Geruch.

Sporen: 7-10×3,5-5 µm.

Vorkommen: an grasigen Plätzen im Nadel- und Laubwald.

Wert: eßbar.

BEMERKUNGEN: Er ist der dunkelste **Schneckling** dieser Gruppe, mit eher großen, rötlichen Fruchtkörpern. Ein Unterscheidungsmerkmal sind die dem Hut gleichfarbigen Lamellen, ein Merkmal, das bei verwandten Arten nicht vorkommt. Ein anderes Erkennungsmerkmal ist der braun faserig genetzte, nicht glatte Stiel.

3/4 natürliche Größe

HYGROPHORUS LEUCOPHAEUS (Scop. ex Fr.) Fr. **1096**

von « leukos » (gr.) = weiß und « phaios » (gr.) = braun. Wegen der Färbung des Hutes

VOLKSNAME: **Seidiggerandeter Schneckling**

Hut: bis 5 cm, fleischig, Rand dünn, gewölbt, dann abgeflacht und niedergedrückt, leicht stumpf gebuckelt, brüchig, glatt, kahl, stark schleimig, Rand seidig; weißlich-blaß fleischfarben, Scheibe ockerrostig fuchsig.

Lamellen: wenig gedrängt, nicht sehr breit, angewachsen-herablaufend, eher dünn, weich, weiß oder blaß fleischfarben.

Stiel: gebrechlich, länglich, mehr oder weniger dünn, verbogen, manchmal gedreht, gleichdick oder spindelig, meist an der Basis verjüngt, leicht schmierig, weiß-fleischrosa, oder blaß fuchsig, Spitze heller und bereift. Ausgestopft, später hohl.

Fleisch: zart, weiß-blaß fleischfarben, unter der Huthaut fuchsig, geruchlos, mild.

Sporen: ellipsoidisch-oval, glatt, Inhalt granuliert, 6,5-8×4-5 µm.

Vorkommen: in Gruppen, im Buchenwald. Herbst.

Wert: eßbar.

BEMERKUNGEN: Der Pilz ist ziemlich leicht zu erkennen an der charakteristischen braunen Hutmitte, während der Hut gegen den Rand hin heller gefärbt ist.

1/2 natürliche Größe

HYGROPHORUS ARBUSTIVUS Fr. **1097**

Hut: 5-8 cm, fleischrötlich-fuchsig bis rotbraun oder hell kastanienbraun, am Rande blasser, mehr oder weniger gestreift-eingewachsen faserig.

Lamellen: weiß, wenig herablaufend, gerade oder auch bogig angewachsen.

Stiel: 3-5×0,5-2 cm, blaß, Spitze mehlig, flockig behaart, trocken, weiß-kreme.

Fleisch: weiß, dünn.

Sporen: 6-9×5-6 µm.

Vorkommen: im Laubwald, besonders bei Eichen.

Wert: eßbar.

BEMERKUNGEN: Zusammen mit dem **Waldschneckling (H. nemoreus, 663)** und **H. leporinus** Fr. gehört dieser Pilz zu einer Gruppe von **Schnecklingen** mit trockenem Stiel, mehr oder weniger festem Fleisch und mit fuchsig-fleischrosa Farben. Alle genannten Pilze sind schmackhafte Speisepilze.

Natürliche Größe

HYGROPHORUS AUREUS (Arrh.) Fr. 1098

von « aureus » (lat.) = golden. Wegen der Farbe
VOLKSNAME: **Goldbeschleierter Schneckling**

Hut: 2-4 cm, lebhaft orange, Scheibe oft dunkler.

Lamellen: weißgelblich, blasser als der Hut.

Stiel: 3-6×0,5-0,7 cm, gelblich, blasser als der Hut, oder gelblichweiß an der Spitze, durch ein schleimiges, orangerotes Velum fast beringt.

Fleisch: gelblich, ohne besonderen Geruch und Geschmack.

Sporen: 7-9×4-5 µm.

Vorkommen: bei Kiefern, auch bei Legföhre, besonders in Berggebieten. Häufiger in Nordeuropa.

Wert: eßbar.

BEMERKUNGEN: Dieser Pilz ist nicht sehr bekannt und wird vielleicht mit dem **Orangegelben Lärchenschneckling (H. speciosus, 234)** verwechselt, der allerdings blasser orangerot gefärbt ist und im Lärchenwald wächst.

Natürliche Größe

HYGROPHORUS PUSTULATUS (Pers. ex Fr.) Fr. 1099

von « pustulatus » (lat.) = mit Pusteln, Bläschen versehen. Wegen des schwärzlich punktierten Stieles
VOLKSNAME: **Schwarzpunktierter Schneckling**

Hut: 3-6 cm, grau bis graubräunlich, Mitte dunkler, Mitte mit kleinen, schwärzlichbraunen Warzen bedeckt, mehr oder weniger schmierig, anfangs gewölbt, dann abgeflacht, manchmal mit angedeutetem, niedergedrücktem Buckel, Rand verbogen und dünn.

Lamellen: weiß oder weißgrau, ziemlich dick, entfernt, am Grunde aderig verwachsen, angewachsen bis herablaufend.

Stiel: 3-6×0,5-0,8 cm, gleichdick, verbogen, weißlich, gläzend, schwärzlich punktiert.

Fleisch: weiß, mild, geruchlos.

Sporen: 7-10×4,5-6 µm, elliptisch, glatt.

Vorkommen: im Nadelwald. September-Oktober. Gesellig.

Wert: eßbar.

BEMERKUNGEN: Der Pilz gehört zu einer Gruppe von **Schnecklingen** mit grauem Hut; die häufigsten von ihnen sind: der **Wohlriechende Schneckling (H. agathosmus, 227)** riecht nach Bittermandeln und ist nicht ornamentiert, der **Schwarzfaserige Schneckling (H. tephroleucus, 664)** ist geruchlos, der Stiel ist schwarzflockig und der Hut angedrückt faserschuppig. Die Wärzchen auf dem Hut des **Schwarzpunktierten Schnecklings** sind unter dem Mikroskop Büschel von gedrängten Hyphen, die Schnallen tragen. Die Sporen dieser drei Schnecklinge sind beinahe gleich.

Natürliche Größe

CAMAROPHYLLUS VIRGINEUS (Wulf. ex Fr.) Karst. **1100**

von « virgineus » (lat.) = jungfräulich. Wegen der weißen Färbung

VOLKSNAME: **Jungfern-Ellerling**

Hut: 3-6 cm, gewölbt oder leicht gebuckelt, dann abgeflacht und später etwas niedergedrückt, gleichmäßig fleischig, Rand eingerollt und feucht durchscheinend gerieft, häufig mit rötlichen Flecken, gegen die Mitte gelblich.

Lamellen: entfernt, ziemlich dick, aderig verbunden, herablaufend, weiß.

Stiel: 3-7×0,3-0,7 cm, nach unten verjüngt, kahl, etwas bereift und weiß. Fest und voll, dann ausgestopft.

Fleisch: weiß, wässerig, geruchlos, Geschmack angenehm.

Sporen: in Wiesen, im Heideland, in Waldlichtungen. Spätsommer, Herbst.

Wert: eßbar.

BEMERKUNGEN: In Form und Aussehen gleicht der Pilz stark dem **Glasigweißen Ellerling (C. niveus, 667),** er ist jedoch größer und fast immer rot gefleckt; die Flecken werden wahrscheinlich von einer Flechte hervorgerufen. Der Pilz ist nicht immer leicht von gleichgroßen, weißen **Ellerlingen** zu unterscheiden, z.B. von **C. angustifolius** Murr., der allerdings gedrängte Lamellen hat. Die **Ellerlinge (Camarophyllus)** sind gekennzeichnet durch die trockene Hutoberfläche, durch die am Grunde aderig verbundenen Lamellen. Sie können weißen, meist giftigen **Trichterlingen (Clitocybe)** ähnlich sein. Sie unterscheiden sich durch das Fehlen des Geruches. Die weißen **Schnecklinge** aus der Gattung **Hygrophorus** sind schmierig und nicht trocken, und daran ziemlich leicht zu erkennen.

Natürliche Größe

CAMAROPHYLLUS RUSSO-CORIACEUS Bk. & Br. 1101

Wegen des Geruches nach « Russisch Leder »

VOLKSNAME: **Juchten-Ellerling**

Hut: 0,5-3 cm, elfenbeinweiß oder bernsteinfarben, bis grau-ocker, kreiselförmig, durchscheinend gerieft.

Lamellen: breit und dick, weißlich oder ledergelb, stark entfernt, bogig herablaufend.

Stiel: 2-4×0,2-0,4 cm, dünn und schlank, gleichdick, nach unten etwas verjüngt, manchmal verbogen, weiß, ausgestopft, dann hohl.

Fleisch: dünn; Geruch nach Juchtenleder oder Zedernholz, beim Austrocknen stärker werdend.

Sporen: oval-elliptisch, an einem Ende zugespitzt, 7-8×4-6 µm.

Vorkommen: auf Wiesen und Weiden, im Spätherbst, manchmal in zahlreichen Gruppen. Ziemlich selten.

Wert: eßbar, jedoch nur in kleinen Mengen zu genießen wegen des starken Geruches.

BEMERKUNGEN: Der Pilz ist sehr ähnlich dem **C. fuscescens (231)** und dem **Glasigweißen Ellerling (C. niveus, 667)**, man erkennt ihn aber sofort am starken Geruch nach Juchtenleder.

Natürliche Größe

CAMAROPHYLLUS LACMUS Fr. 1102

VOLKSNAME: **Violettgrauer Ellerling**

Hut: 2-4 cm, glockig, dann abgeflacht und leicht aufgebogen, dünnfleischig, grauviolett bis braunviolett, Scheibe heller, schmierig, glänzend, am Rand durchscheinend gerieft.

Lamellen: entfernt, ziemlich dick, am Stiel tief herablaufend, aderig verbunden, graulich bis grauviolett.

Stiel: 4-5×0,4-0,5 cm, nach unten verjüngt, weißlich, später grau-violett, gegen die Basis hin gelblich, hohl-ausgestopft

Fleisch: dünn, geruchlos.

Sporen: lang elliptisch, 6-8×5-6,5 µm. Die Basidien tragen zwei Sporen.

Vorkommen: in grasigen und moosigen Triften, Weiden. Spätherbst.

Wert: eßbar.

BEMERKUNGEN: Diesen **Ellerling** erkennt man vor allem an der violettbraunen Färbung, ein Merkmal, das bei **Ellerlingen** selten ist. Ähnlich gefärbt ist **C. subviolaceus** (Peck) Sing.; dieser Pilz ist gegen die Hutmitte bräunlich bis dunkler Vandyke-braun.

Natürliche Größe

HYGROCYBE METAPODIA (Fr.) Mos. 1103

Hut: 6-8 cm, gewölbt, dann abgeflacht, kastanienbraun, braun schuppig, Huthaut zerklüftend, Rand glatt und schließlich eingerissen.

Lamellen: mit großer Oberfläche, entfernt, an den Flächen aderig, weißgrau, bräunend, dick, bogig angewachsen oder ausgebuchtet herablaufend.

Stiel: 4-5×2-2,5 cm, voll, braungrau, berührt rötlich fleckend, nach unten verjüngt, bereift-fast faserig.

Fleisch: grau, im Schnitt rötend, beim Austrocknen schwärzend, Geruch schwach mehlartig, geschmacklos.

Sporen: hyalin, länglich oval oder fast zylindrisch, 6-8×3-3,5 µm, amyloid.

Vorkommen: in moosigen Bergwiesen. Sommer. Selten.

Wert: unbekannt.

BEMERKUNGEN: Die abgebildeten Exemplare zeigen die Farbe der reifen, nicht überreifen Fruchtkörper. Wegen der Seltenheit des Pilzes schien es uns angebracht, ihn vorzustellen und auf die ungewöhnliche aderige Oberfläche der Lamellen hinzuweisen, ein Merkmal, das vielleicht nur dieser unter den Hygrophoreen besitzt.

Natürliche Größe

HYGROCYBE FORNICATA (Fr.) Sing. 1104

von « fornicatus » (lat.) = gewölbt. Wegen des gewölbten Hutes

Hut: bis 6 cm, dünnfleischig, glockig, dann ausgebreitet, leicht höckerig gebuckelt, feucht oder wenig schmierig, weiß-graulich-olivgrünlich, später rußig grau oder ledergelb-bräunlich, fein radial faserig und in der Mitte dunkler; Rand dünn, fest, blasser.

Lamellen: wenig gedrängt, ausgebuchtet, abtrennbar, breit, bauchig, dick, mit dünner Schneide; weiß-grau-blaß ledergelb.

Stiel: 2-4×0,6-1 cm, nach unten verjüngt, ausgestopft, dann hohl, faserig gerieft, manchmal etwas gedreht, hyalin weiß, trocken glänzend, alt bräunend.

Fleisch: dünn, gebrechlich, weiß, Geruch nach Erde oder Schimmel.

Sporen: hyalin, ellipsoidisch-oval, zugespitzt, 7-8,5×4,5-5,5 µm.

Vorkommen: in moosigen Bergwiesen, am Waldrand. Herbst.

Wert: eßbar.

BEMERKUNGEN: Die Abbildung gibt den Pilz vielleicht etwas zu hell, jedoch annehmbar wieder. Ihm ähnlich ist **Porpoloma pescaprae (1020)**, dieser steht aber auf Grund mikroskopischer Merkmale den **Ritterlingen (Tricholoma)** nahe, aber er hat amyloide Sporen.

Natürliche Größe

HYGROCYBE LAETA (Pers. ex Fr.) Karst. **1105**

von « laetus » (lat.) = freudig, angenehm. Wegen der lebhaften Farben
VOLKSNAME: **Zäher Saftling**

Hut: 2-3,5 cm, anfangs glockig gewölbt, dann abgeflacht und in der Mitte niedergedrückt, stark schmierig und glänzend, Rand durchscheinend gerieft. Gelb-orange-rosa bis fuchsig, fleischbraun.
Lamellen: dünn, entfernt, herablaufend oder angewachsen-herablaufend, blaß fleischfarben oder weißlich, etwas graugrünlich getönt.
Stiel: 4-7×0,4-0,5 cm, gleichdick, wellig verbogen, glatt, zäh-elastisch, nicht brüchig, hohl, stark schleimig, dem Hut gleichfarbig, oder auch leicht lila getönt.
Fleisch: sehr dünn, geruchlos.
Sporen: länglich elliptisch, 6-8×4-5 µm.
Vorkommen: in Wiesen und grasigen und moosigen Weiden, in Heiden. Ziemlich selten. Spätsommer-Herbst.
Wert: eßbar.

BEMERKUNGEN: Dieser kleine **Saftling** gleicht dem **Papageien-Saftling (H. psittacina, 228)** im schleimigen Hut und Stiel und teilweise auch in der Farbe. Er unterscheidet sich durch das Fehlen der grünen Farbtöne und die herablaufenden Lamellen.

Natürliche Größe

HYGROCYBE CITRINA (Rea) Lge. **1106**

von « citrum » (lat.) = Zitrone. Wegen des gelben Hutes

Hut: 1-2 cm, zitronengelb oder leicht orange, Rand bis zu 2/3 durchscheinend gerieft, kegelig, dann abgeflacht, radial eingerissen, glatt, ziemlich schmierig.
Lamellen: angewachsen oder leicht herablaufend, entfernt, mit verschieden langen Zwischenlamellen, gelblich.
Stiel: 2-5×0,3 cm, dem Hut gleichfarbig, hohl.
Sporen: 6-10×3-5 µm
Vorkommen: in moosigen Wiesen, in Waldlichtungen. Herbst.
Wert: eßbar.

BEMERKUNGEN: Diese Art ist etwas unsicher und nicht leicht zu bestimmen. Die in der Abbildung wiedergegebenen Farben sind vielleicht etwas zu satt orange. Die typische Farbe ist mehr gelb.

Natürliche Größe

HYGROCYBE OVINA (Bull. ex Fr.) Kühn. **1107**

VOLKSNAME: **Rötender Saftling**

Hut: 4-8 cm, dünnfleischig, steif, gebrechlich, glockig gewölbt, dann abgeflacht, Rand dünn, furchig, zuletzt aufgebogen. Braun-grau-olivlich, wenig schmierig, fast trocken, radial faserig, später runzelig und schuppig.

Lamellen: entfernt, sehr dick, breit, bauchig, angeheftet oder fast frei und aderig verbunden; blaß, bald graulich oder bräunlich, später schwärzlich; berührt stark rötend.

Stiel: 5-8×0,8-1,5 cm, Basis aufgeblasen, glatt, unregelmäßig, anfangs ausgestopft, dann hohl, grau-bräunlich bis dunkelgrau-olivlich und schließlich schwärzlich, Spitze weiß bereift.

Fleisch: grau, im Schnitt rötend, dann schwärzend, gebrechlich, fast geruchlos und mild.

Sporen: länglich elliptisch, glatt, 7-10×5-6 µm.

Vorkommen: Weiden, Heiden, Waldlichtungen, im Nadelwald. Herbst.

Wert: ungenießbar.

BEMERKUNGEN: Dieser nicht sehr häufige **Saftling** ist ziemlich leicht zu erkennen am rötenden Fleisch, das im Alter schwärzlich wird. Der Pilz wird im Durchschnitt ziemlich groß.

Natürliche Größe

HYGROCYBE REAI R. Mre. 1108

VOLKSNAME: **Bitterer Saftling**

Hut: 0,5-2 cm, glockig gewölbt, manchmal etwas kegelig, dünn, fast schmierig, durchscheinend, scharlachrot, Rand bald gilbend. Rand zuerst etwas eingerollt, dann eben, später manchmal aufgebogen, dünn, durchscheinend gerieft; Huthaut angewachsen und kahl.

Lamellen: aufsteigend, ausgebuchtet angewachsen, ziemlich gedrängt, dem Hut gleichfarbig, Schneide narzissengelb, bisweilen gänzlich gelb.

Stiel: dünn, röhrig, nach unten etwas verjüngt, manchmal etwas zusammengedrückt, kahl und schmierig, glänzend, Basis weißlich, sonst dem Hut gleichfarbig.

Fleisch: dünn, an der Oberfläche orange, tiefer blaß, geruchlos und stark bitter.

Sporen: fast ellipsoidisch, 7-8×3,5-4,5 µm, hyalin.

Vorkommen: Wiesen, auf moosigem Silikatboden.

Wert: eßbar, aber ohne besonderen Wert.

BEMERKUNGEN: Dieser zierliche Pilz ist gekennzeichnet durch den schmierigen Stiel und den bitteren Geschmack. Er kann mit dem **Mennigroten Saftling (H. miniata, 674)** verwechselt werden, dieser hat einen milden Geschmack, die Hutmitte ist etwas flockig und der Stiel nicht schmierig.

2× vergrößert

HYGROCYBE CALYPTRAEFORMIS (Bk. & Br.) Fay. 1109

von « kalyptra » (gr.) = Haube. Wegen der Hutform
VOLKSNAME: **Rosenroter Saftling**

Hut: 3-5 cm, kapuzenförmig oder spitz kegelig, dünnfleischig, rosa, oder rötlich mit lila Farbtönen, wenig schmierig, seidig faserig. Rand dünn, eingerollt, dann eben, radial eingerissen und gelappt.

Lamellen: wenig gedrängt, schmal, etwas bauchig, dick, frei oder angewachsen, blaß rosa.

Stiel: 7-10×0,6-1,2 cm, gleichdick, manchmal gedreht, gebrechlich, röhrig, weißlich und rosa getönt.

Fleisch: auf der Scheibe leicht rosa, im Stiel weißlich. Geruchlos, Geschmack mild.

Sporen: glatt, elliptisch-oval, 5-8×5-6 µm.

Vorkommen: in Wiesen, Weiden, an grasigen Stellen, in Bergwäldern, in Gruppen. Selten. Herbst.

Wert: eßbar.

BEMERKUNGEN: Der Pilz hat zuerst einen spitzkegeligen, dann aufgeschirmten Hut, der später radial eingerissen und aufgebogen ist, wobei der spitze Buckel immer vorhanden ist. Die rosa-violette Farbe hebt sich vom Gras ab, aus dem sich der Pilz mit einem langen Stiel reckt.

3/4 natürliche Größe

HYGROCYBE TRISTIS (Pers.) Moell. 1110

von « tristis » (lat.) = traurig. Wegen des schwärzlichen Hutes?

Hut: 2-7 cm, fast häutig, gebrechlich, kegelig-glockig, dann ausgebreitet, Rand gelappt, kahl, er greift sich feucht an, gelb, oder leicht orange-zinnoberrot gefleckt; alt schwärzend.

Lamellen: ziemlich entfernt, weißlich, dann rußig gelb oder blaß olivlich, abgerundet-frei.

Stiel: 7-9×0,5-0,8 cm, hohl, faserig, gelb, manchmal zinnoberrot getönt, schwärzend.

Fleisch: gelblich, im Schnitt und beim Austrocknen schwärzend; ohne besonderen Geruch und Geschmack.

Sporen: hyalin, elliptisch, 9-12×6-7 µm.

Vorkommen: in grasigen Wäldern. Spätsommer-Herbst.

Wert: eßbar.

BEMERKUNGEN: Der Pilz gehört zur Gruppe der **Saftlinge,** deren Fleisch im Schnitt und im Alter schwärzt, sodaß er ganz kohlschwarz wird. Junge Fruchtkörper dieses Pilzes sind zitronengelb. Andere schwärzende **Saftlinge** sind: der **Kegelige Saftling (H. conica, 677)** hat die gleiche Hutform, ist aber orange gefärbt und hat einen glatten Hut; der **Schwärzende Saftling (H. nigrescens, 676)** ist meist größer und hat einen typisch faserigen, nicht glatten Hut. Diese beiden genannten **Saftlinge** gelten als verdächtig, weil sie zu leichten Vergiftungen geführt haben sollen. Andere giftige **Saftlinge** soll es nicht geben.

Natürliche Größe

HYGROCYBE ACUTOPUNICEA R. Haller 1111

Wegen der Form und Farbe des Hutes

SYNONYM: **Hygrocybe acuta** ss. Moell.

Hut: 1,5-5,5 cm, kegelig bis gewölbt, meist mit papillenartigem Buckel, orange-kirschrot, ausblassend zu Gelb oder Orange.

Lamellen: gelb, ziemlich breit, am Stiel abgerundet, entfernt.

Stiel: 3-8×0,7-1,3 cm, eigelb, stark rotfaserig, gebrechlich und hohl.

Fleisch: gelblich, geruch- und geschmacklos.

Sporen: 9-10×4-5 µm.

Vorkommen: in grasigen Wäldern. Sommer, Herbst.

Wert: eßbar.

BEMERKUNGEN: Unter den vielen gelb und orange gefärbten verwandten Arten ist dieser Pilz nicht leicht zu erkennen.

Natürliche Größe

HYGROCYBE CANTHARELLUS (Schw.) Murr. 1112

Wegen der Ähnlichkeit mit einem **Cantharellus**

Hut: 1,5-3,5 cm, anfangs glockig oder gewölbt, dann in der Mitte niedergedrückt, schließlich trichterförmig, nie kegelig; dünnfleischig, scharlachrot oder orange, Rand heller, fein faserig.

Lamellen: anfangs weißlich, dann gelblich, auch orange oder rötlich, entfernt, dick, stark herablaufend.

Stiel: 2-6×0,3 cm, dünn, zuerst ausgestopft, dann hohl und gebrechlich, orangerot, manchmal goldgelb getönt

Fleisch: sehr dünn, Geschmack unangenehm.

Sporen: hyalin, elliptisch, 8-10×5-6 µm.

Vorkommen: im Moos, zwischen abgefallenem Laub, an grasigen Plätzen, auch in Waldlichtungen. Ziemlich selten. Herbst.

Wert: eßbar.

BEMERKUNGEN: Der Pilz ist einer der vielen **Saftlinge** mit kleinen, scharlachroten oder orangeroten Fruchtkörpern. Die stark herablaufenden Lamellen geben ihm die Ähnlichkeit mit einem **Cantharellus (Leistling).** Der Pilz kann der **H. turunda** (Fr. ex Fr.) Karst. in der Form gleichen, sie hat aber braungraue Fasern auf dem Hut und einen gelben Stiel.

Natürliche Größe

HYGROPHORUS DICHROUS Kühn. & Romagn. 1113

von « dichroon » (gr.) = zweifarbig

Hut: 5-7 cm, schmutzig braun, oder graulich, blaugrünlich getönt, Buckel dunkler, Rand lange eingerollt, Huthaut schmierig; unter dem Mikroskop erkennt man zwei Pigmentarten: eines ist intrazellulär und bräunlich, das andere interzellulär und schwärzlich, mit Ammoniak bläulich bis satt grün verfärbend.

Lamellen: weißlich, bisweilen mit grünlichem oder bläulichem Ton, nicht sehr gedrängt, leicht herablaufend.

Stiel: 7-12×1,2-2 cm, weiß, bereift, mit ringartiger Zone, an der bei jungen Exemplaren eine faserig-schleimige Cortina ansetzt, darüber weißflockig, sonst mehr oder weniger dem Hut gleichfarbig genattert.

Fleisch: weiß, geruch- und geschmacklos.

Sporen: 9-13×5-7,5 µm.

Vorkommen: im Laubwald, besonders bei Steineiche (Quercus ilex). Spätsommer, Herbst.

Wert: guter Speisepilz.

BEMERKUNGEN: Dieser schöne **Schneckling** tritt besonders im Mittelmeerraum auf und wurde lange Zeit mit **H. olivaceoalbus (235)** oder **H. limacinus (650)** gleichgestellt, die sicher sehr ähnlich sind, aber im Nadelwald wachsen. Der beschriebene Pilz nimmt auch eine Mittelstellung in der Größe ein. Auf Grund eines chemischen Merkmals ist er leicht von den zwei erwähnten Arten zu unterscheiden: mit Ammoniak verfärbt sich die Huthaut blaugrün.

Natürliche Größe

HYGROCYBE AURANTIOSPLENDENS R. Haller **1114**

von « auratus » (lat.) = golden und « splendens » (lat.) = glänzend

Hut: 2-8 cm, glockig, oder stumpf kegelig, scharlachrot oder orangegelblich, zum Rand hin dottergelb ausblassend, schmierig, glänzend, Rand glatt oder feucht angedeutet gerieft.

Lamellen: nicht sehr gedrängt, breit, eher bauchig, mit verschieden langen Zwischenlamellen, abgerundet angewachsen bis frei, gelb mit weißer Schneide, am Grunde durchscheinend rötlich.

Stiel: 6-8 × 0,6-1 cm, länglich, gleichdick oder zusammengedrückt, gelb, mit orange Fasern, feinfaserig.

Fleisch: gelb, unter der Huthaut orange, mild, geruchlos.

Sporen: 8-9 × 4-4,5 µm, mandelförmig.

Vorkommen: in Bergwiesen. Sommer, Herbst. Häufig.

Wert: eßbar.

BEMERKUNGEN: Die Einordnung dieses **Saftlings** ist noch nicht ganz geklärt, weil es mehrere Varietäten dieser Art gibt, die man nur bestimmen kann, wenn man sie nebeneinander sieht. Wir halten diesen Pilz für den Vertreter einer Sammelart, die noch nicht erschöpfend erforscht ist.

Natürliche Größe

HYGROCYBE QUIETA (Kühn.) Sing. 1115

VOLKSNAME: **Schnürsporiger Saftling**

Hut: 2-7 cm, halbkugelig oder kegelig und ohne spitzen Buckel, später abgeflacht um einen stumpfen Buckel; Huthaut matt, nicht schmierig, wenig feucht, später fett glänzend, zitronen- bis dottergelb, bis orangerot; leicht durchscheinend gerieft.

Lamellen: dick, entfernt, breit, gewellt und bauchig, aderig verbunden, angewachsen und mit Zähnchen herablaufend, gelb oder orange.

Stiel: 2-6×0,4-1,5 cm, bauchig, an der Basis zugespitzt, hohl, furchig, dottergelb.

Fleisch: dünn, orangegelb; Geruch nach Wanzen, wie **Lactarius quietus (629).**

Sporen: 8-9×3,5-5 µm, elliptisch, mit medianer Einschnürung.

Vorkommen: an grasigen Plätzen im Laubwald, auf Weiden, Wiesen, einzeln. Herbst.

Wert: eßbar.

BEMERKUNGEN: Ein gutes Erkennungsmerkmal können die stark entfernten, eher dicken und bauchigen Lamellen sein.

Natürliche Größe

HYGROCYBE PARVULA (Peck) Murr. 1116

von « parvulus » (lat.) = klein. Wegen der kleinen Fruchtkörper

Hut: 0,3-0,6 cm, sehr klein, von chromgelb bis orange, selten mit rötlichem Ton, gewölbt, in der Mitte etwas niedergedrückt wie ein **Nabeling (Omphalina),** durchscheinend gerieft.

Lamellen: weiß bis gelblich, am Grunde auch orange, stark herablaufend, sehr entfernt.

Stiel: fast fadenförmig, hohl, orange bis chromgelb.

Sporen: 5-8,8(9)×3,5-4,5(4,7) µm.

Vorkommen: auf feuchten und moorigen Wiesen. Spätsommer-Herbst.

Wert: wertlos.

BEMERKUNGEN: Dieser Pilz ist vielleicht der kleinste **Saftling** und gleicht im Aussehen einem **Nabeling (Omphalina).** Ein anderer kleiner **Saftling** ist **H. subminutula** Murr., er ist gleich gefärbt, hat aber einen dickfleischigeren Hut mit stark schmieriger Oberfläche.

Schwach vergrößert

HYGROCYBE BREVISPORA Moell. 1117

Hut: 3-6 cm, kegelig, zugespitzt, später mehr ausgebreitet, Rand unregelmäßig lappig, gelb bis gelbgrünlich.

Lamellen: anfangs weißlich, dann hell gelbgrünlich, breit, bauchig, nicht gedrängt, am Stiel abgerundet.

Stiel: 4-6×0,8-1,2 cm, dem Hut gleichfarbig, zusammengedrückt, gefurcht, im unteren Teil manchmal auch orangegelb.

Fleisch: gelb.

Sporen: oval-kugelig, 6-8,5×5-6(7) µm.

Vorkommen: an grasigen Plätzen in Wäldern. Spätsommer-Herbst.

Wert: eßbar.

BEMERKUNGEN: Der Pilz gleicht sehr stark dem **Gelbgrünen Saftling (H. citrinovirens, 651)** in Farbe und Aussehen, dieser hat aber einen wesentlich längeren Stiel.

Natürliche Größe

OMPHALINA GROSSULA (Pers.) Sing. 1118

SYNONYM: **Omphalina abiegna** (Bk. & Br.) Sing.

Hut: 1-4 cm, oder wenig größer, gewölbt, genabelt, grünlichgelb, olivgelblich, Rand durchscheinend gerieft. Huthauthyphen ohne Schnallen.

Lamellen: gelblich, dem Hut gleichfarbig, aber auch blasser, herablaufend, wenig gedrängt.

Stiel: 1,5-2,5×0,1-0,4 cm, dem Hut gleichfarbig, zylindrisch.

Fleisch: unbedeutend, geruch- und geschmacklos.

Sporen: elliptisch-oval, mit großem Öltropfen im Innern, 7,5-10×4,4-5,5 µm.

Vorkommen: auf morschen Holzresten.

Wert: wertlos.

BEMERKUNGEN: Dieser kleine Pilz kann auch fast büschelig wachsen, man erkennt ihn an der gelben Färbung mit grünlichen Tönen.

Natürliche Größe

RICKENELLA FIBULA (Bull. ex Fr.) Raith. **1119**

SYNONYME: **Gerronema fibula** Sing.
Omphalia fibula (Fr.) Kummer

VOLKSNAME: **Heftelnabeling**

Hut: 0,5-1 cm, häutig, glockig, dann ausgebreitet, genabelt, Rand oft gefurcht-gekerbt, glänzend gelborange, ausblassend.

Lamellen: entfernt, weiß, am Grunde dem Hut gleichfarbig, herablaufend.

Stiel: 2-3×0,1 cm, röhrig, fadenförmig, blaß orange.

Fleisch: fast gleichfarbig, geruch- und geschmacklos.

Sporen: hyalin, länglich, 5-7×2,5 µm. Zystiden spindelig-bauchig, fast kopfig, 40-45×4-5 µm.

Vorkommen: in moosigen und grasigen Wäldern und Wiesen.

Wert: wertlos.

BEMERKUNGEN: Dieser kleine Pilz mit einem fadenförmigen Stiel wächst im Moos und wird meist übersehen. Nahe verwandte Pilze sind: die etwas dunklere **Rickenella setipes** (Fr.) Raith.; der **Gefaltete Nabeling (Omphalia ericetorum, 555)** ist gelblich gefärbt und hat den gleichen Standort. **Haasiella venustissima** (Fr.) Kotl. & Pouz. ist lebhaft orange gefärbt, hat stark herablaufende Lamellen und riecht typisch nach ranziger Seife; der Pilz ist sehr selten. Für eine sichere Bestimmung dieser Pilze ist eine mikroskopische Beobachtung notwendig.

Natürliche Größe

PLEUROTUS PULMONARIUS Fr. **1120**

von « pulmo » (lat.) = Lunge

Hut: 3-5 cm, fleischig, seitlich gestielt, muschelförmig, gewölbt, grauledergelb, bräunlich, feucht, kahl.

Lamellen: gedrängt, weiß, fast gleichfarbig, herablaufend.

Stiel: sehr kurz, seitlich, weiß filzig.

Fleisch: weiß, weich, später zäh, Geruch nicht sehr angenehm, Geschmack säuerlich.

Sporen: 10-12×3-4 µm.

Vorkommen: besonders auf Pappelstrünken. Herbst.

Wert: eßbar.

BEMERKUNGEN: Diese Art gilt als eine Varietät von **Pleurotus ostreatus (252),** mit einem meist helleren und kleineren Hut. Die Varietät **salignus** (Pers. ex Fr.) Konr. & Maubl. ist gelblich gefärbt.

Natürliche Größe

PLEUROTUS SPODOLEUCUS Fr. var. **alba** Pilat 1121

von « albus » (lat.) = weiß. Wegen der Farbe

Hut: 6-8 cm, rundlich, flach niedergedrückt, glatt, kahl, weißlich, grau und blaß ocker getönt.

Lamellen: sehr stark herablaufend, einfach, gedrängt, weißlich.

Stiel: 2,5-7,5×2 cm, kahl, dem Hut gleichfarbig oder heller, aufrecht, exzentrisch, voll, sehr lang, nach unten verjüngt.

Fleisch: weiß, fast geruchlos und geschmacklos.

Sporen: 5-6×2-3 µm (nach Saccardo).

Vorkommen: auf Laubbäumen. Herbst.

Wert: unbekannt.

BEMERKUNGEN: Es handelt sich um eine Varietät von **Pleurotus spodoleucus (687)**, die fast rein weiß gefärbt ist. Wir konnten diesen Pilz an mehreren Stellen mit diesem konstanten Farbmerkmal finden. Wir betrachten **Pleurotus spodoleucus** als eigene Art und nicht als Varietät von **Pleurotus ostreatus (252)**, wie er von manchen Autoren genannt wird.

Natürliche Größe

PANUS RUDIS Fr. **1122**

von « rudis » (lat.) = rauh. Wegen des borstigen Hutes

VOLKSNAME: **Borstiger Knäueling**

Hut: 3-8 cm, jung fleischrosa, manchmal violettlich getönt, ausblassend nach sehr hell Ockergelb bis Weiß; borstig-haarig-filzig; trichterförmig oder unregelmäßig nierenförmig oder muschelförmig, niedergedrückt. Der Rand bleibt lange Zeit eingerollt.

Lamellen: ockergelb, stark herablaufend, ziemlich gedrängt, dünn.

Stiel: 0,5-1 cm, voll, sehr kurz, bisweilen fast fehlend, wie der Hut ornamentiert.

Fleisch: weiß, fest, lederig, Geschmack mehlartig, aber auch bitter und brennend.

Sporen: 5-6×2-3 µm, nicht amyloid.

Vorkommen: ganzjährig auf Laubbäumen. Ziemlich selten.

Wert: ungenießbar, lederig zäh.

BEMERKUNGEN: Der Pilz ist unverwechselbar wegen der auffallend ornamentierten Fruchtkörper.

Natürliche Größe

PLEUROCYBELLA PORRIGENS (Pers. ex Fr.) Sing. **1123**

von « porrigo » (lat.) = reichen. Wegen der löffel- oder spatelförmigen Form

SYNONYME: **Pleurotus porrigens** (Pers. ex Fr.) Gill.
Pleurotellus porrigens (Pers. ex Fr.) Fay.

VOLKSNAME: **Ohrförmiger Seitling**

Hut: 3-8 cm, schneeweiß, filzig, ohrförmig, dünnfleischig, sitzend, fast ungestielt, lateral auf Nadelholzstrünken, meist in mehreren Exemplaren dachziegelartig gehäuft.

Lamellen: weißlich, gelblich getönt, sehr gedrängt, gegabelt, herablaufend.

Stiel: fast fehlend, seitlich.

Fleisch: weiß, zäh, geruch- und geschmacklos.

Sporen: 6-7×5-6 µm, rundlich, nicht amyloid. Zystiden fehlen.

Vorkommen: in Bergnadelwäldern, nicht häufig.

Wert: ungenießbar, ziemlich zäh.

BEMERKUNGEN: Man erkennt den Pilz an der schneeweißen Färbung und am ohrenförmigen, meist nicht gestielten Hut.

Natürliche Größe

HOHENBUEHELIA ATROCOERULEA (Fr.) Sing. 1124

Hut: 1-5 cm, sitzend, meist stark behaart, zottig oder wollig-filzig, selten kahl werdend, ledergelb oder blaß braun, oder auch braun, braunschwärzlich, braun-bläulich, graulich, mit gelatinöser Schicht.

Lamellen: weißlich bis ocker.

Stiel: meistens fehlend.

Fleisch: unter der Huthaut gelatinös, ohne besonderen Geruch und Geschmack.

Sporen: 8-10×4-5 µm, elliptisch.

Vorkommen: auf lebendem und totem Laubholz. Sommer-Herbst. Gesellig.

Wert: wertlos.

BEMERKUNGEN: Die Gattung **Hohenbuehelia** ist gekennzeichnet durch eine gelatinöse Schicht im Hut. Die ähnliche **H. rickenii** (Kühn.) Orton ist heller, gelbbraun gefärbt.

Natürliche Größe

PANELLUS MITIS (Pers. ex Fr.) Sing. 1125

Wegen des milden Fleisches

VOLKSNAME: **Milder Zwergknäueling**

Hut: 0,5-2 cm, rundlich oder nierenförmig, dünnfleischig, zäh-steif, weißlich, bräunend, seidig, manchmal gerieft, Huthaut abziehbar und gummiartig dehnbar.

Lamellen: gedrängt, schmal, weißlich, dann ocker, Schneide behaart.

Stiel: 0,2-0,8×0,3 cm, kurz oder rückgebildet, an der Spitze breiter, seitlich, weißfilzig-schuppig, manchmal zusammengedrückt.

Fleisch: weiß, zäh; unter der Huthaut mit gelatinöser Schicht. Geschmack mild.

Sporen: farblos, zylindrisch, etwas gebogen, sehr klein, 3-4×1 µm, amyloid.

Vorkommen: Herbst, Winter, auf Nadelholzästchen, in größeren Gruppen.

Wert: wertlos.

BEMERKUNGEN: Der Pilz gleicht dem **Eichen-Zwergknäueling (P. stypticus, 256)** in Form und Aussehen, er unterscheidet sich durch die hellere Färbung und durch das milde Fleisch.

Natürliche Größe

TECTELLA PATELLARIS (Fr.) Murr. 1126

von « patella » (lat.) = Tasse, Teller. Wegen der charakteristischen Fruchtkörperform

VOLKSNAME: **Klebriger Schleierseitling**

Hut: 1-2 cm, mehr oder weniger kreisrund, später schüsselförmig-flach, blaß ocker, kleiig-zottig, etwas klebrig, zäh, Rand weiß zottig. Huthaut mit einfachen, gelifizierenden Hyphen, viele davon frei endend.

Lamellen: dunkel gelb-ocker, bis bräunlich, gedrängt, jung von häutigem Velum verdeckt, das zuerst elastisch, dann spinnwebig und vergänglich ist.

Stiel: der Hut ist stielartig ausgezogen, ein echter Stiel fehlt.

Fleisch: wenig dick, dem Hut gleichfarbig, Geschmack grasartig.

Sporen: 4,5-5,5×0,8-1,3 µm, wurmähnlich, mit mehreren Tropfen, leicht amyloid. Sporenpulver graulich. Cheilozystiden zahlreich, keulenförmig, flaschenförmig, fast kopfig, 20-30×10 µm, manchmal mit amorphen Ausscheidungen, mit dicker Membran.

Vorkommen: holzbewohnend, auf dürren Buchenästchen.

Wert: wertlos.

BEMERKUNGEN: Der Pilz ist sehr selten. Er ist von Herrn Perrin in Hoch-Savoyen in Frankreich bei Haselstauden (Corylus avellana) gefunden worden.

Schwach vergrößert

CREPIDOTUS SPHAEROSPORUS (Pat.) Lge. 1127

von « sphairos » (gr.) = kugelig. Wegen der rundlichen Sporen

Hut: 0,8-2 cm, muschelförmig, sitzend, seidig weiß, filzig, Rand etwas eingebogen.

Lamellen: weiß, dann ocker-rosa oder rosa-braun, zuletzt roströtlich; entfernt und schmal.

Stiel: fehlend.

Fleisch: unbedeutend.

Sporen: rundlich bis breit elliptisch, mit punktierter Membran, 6,5-8×6-7,5 µm. Sporenpulver schmutzig rötlich. Cheilozystiden keulig, bauchig oder auch gegabelt.

Vorkommen: auf Laubholz, auch auf Nadelholz.

Wert: wertlos.

BEMERKUNGEN: Die kleinen muschelförmigen Lamellenpilze können meistens nur unter Verwendung eines Mikroskopes bestimmt werden.

Natürliche Größe

CREPIDOTUS VARIABILIS (Pers. ex Fr.) Kummer 1128

VOLKSNAME: **Gemeines Stummelfüßchen**

Hut: 0,5-3 cm, anfangs glockig gewölbt, dann ausgebreitet, rundlich bis lappig, muschelförmig oder nierenförmig; häutig, Rand eingebogen. Wollig oder seidig weiß, dann glatt und bräunend; ohne gelatinöse Schicht unter der Huthaut.

Lamellen: entfernt, schmal, dünn, am exzentrischen Stielansatz endend. Zuerst weißlich, dann gelb-rosa-bräunlich, später hellbraun.

Stiel: rückgebildet, bei jungen Fruchtkörpern sichtbar, bald verschwindend, weiß, filzig.

Fleisch: häutig, weißlich, geruch- und geschmacklos.

Sporen: zylindrisch-elliptisch, 5,5-7×2,8-3,5 µm, fein warzig. Sporenpulver ockerbraun, mit rötlichen Tönen.

Vorkommen: auf Laubholzreisig. Ganzjährig.

Wert: wertlos.

BEMERKUNGEN: Die eigentümlichen Fruchtkörper bedecken in zahlreichen Exemplaren die Holzästchen. Die Lamellen nehmen die rosabraune Farbe der reifen Sporen an.

Natürliche Größe

SUILLUS LUTEUS var. **volvacea** Ulbrich 1129

Der Stiel ist mit einer Art Volva ausgestattet

Diese Form des **Butterpilzes (S. luteus, 296)** trägt im Gegensatz zur typischen Art den Ring sehr tief am Stiel, ähnlich einer Volva. Die Konsistenz und Farbe des Ringes bzw. der Volva ist gleich wie beim Typus; auch ist er charakteristisch violettlich getönt. Singer führt diese Varietät bei der Beschreibung von **Suillus luteus** an und wir erachten sie als gültig, weil wir das zuletzt genannte Merkmal mit einer gewissen Konstanz beobachtet haben.

Vorkommen: bei Kiefern.

Wert: eßbar.

3/4 natürliche Größe

BOLETUS JUNQUILLEUS (Quél.) Boud. 1130

von « juncus » (lat.) = Binse. Wegen der gelben Farbe

Hut: bis 10,5 cm, glänzend kanariengelb, berührt rötlich oder rostig bläulich verfärbend, anfangs halbkugelig, dann abgeflacht, unregelmäßig hökkerig, dick, fest, Huthaut trocken, angewachsen, fein filzig, matt, etwas runzelig; Rand eingerollt, etwas wellig, ganz, glatt.

Röhren: gelb glänzend, ziemlich kurz, abtrennbar.

Poren: gelb glänzend, dann grünlich, klein, unregelmäßig.

Stiel: 9-9,5×6 cm, gelb, blasser als der Hut, Basis schmutzig weiß flaumig, leicht lila getönt, bauchig, gegen die Basis verjüngt und wurzelnd, weniger filzig als der Hut, manchmal mit länglichen, kleinen, gelblichen Flecken, nicht netzig.

Fleisch: lebhaft gelb, im Schnitt sofort satt blau verfärbend, stärker im Hut als im Stiel. Geschmack leicht bitter, Geruch schwach, eher unangenehm.

Sporen: 11,5-17,5×4,5-5,3 µm, blaß grünlich, Sporenpulver dick aufgetragen bronzefarben-schwärzlich. Weißes Papier färben sie lebhaft gelb. Nicht amyloid, glatt. Zystiden spindelig, mit dünner Membran, 33-50×6,5-8 µm.

Chemische Reaktionen: das Fleisch ist nicht amyloid. Es verfärbt sich mit Schwefelsäure lebhaft orange (auch die Röhren), mit Salpetersäure gelborange. Huthaut mit Salpetersäure dunkelrot, mit Eisensulfat langsam schmutzig grün, mit Ammoniak keine Reaktion.

Vorkommen: bei Laubbäumen, besonders bei Buche und Eiche. Juni bis Oktober.

Wert: eßbar.

BEMERKUNGEN: Der Pilz sieht fast aus wie eine Varietät von **Boletus erythropus (276)**, besonders wegen des Fehlens eines Stielnetzes und vielleicht auch wegen der starken Blauverfärbung des Fleisches, was beim gelben Fleisch besonders auffällt. Der Stiel von **Boletus queletii (701)** ist ebenso nicht netzig und das Fleisch ist nicht amyloid. Der abgebildete Pilz ist von Dr. Pasquali in einem Park von Bassano (VI) gefunden worden.

3/4 natürliche Größe

BOLETUS RHODOXANTHUS (Krombh.) Kbch. **1131**

von « rhodon » (gr.) = Rose und « xanthos » (gr.) = gelb. Wegen der Färbung

SYNONYME: **Boletus sanguineus** var. **rhodoxanthus** Krombh.
Boletus purpureus var. **rhodoxanthus** (Krombh.) Mos.

VOLKSNAME: **Rosahütiger Röhrling**

Hut: 5-20 cm, zuerst halbkugelig, dann ausgebreitet, weißgelb bis hellbraun mit rötlichen Tönen, Druckstellen schmutzig gelbbraun, Oberfläche etwas filzig, später glatt.

Röhren: ziemlich kurz, gelbgrün, später blaugrün.

Poren: klein, am Stiel abgerundet, gelblich bis rot. Druckstellen blaugrünlich.

Stiel: 5-12×3-5 cm, in der Mitte verdickt und fast zylindrisch, im oberen Teil auf leuchtend goldgelbem Grunde mit purpurrotem Netz, im unteren Teil löst es sich auf, sodaß die Basis bereift-filzig-punktiert erscheint.

Fleisch: jung zitronengelb oder goldgelb. Im Schnitt verfärbt es sich blau, vorallem unter den Röhren und am Stiel; weich, Geruch und Geschmack schwach.

Sporen: 10-15×4-5,2 µm, glatt, elliptisch-kugelig, gelbolivlich.

Vorkommen: im Laubwald. Juni bis September.

Wert: roh giftig, gekocht wahrscheinlich unschädlich.

BEMERKUNGEN: Der Pilz ist nicht immer leicht zu erkennen. Erkennungsmerkmale sind der helle Hut, das gelbe Fleisch und das weitmaschige Netz auf dem leuchtend goldgelben Stiel. Der **Wolfsröhrling (B. splendidus** ssp. **moseri, 703)** ist ihm ähnlich, er hat aber ein dichtes Netz, sodaß man die Stieloberfläche nicht sehen kann.

3/4 natürliche Größe

BOLETUS PURPUREUS var. **rubrosanguineus** Walty (Laubwaldform) **1132**

SYNONYM: **Boletus rhodopurpureus** Smotl.

Hut: 5-15 cm, zuerst halbkugelig, dann abgeflacht, blutrot oder rotgelb oder unregelmäßig rot, glänzend, fast glatt.

Röhren: bis zu 2 cm lang, am Stiel fast angewachsen, dunkel gelb, an der Luft blauend.

Poren: klein, rundlich, alt dunkelrot.

Stiel: 5-10 × 3-6 cm, an der Basis oder in der Mitte verdickt, dem Hut gleichfarbig, mit gedrängtem, undeutlichem Netz.

Fleisch: dunkel gelb, im Schnitt sofort schwarzblau, an der Basis weinrot. Geruch angenehm, Geschmack süßlich.

Sporen: kugelig, glatt, honiggelb, 10-13 × 5,5-6 µm, Sporenpulver olivgrünlich.

Vorkommen: im Laubwald, an sonnigen und grasigen Plätzen. Sommer.

Wert: er gilt als giftig.

BEMERKUNGEN: Dieser Pilz ist von Dermek und Pilat beschrieben worden. Diese Autoren versuchten, die Gruppe um **Boletus purpureus (274)** etwas zu ordnen. Die abgebildeten Pilze sind in einem Eichenwald von Dr. Pasqui von Bassano gefunden worden. Der Standort im Laubwald ist auch von den Autoren angegeben worden.

3/4 natürliche Größe

BOLETUS PURPUREUS var. **rubrosanguineus** (Nadelwaldform) **1133**

SYNONYM: **Boletus rhodopurpureus** Smotl.

Er ist der gleiche Pilz wie der vorhergehende, er ist aber vom Autor in einem Fichtenwald bei Fondo im Nonstal (Trient) gefunden worden. Die Beschreibung des Pilzes stimmt genau mit jener des vorhergehenden Pilzes überein. Wir wollten diesen Pilz vorstellen, um auf seinen Standort im Nadelwald hinzuweisen, und nicht um eine neue Varietät oder Form zu schaffen. Bis jetzt ist dieser Röhrling als **Boletus purpureus (274)** bestimmt worden.

3/4 natürliche Größe

XEROCOMUS MORAVICUS (Vacek) Herink 1134

SYNONYME: **Boletus tumidus** Fr. ss. Pelter.
Boletus umbrinus Pers. ss. Bres.

Hut: 2-7 cm, ziemlich satt kastanienbraun, Huthaut glatt, unter der Lupe fein filzig, nicht überhängend.

Röhren und Poren: blaß gelb, ockerlich werdend; berührt nicht blauend.

Stiel: 3-8×1-3 cm, spindelig, bauchig (bis zu 3 cm dick), dem Hut gleichfarbig, aber blasser, gegen die Basis bräunend, weitnetzig, wurzelnd.

Fleisch: im Stiel weiß (ausgenommen Stielbasis), im Hut blaß braunrosa getönt, im Schnitt dunkler werdend, jedoch nicht blauend. Geruch- und geschmacklos. Leicht austrocknend.

Sporen: 9-10×5-5,5 µm.

Vorkommen: im Laubwald, besonders bei Eichen. Sommer, Herbst.

Wert: eßbar.

BEMERKUNGEN: Dieser **Röhrling** ist erst vor kurzem richtig eingeordnet worden. Er gleicht sehr dem **Maronenröhrling (X. badius, 286)**; er unterscheidet sich durch die helleren Farben auf Hut und Stiel und durch das Fehlen der Blauverfärbung des Fleisches. Wir glauben, den beschriebenen Röhrling mit **Boletus umbrinus** Pers. gleichsetzen zu können, der in der Iconographia Mycologica von Bresadola unter der Nummer 918 dargestellt ist. Mit diesem Pilz stimmen auch die mikroskopischen Merkmale überein. Auch **Boletus tumidus** Fr. ss. Pelt. kann als ein Synonym angesehen werden.

Natürliche Größe

LECCINUM PICEINUM Pilat & Dermek **1135**

Der Pilz wächst im Fichtenwald

Hut: 3-15 cm, halbkugelig, fleischig, dunkel ziegelrot mit feinen schwärzlichen Schüppchen, nicht glatt, Huthaut überhängend, eingerollt.

Röhren: sehr lang, bis 3 cm, weißgrau, am Stiel abgerundet.

Poren: den Röhren gleichfarbig, graulich.

Stiel: 8-13 × 1,5-3 cm, gedrungener als bei anderen **Leccinum**-Arten, nach oben und unten verjüngt, manchmal eiförmig, graulich, mit schwärzlichen, faserigen Schuppen bedeckt, Spitze weniger schuppig.

Fleisch: weiß, im Schnitt rosa und violett verfärbend, besonders im Stiel, der in diesen Farben geflammt erscheint. Geruchlos und mit etwas säuerlichem Geschmack. Faserig.

Sporen: 12-15 × 3,5-4 µm, ellipsoidisch.

Vorkommen: typisch im Fichtenwald. Meist bei Heidelbeeren. Sommer-Herbst.

Wert: eßbar.

BEMERKUNGEN: Die Unterscheidung dieses Pilzes von der **Fuchs-Rotkappe (L. vulpinum, 711)** ist nicht leicht, der Standort im Fichenwald hilft aber bei der Bestimmung. Der **Röhrling** ist gedrungener als **L. aurantiacum (303);** die Bestimmung verwandter Arten ist immer an den Standort des Pilzes, bzw. den Symbiosepartner gebunden.

3/4 natürliche Größe

LECCINUM HOLOPUS (Rostk.) Watl. **1136**

von « holos » (gr.) = ganz und « pus » (gr.) = Fuß. Wegen des großen Stieles

SYNONYM: **Boletus chioneus** Fr.

VOLKSNAME: **Moor-Birkenpilz**

Hut: 2,5-7 cm, halbkugelig, nie ganz aufgeschirmt, weiß oder weißlich, reif nimmt er graugrünliche oder kupferrot-grünliche Töne an, nie braun oder rosa. Berührt kann er sich gelb verfärben; glatt, auch runzelig und fein filzig, feucht schmierig. Huthaut teilweise abziehbar.

Röhren: 5-15 mm, zum Stiel hin länger, weiß, dann graugrünlich.

Poren: klein, den Röhren gleichfarbig.

Stiel: 5-12×0,8-2 cm, gleichdick, nach unten verdickt, weiß, weiß schuppig, auffallender gegen die Basis; berührt verfärbt sich die Basis grünlich.

Fleisch: weiß, mit grünlichen Tönen, Stielbasis grünlichblau oder auch schmutzig rosa, im Hut weich, im Stiel faserig. Geschmack etwas bitterlich, geruchlos.

Sporen: 15-20×5-6,2 µm, Sporenpulver braun.

Vorkommen: in moorigen Wäldern, in Sphagnummooren, bei Birken.

Wert: eßbar.

BEMERKUNGEN: Ein weiterer weißer **Röhrling** ist **L. percandidum** (Vassilkov) Watling, er ist seltener und nach unserer Meinung vom **Moor-Birkenpilz** nicht gut zu unterscheiden. Man erkennt diesen am weißlichen, grünlich getönten Hut.

Natürliche Größe

SUILLUS FLAVIDUS (Fr.) Sing. **1137**

von « flavus » (lat.) = gelb. Wegen der gelblichen Farbe

VOLKSNAME: **Moor-Röhrling**

Hut: 2-6 cm, gewölbt, stumpf kegelig, schmutzig gelb-ledergelb, faserig oder eingewachsen faserig, feucht schmierig, trocken glänzend, ziemlich fleischig.

Röhren: ziemlich lang, fast ausgebuchtet oder herablaufend, wenig abtrennbar.

Poren: schmutzig gelb, weit, 1-2,5 mm, eckig, einfach oder zusammengesetzt, manchmal etwas radial varlängert.

Stiel: 2,5-5,5 × 0,4-0.7 cm, dünn, verbogen, gleichdick, nach oben verjüngt, schmutzig weiß bis nußbraun, Spitze gelb, bereift oder granuliert, mit gelbbräunlichem, schleimigem, ringartigem Velum, am Stiel eine bräunliche Zone bildend.

Fleisch: im Hut weich, im Stiel hart, schmutzig gelb bis gelbbraun. Geschmack säuerlich, Geruch fruchtig.

Sporen: 8-11 × 3-4 μm, fast spindelig, Sporenpulver braun.

Vorkommen: in Mooren und moorigen Wäldern, bei Pinus mugo, montana, silvestris, nigra. Sommer-Herbst.

Wert: eßbar.

BEMERKUNGEN: Von der Gattung **Suillus** sind folgende Arten in unserem Werk abgebildet und beschrieben worden: der **Goldröhrling (S. grevillei, 292)**, der **Rostrote Lärchenröhrling (S. tridentinus, 293)**, der **Graue Lärchenröhrling (S. aeruginascens, 294)**, der **Butterpilz (S. luteus, 296)**, der **Körnchenröhrling (S. granulatus, 297)**, der **Schweizerische Körnchenröhrling (S. sibiricus** ssp. **helveticus, 301)**, **Suillus leptopus (710)**, der **Ringlose Butterpilz (S. collinitus, 715)**. **Suillus nueschii** Sing. **(Boletus flavus)** ist dem oben beschriebenen Pilz am ähnlichsten, er unterscheidet sich durch die größeren, mehr gelb gefärbten Fruchtkörper und durch den Standort bei Lärchen.

Natürliche Größe

GYROPORUS CYANESCENS var. **lacteus** (Leveille) Quél. **1138**

von « lacteus » (lat.) = weißlich. Wegen der hellen Farbe

Dieser Pilz ist sicher eine Varietät von **Gyroporus cyanescens (277)**; sie wurde schon im Jahre 1848 von Leveille geschaffen. Er ist sehr hell gefärbt, fast weiß, und hat als besonderes Merkmal das sich nicht bläulich verfärbende Fleisch, wie der angeschnittene Pilz in der Abbildung gut zeigt. Die mikroskopischen Merkmale stimmen bei **G. cyanescens** und beim abgebildeten Pilz überein.

Vorkommen: im Laubwald.

Wert: eßbar.

3/4 natürliche Größe

TYPOPILUS FELLEUS var. **alutarius** (Fr.) P. Karsten **1139**

von « alutarius » (lat.) = ledergelb. Wegen des ledergelben Hutes

Der Pilz ist sehr ähnlich dem **Gallenröhrling (Tylopilus felleus, 281)** und wir verweisen auf die Beschreibung dieses Pilzes. Er unterscheidet sich jedoch im Geschmack des Fleisches, das nicht bitter, sondern fast angenehm süßlich schmeckt, sodaß der Pilz genießbar ist. Weitere Unterscheidungsmerkmale sind vielleicht der hellere, ledergelbe Hut und der nicht netzige Stiel, der beim **Gallenröhrling** immer netzig ist. Die Hutoberfläche ist außerdem mehr glatt und glänzend.

Vorkommen: im Mischwald.

Wert: eßbar.

BEMERKUNGEN: Der **Gallenröhrling (Tylopilus felleus, 281)** wird häufig mit dem **Herrenpilz (Boletus edulis, 262)** verwechselt, weil beide Pilze jung ähnlich aussehen und fast gleich gefärbt sind. Ein **Gallenröhrling** macht das Herrenpilzgericht ungenießbar wegen des bitteren Geschmackes. Mit der Varietät **alutarius** kann das nicht geschehen und wenn unvorsichtigerweise ein Pilz dazugemischt wird, fällt das gar nicht auf.

Natürliche Größe

BOLETINUS CAVIPES forma **aurea** (Rolland) Singer **1140**

von « aureus » (lat.) = golden. Wegen der gelben Hutfarbe

Es ist eine gut abgrenzbare Form von **Boletinus cavipes (300)** mit folgenden Merkmalen: der Hut ist goldgelb oder lebhaft zitronengelb gefärbt, die Poren sind blaß gelb, die Stielbasis dem Hut gleichfarbig, das Fleisch ist weiß und nimmt im Bruch manchmal einen schmutzig violetten Farbton an.

Vorkommen: man findet den Pilz häufig zusammen mit dem typischen **Boletinus cavipes** in Berglärchenwäldern auf saurem Boden.

Wert: eßbar.

BEMERKUNGEN: Rein zufällig ist neben **Boletinus cavipes** forma **aurea** die **Russula cavipes (1078)** abgebildet, weil sie nebeneinander gefunden worden sind.

3/4 natürliche Größe

CANTHARELLUS TUBAEFORMIS var. lutescens Fr. 1141

von « lutescens » (lat.) = gelb werdend. Wegen der Färbung

Hut: bis 5 cm, dünnfleischig, häutig, gewölbt und genabelt, trichterförmig, leicht flockig oder glatt, Rand dünn, eingerollt, stark lappig und behangen, fast blumenartig, auch ausgetrocknet satt goldgelb.

Leisten: dick, entfernt, herablaufend, einfach oder gegabelt, weniger lebhaft gelb-orange als der Hut, schmutzig gelb.

Stiel: bald hohl, mit dem Hut trompetenartig geformt, fast zylindrisch, meistens zusammengedrückt, grubig, mehr oder weniger lebhaft gelb, Basis blaß.

Fleisch: dünn, weißgelblich, mild, etwas parfümiert.

Sporen: 9-11 × 7-8 µm, ellipsoidisch, ovoidal.

Vorkommen: in Gruppen auf Waldboden. Sommer-Herbst. Selten.

Wert: eßbar.

BEMERKUNGEN: Für Fries ist dieser Pilz eine Varietät von **Cantharellus tubaeformis (240)**, nach unserer Erfahrung ist er eine gelbe Form von **C. lutescens (238)**. Die Pilze unterscheiden sich in der Farbe der Hutoberfläche, während sie sonst mehr oder weniger gleich gefärbt sind und sehr ähnlich aussehen.

Natürliche Größe

CANTHARELLUS SUBCIBARIUS Corner 1142

Wegen der Ähnlichkeit mit **Cantharellus cibarius (236)**

Hut: bis 7 cm, trichterförmig, Mitte leicht flockig-schuppig, Rand eingerollt, gelappt, wellig, blaß ocker oder weißkreme, Mitte dunkler.

Leisten: stark herablaufend, entfernt, quer miteinander verbunden, ziemlich breit, stumpf, gegen den Rand hin stark gegabelt, blaß.

Stiel: 3-6 × 0,4-1 cm, voll, fast zylindrisch, faserig, weißlich.

Fleisch: kompakt, faserig, in der Hutmitte ziemlich dick, dem Hut gleichfarbig, geruchlos.

Sporen: 7,5-9 × 5,5-7 µm, weiß.

Vorkommen: im Laubwald auf saurem Boden. Spätsommer.

Wert: wahrscheinlich eßbar.

BEMERKUNGEN: Bei der Beschreibung des Pilzes hielten wir uns an den Originaltext von Corner, der die Art im Jahre 1961 in Nord Borneo gefunden hat. Die abgebildeten Exemplare stammen aus der Gegend von Gocciadoro in der Nähe von Trient, wo der Pilz häufig gefunden worden ist. Auch Bresadola hat diese Gegend gut gekannt und andere seltene Pilze gefunden (z.B. **Leptoglossum polycephalum**). Wir nehmen an, daß der abgebildete Pilz häufiger vorkommt als man glaubt. Er unterscheidet sich von **C. cibarius (236)** durch das Fehlen des Geruches, durch den Standort im Laubwald und durch die blassere Färbung.

Natürliche Größe

CANTHARELLUS JANTHINOXANTHUS R. Mre. 1143

von « janthinos » (gr.) = violett und « xanthos » (gr.) = gelb

Hut: 3-5 cm, wellig verbogen, ziemlich dick, bisweilen stark genabelt, kreme-ocker bis fuchsig-orange, kahl oder fein bereift, Rand eingebogen und behangen.

Leisten: grau-lila, miteinander netzartig verbunden, sehr gedrängt.

Stiel: 3-4×1-1,5 cm, voll, glatt, fast zylindrisch oder zusammengedrückt, kahl, dem Hut gleichfarbig oder wenig blasser, Basis weißlich, Spitze wegen der herablaufenden Leisten graulila.

Fleisch: mild, geruchlos oder mit schwachem Geruch, fest, im Hut weiß oder kreme-rosa.

Sporen: glatt, ellipsoidisch, 11-12,5×7-8 µm, Sporenpulver kreme-fleischfarben.

Vorkommen: meist büschelig, in Buchenwäldern, auf Silikat- oder tonigem Boden.

Wert: eßbar.

BEMERKUNGEN: Dieser fast büschelig wachsende **Leistling** hat sehr unregelmäßig gelappte Hüte. Die Haupterkennungsmerkmale sind die lilafarbenen Leisten und der gelbockere Stiel und die ebenso gefärbte Hutoberfläche. Man könnte diesem Pilz **Canth. amethysteus (679)** gegenüberstellen, letzterer trägt auf der Hutoberfläche violette Schuppen, sonst ist er aber gelb, während **Canth. janthinoxanthus** umgekehrt ein violettes Hymenium und einen gelben Hut hat. Dieser Pilz wird jedes Jahr von Rag. Aldo Ebranati, dem Sekretär des « Gruppo Micologico Bresadola di Trento » im Tal Val Giudicarie (Trient) gefunden.

Natürliche Größe

CANTHARELLUS CIBARIUS var. bicolor Mre. 1144

Der Pilz ist eine Varietät von **Canth. cibarius (236)**; Hut und Stiel tragen sehr helle Farben, während das Hymenium lebhaft gelb ist wie in der typischen Form. Der Wert als Speisepilz, der Standort und die mikroskopischen Merkmale sind die gleichen wie beim Typus. Der Pilz wird häufig bei Fichten gefunden.

Natürliche Größe

RAMARIA AURANTIOSICCESCENS Schild **1145**

von « aurantius » (lat.) = orangefarbig und « siccescens » (lat.) = austrocknend. Der Pilz ist ausgetrocknet orange gefärbt

Der Pilz hat den typischen Habitus eines **Korallenpilzes (Ramaria),** er wird gebildet von vielen Ästen, die in einem fleischigen Strunk zusammenlaufen. In der Färbung kann der abgebildete Pilz der **Goldgelben Koralle (R. aurea, 330)** oder der **Schönen Koralle (R. formosa, 332)** gleichen. Die Spitzen sind orange gefärbt, die Äste gelb oder gelbbraun, der Strunk weiß. Beim Austrocknen wird der ganze Fruchtkörper mehr oder weniger orange. Die Unterscheidung von anderen Arten **(R. flava, 774; R. flavescens** Schff.; **R. aurea, 330; R. formosa, 332; R. ignicolor, 778)** ist nur auf Grund mikroskopischer und chemischer Merkmale möglich. **Ramaria aurantiosiccescens** kann an den mit Schnallen versehenen Hyphen erkannt werden; das Fleisch von **R. aurea** verfärbt sich mit Eisensulfat auf den Ästen olivgrün und auf dem Strunk rot, sie wächst bei Buchen.

Wert: eßbar; der Pilz ist sicher mit der eßbaren **R. aurea** verwechselt worden.

BEMERKUNGEN: In letzter Zeit sind über die Gattung **Clavaria** und **Ramaria** eingehende Studien durchgeführt worden, die das Wissen über diese Pilzgruppe wesentlich erweitert haben. Die einzelnen Pilzarten sind kaum mehr auf Grund makroskopischer Merkmale auseinanderzuhalten. Edwin Schild aus Brienz (Schweiz) ist ein anerkannter Fachmann in dieser Pilzgruppe. Unter den **Korallen-** und **Keulenpilzen** gibt es auch leicht giftige Arten, die von den eßbaren Arten nicht leicht unterschieden werden können besonders wenn die Fruchtkörper älter sind.

Natürliche Größe

RAMARIA FUMIGATA (Peck) Corner **1146**

SYNONYM: **Clavaria fennica** Karst.?

Fruchtkörper: 6-15 cm hoch, ziemlich schlank, mit einem dicken Strunk, violettlich-blau, Basis weiß. Die zahlreichen dicken und kurzen Äste tragen kleine Büschel von geraden Zweigen, die zusammengedrückt, längsrunzelig, fast furchig und gratig sind. Die Spitzen sind zweigeteilt, stumpf und sehr kurz. Die Äste sind meistens violett gefärbt wie der Strunk, manchmal können sie auch grünliche Farbtöne annehmen und alt sich rußig grau verfärben.

Fleisch: kompakt, weiß, nach außen hin gefärbt, geruchlos, etwas bitter.

Sporen: 9-13×4-5 µm, länglich elliptisch, gelb-ocker.

Vorkommen: im Laubwald, auf weichem Boden, auf Abfällen. Sommer-Herbst.

Wert: ungenießbar.

BEMERKUNGEN: Dieser auffallend und lebhaft violett gefärbte **Korallenpilz** verliert bald die Farben und wird rußig braun.

Natürliche Größe

RAMARIA AMETHYSTINA (Fr.) Donk 1147

Wegen des amethystfarbenen Fruchtkörpers

Fruchtkörper: nicht sehr groß, 5-7 cm hoch, gebrechlich, jung weißgrau, dann lebhaft lila, später bräunlich und ausgetrocknet graugelb; der Strunk ist sehr kurz, fast fehlend, die Äste sind sehr gebrechlich und im Schnitt rund, glatt, nicht stark verzweigt.

Fleisch: bald gelb.

Sporen: rundlich, 8-10 µm.

Vorkommen: an feuchten Plätzen in Wäldern.

Wert: wertlos.

BEMERKUNGEN: Dieser kleine **Korallenpilz** fällt auf wegen der lebhaften violetten Farbe, die der Pilz jedoch bald verliert. Ein eigentümliches Merkmal ist das brüchige Fleisch.

2/3 natürliche Größe

CLAVARIA CORNICULATA Schff. 1148

von « corniculum » (lat.) = kleines Horn. Wegen der Form der Ästchen

SYNONYM: **Clavaria muscoides** Fr.

Fruchtkörper: von 2,5 bis 8 cm, lebhaft goldgelb-orange gefärbt, später gegen Ocker verfärbend. Der dünne Strunk ist blasser, er ist von der Basis weg 2-3 mal ästig verzweigt; manchmal ist der Strunk länger und verzweigt sich an der Spitze zu kurzen, büscheligen Ästchen, diese sind im Schnitt rundlich und dünn, die Spitzen verjüngen sich, sie sind stumpf und tragen 2-3 Zähnchen.

Fleisch: gelb, steif-elastisch, Geruch konstant mehlartig und Geschmack leicht bitter.

Sporen: hyalin, kugelig, zugespitzt, 4,5-7 µm, mit einem Tropfen.

Vorkommen: auf Erde, in Wiesen, im Gras und im Moos. Herbst.

Wert: wertlos.

BEMERKUNGEN: Dieser **Keulenpilz** ist ziemlich häufig, er verwächst oft mit dem am Standort vorkommenden Gras.

Natürliche Größe

CLAVARIA DISSIPABILIS Britz. 1149

SYNONYM: **Clavaria helvola** Pers. ex Fr.

Der Pilz besteht aus büscheligen oder einzelstehenden, 3-6 cm großen, lebhaft goldgelb gefärbten, kleinen Keulen mit dunklerer Spitze. Die Keulen sind fast zylindrisch, später zusammengedrückt oder nach unten zu einem undeutlichen Stiel verjüngt.

Fleisch: gelblich, gebrechlich, ohne besonderen Geruch und Geschmack.

Sporen: hyalin, fast kugelig, zugespitzt, 4-7×4-6 µm.

Vorkommen: auf Erde, zwischen Moos und Gras, in Weiden und Waldlichtungen.

Wert: wertlos.

BEMERKUNGEN: Der Pilz ist sehr ähnlich der **Clavaria inaequalis** Müller; er unterscheidet sich in einem mikroskopischen Merkmal: er hat rundliche und stachelige und nicht glatte Sporen.

Natürliche Größe

CLAVARIADELPHUS LIGULA Schff. 1150

von « ligula » (lat.) = Zünglein. Wegen der Form des Pilzes
VOLKSNAME: **Zungen-Koralle**

Fruchtkörper: 4-8×0,4-0,7 cm, einfach, gesellig, weich, schwammig-fleischig, länglich keulig, abgestutzt, zusammengedrückt, oder auch zweigeteilt; gegen die Basis verjüngt und weiß behaart; sonst kahl und bisweilen runzelig; jung gelblich, alt ockerfuchsig.

Fleisch: weißlich, im Bruch etwas rosa, geruchlos, Geschmack mild bis bitter.

Sporen: eiförmig oder fast zylindrisch, schräg zugespitzt, hyalin, glatt, im Innern granuliert, 10-15×3-5 µm.

Vorkommen: in Bergnadelwäldern, auf Erde und Abfällen.

Wert: eßbar, aber ohne besonderen Wert und nicht ergiebig.

BEMERKUNGEN: Der Pilz hat Ähnlichkeit mit der **Herkules-Keule (Cl. pistillaris, 772)** oder mit der **Abgestutzten Keule (Cl. truncatus, 773)**, mit denen er häufig verwechselt wird. Er ist gut zu unterscheiden, weil er viel kleiner ist und weil die mikroskopischen Merkmale verschieden sind.

Natürliche Größe

CALOCERA CORNEA Batsch 1151

von « corneus » (lat.) = hornartig. Wegen der Konsistenz des Fleisches

Keulen: büschelig oder einzeln, etwa 1 cm hoch, einfach, glatt, schmierig, blaßgelb oder kreme, oder orange, Basis weiß behaart und kurz wurzelnd.

Sporen: länglich, seitlich eingedrückt, 7-9×4-4,5 µm.

Vorkommen: häufig auf morschen Laubholzstrünken. Ganzjährig.

Wert: wertlos.

BEMERKUNGEN: Dieser **Händling (Calocera)** kann mit kleinen und gleichfarbigen **Keulenpilzen (Clavaria)** verwechselt werden. Makroskopisch unterscheidet er sich vielleicht durch die härtere Konsistenz des Fleisches.

Natürliche Größe

CYTIDIA SALICINA (Fr.) Burt. 1152

von « salix » (lat.) = Weide. Wegen des Standortes

SYNONYM: **Cytidia rutilans** (Pers.) Quél.

Der Pilz bildet kleine, bis 10 mm große Becherchen mit gelatinöser Konsistenz, er ist aber bald lederig, auch flach und unregelmäßig geformt. Die Ränder sind etwas behaart, weiß; das Hymenium ist lebhaft orangerot und glatt.

Sporen: zylindricch, gebogen, 12-18×4-5 µm.

Vorkommen: auf trockenen Weidenästen. Sommer, Herbst.

Wert: wertlos.

BEMERKUNGEN: Diese Gattung wird in die Familie **Meruliaceae** gestellt; die Art **Cytidia salicina** hat zuerst ein gelatinöses Trama, das im trockenen Zustand starr wird.

Natürliche Größe

CORTICIUM EVOLVENS Fr. 1153

SYNONYM: **Corticium laeve** Pers.

Der Pilz bildet resupinate Fruchtkörper, sie sind häutig, ziemlich dick, mit weicher, fast fleischiger und abtrennbarer Trama; Rand weißlich, flaumig behaart, manchmal aufgebogen.

Hymenium: glatt, milchigweiß, oder auch ledergelb, oder manchmal blaß braun; trocken etwas felderig-rissig.

Sporen: fast oval-birnenförmig, zugespitzt und etwas gebogen, 7-9-12 × 4,5-7 µm.

Vorkommen: ganzjährig auf Ästen von Bäumen jeder Art.

Wert: wertlos.

BEMERKUNGEN: Diese Art wird zu den « krustenförmigen Pilzen ohne Hymenophor » **(corticoide Pilze)** gereiht. Die zarte und häutige, ziemlich dicke Trama ist mehr oder weniger abtrennbar.

Natürliche Größe

PHELLODON MELALEUCUS (Fr.) Karst. 1154

Hut: 2-4 cm, abgeflacht, genabelt oder becherförmig, dünn, weich, runzelig, seidig, nicht gezont, graubraun, Rand breit und weiß.

Stacheln: fein und kurz (1-1,5 mm), weiß, später hell grau.

Stiel: dick, kahl, bräunlich, nach oben verdickt.

Fleisch: korkig, weich, bräunlich, Geruch stark nach gerösteten Zichorien.

Sporen: rundlich, fein warzig, 4-4,5 × 3-4,5 µm, fast hyalin.

Vorkommen: zu Gruppen in Lichtungen, Nadel- und Laubwald. Herbst.

Wert: ungenießbar.

BEMERKUNGEN: Charakteristisch für diesen Pilz ist der besonders beim Austrocknen intensive Geruch. Dieser Geruch genüge nach Fries, um ihn vom ähnlichen **Hydnellum cyathiforme** Schff. zu unterscheiden, nach Bourdot und Galzin hat auch dieser Pilz den gleichen Geruch, nur weniger stark. Ein besseres Unterscheidungsmerkmal ist der bei **H. cyathiforme** gezonte Hut, der bei **Ph. melaleucus** nicht gezont ist.

2/3 natürliche Größe

SARCODON LAEVIGATUS (Swartz) Quél. **1155**

von « laevigatus » (lat.) = glatt. Wegen der glatten Hutoberfläche

VOLKSNAME: **Widerlicher Stacheling**

Hut: sehr groß, 5-20 cm und größer, braunrötlich oder auch graubraun mit violetten Farbtönen, gewölbt, dann niedergedrückt, unregelmäßig gelappt-wellig, Fleisch fest und hart; Oberfläche kahl, glatt, später schuppig aufrauhend.

Stacheln: zuerst braunviolett, dann dunkelbraun mit weißlichen Spitzen, zylindrisch, herablaufend, bis 15 mm lang.

Stiel: 4-6×2-3 cm, kurz, dick, fest, manchmal exzentrisch, kastanienbraungrau, zur Basis hin weißlich, zylindrisch, nach unten etwas verbreitert, fast glatt.

Fleisch: weißlich-graulich, leicht lila verfärbend, Geschmack bitter, Geruch intensiv nach gerösteten Zichorien.

Sporen: bräunlich, eckig-höckerig, 6-7×4-5 μm.

Vorkommen: im Nadelwald, meist gesellig.

Wert: ungenießbar wegen des bitteren Geschmackes.

BEMERKUNGEN: Manche Autoren (z.B. Maas Geesteranus: « Die terrestrischen Stachelpilze ») möchten diese Art mit **Sarcodon leucopus** Pers. gleichstellen.

2/3 natürliche Größe

HYDNELLUM COMPACTUM (Pers. ex Fr.) Karst. 1156

von « compactus » (lat.) = kompakt, dick. Wegen der Konsistenz des Fleisches

VOLKSNAME: **Derber Korkstacheling**

Hut: 5-15 cm, rundlich oder kreiselförmig, dann ausgebreitet, höckerig, hart, grau-braun, berührt rötend, Rand filzig und weißlich.

Hymenium: mit braungrauen, rötenden Stacheln, stumpf und pfriemenförmig, 4-8 mm lang.

Stiel: fuchsig-bräunlich, kurz und gedrungen, knollig, manchmal rückgebildet.

Fleisch: hart und korkig, blau und weißlich gezont, im Stiel rötlich; geruchlos oder mit schwachem Geruch.

Sporen: 5-7 × 5-5,5 µm.

Vorkommen: in den Waldboden eingesenkt, im Nadel- und Laubwald. Einzeln, manchmal zusammenwachsend und unförmige Fruchtkörper bildend.

Wert: ungenießbar.

BEMERKUNGEN: Dieser **Stacheling** ist ziemlich häufig; er verwächst manchmal zu unförmigen, fleischigen Fruchtkörpern, die mit einem kurzen Stiel in den Boden eingesenkt sind. Der Pilz ist hell gefärbt und das angeschnittene Fleisch nimmt etwas violettliche Töne an.

Natürliche Größe

SARCODON AMARESCENS Boudier & Quélet **1157**

von « amarus » (lat.) = bitter. Wegen des bitteren Geschmackes

Hut: 6-9 cm, gewölbt, dann abgeflacht, etwas gewellt, anfangs gelborange, dann blaß kastanienbraun oder gelbbraun.

Stacheln: klein, 1-3 mm, zuerst weißgrau, dann kastanienbraun mit weißen Spitzen.

Stiel: 3-5×1,5-2 cm, gleichdick, nach unten verjüngt, glatt, fuchsig, Basis graublau oder graugrünlich.

Fleisch: brüchig, ausgetrocknet sehr hart, weiß, später rötlich-violettlich-olivgrünlich, an der Stielbasis schwarzgrünlich, bitter.

Sporen: 4-6×4-5 µm, kugelig, etwas eckig.

Vorkommen: in Wäldern. Herbst.

Wert: ungenießbar.

BEMERKUNGEN: Diesen Pilz erkennt man gut am schwarzgrünlichen Fleisch in der Stielbasis. Von ähnlichen Arten unterscheidet er sich durch das helle und im trockenen Zustand sehr harte und steife Fleisch.

Natürliche Größe

BANKERA FULIGINEO-ALBA (Schmidt ex Fr.) Pouz. **1158**

VOLKSNAME: **Rötender Stacheling**

Hut: 5-10 cm, fleischig, oder fleischig-lederig, gewölbt und unregelmäßig, dann ausgebreitet oder niedergedrückt, fast trichterförmig, Rand anfangs eingerollt, umgebogen, weiß, am Rande rosa-bräunlich, schmutzig ledergelb, glatt und matt, manchmal höckerig.

Stacheln: weiß, später graurosa, kurz herablaufend.

Stiel: 4-5×1-1,5 cm, voll und fest, fast schuppig, weißlich-schmutzig rosa.

Fleisch: weiß, im Schnitt leicht rosa, Geschmack mild, Geruch stark und unangenehm, kumarinähnlich.

Sporen: hyalin, rundlich-eckig, stachelig, 3,5-4,5×3-4 µm, klein.

Vorkommen: im Föhrenwald, auf Erde.

Wert: ungenießbar.

BEMERKUNGEN: Diese Art ist ein typischer Vertreter einer Pilzgruppe, die neuerdings den Gattungsnamen **Bankera** trägt.

2/3 natürliche Größe

HYDNELLUM PECKII Banker apud Peck **1159**

Hut: 2-6 cm, flach bis gewölbt und niedergedrückt, rundlich, uneben, anfangs faserig-samtig, bei reifen Fruchtkörpern verliert der Hut den weißen Samt und wird grob konzentrisch gezont, jung werden auch kleine rote Tropfen ausgeschieden wie beim **Rotbraunen Korkstacheling (C. ferrugineum, 327).** Die Hutoberfläche ist später rostbraun mit weißlichem Rand.

Stacheln: 2-4 mm lang, herablaufend, anfangs weiß, dann rostbraun mit blasseren Spitzen.

Stiel: 1-3×0,4-0,8 cm, unregelmäßig zylindrisch, nach unten verjüngt, Basis erweitert, braunrot, schwammig.

Fleisch: gezont, braunrot, korkig-faserig, Geruch angenehm, Geschmack bitter und charakteristisch kratzend.

Sporen: 5-5,5×3,8-4 µm, fast kugelig, bräunlich.

Vorkommen: im Nadelwald.

Wert: ungenießbar.

BEMERKUNGEN: Im jungen Zustand gleicht er dem **Rotbraunen Korkstacheling (Hydnellum ferrugineum, 327)** wegen der karminroten Tröpfchen auf der Hutoberfläche. Das wesentliche Unterscheidungsmerkmal ist das bittere Fleisch, das beim Verkosten nach kurzer Zeit charakteristisch sehr stark kratzend wird. Die abgebildeten Exemplare sind reife Pilze.

3/4 natürliche Größe

HERICIUM ERINACEUM (Bull. ex Fr.) Pers. **1160**

von « erinaceus » (lat.) = stachelig

VOLKSNAME: **Igel-Stachelbart**

Fruchtkörper: bis zu 10-20 cm lang und breit, herzförmig, manchmal zu einem rudimentären Stiel (bis 6 cm) verlängert. Oberfläche aufgerauht-faserig; weiß, später gelblich. Konsistenz fleischig-elastisch, zäh.

Stacheln: sehr lang (bis 3-6 cm), sehr gedrängt, gerade, einheitlich dick, hängend, weiß, später gelblich.

Sporen: eiförmig-kugelig, 5-7×4,4-6 μm, amyloid.

Vorkommen: auf morschen Strünken von Eiche, Buche, Nußbaum, usw. Herbst und Winter.

Wert: jung eßbar.

BEMERKUNGEN: Die Gattung **Hericium** umfaßt nur wenige Arten. Den **Igel-Stachelbart** erkennt man am sehr kompakten, nicht gezonten Fleisch und an den langen Stacheln.

2/3 natürliche Größe

SARCODONTIA ACEROSA 1161

Der Pilz bildet resupinate Krusten, wobei jede Schicht ein Hymenium trägt, das aus 3-6 mm langen Stacheln besteht. Das Hymenium ist der sichtbare Teil des Pilzes, weil der fleischige Teil mit dem Substrat verwachsen ist. Die Stacheln sind goldgelb, orangegelb gefärbt, während das Fleisch weißlich ist. Sporen konnten nicht festgestellt werden.

Wert: ungenießbar.

3/4 natürliche Größe

HERICIUM BRESADOLAE (Quél.) Malencon **1162**

Zu Ehren von Bresadola

Fruchtkörper: resupinat, mit dünner Unterlage, unregelmäßig krustenförmig, weiß flockig, häutig bis dünnfleischig, weich, gebrechlich.

Hymenium: gebildet von gedrängten Stacheln, 0,5-1,5 mm lang, zugespitzt, mit scharfen Kanten (Lupe); gelb, ausgetrocknet orangebraun, meistens geotrop orientiert.

Sporen: hyalin, fast kugelig, glatt, 3-4,5×2,5-4 µm, mit einem Tropfen.

Vorkommen: auf Strünken, besonders bei Lärche.

Wert: wertlos.

BEMERKUNGEN: Die Stacheln entspringen einem flachen, polsterförmigen Gebilde von gekräuselten Lappen umgeben.

Natürliche Größe

HYDNUM HENNINGSII Bres. **1163**

Zu Ehren von Henning

Hut: 0,5-2,5 cm, fleischig, steif, mehr oder weniger krustenförmig, resupinat, höckerig-stalaktitartig, umrandet, gelb-fleischfarben, gänzlich mit zuerst höckerigen, später spatel- oder pfriemenförmigen Stacheln bedeckt.

Fleisch: gelblich, fasorig

Sporen: eiförmig, goldgelb, 4,5-5×2,5-3 µm.

Vorkommen: auf holzigen exotischen Pflanzen.

Wert: wertlos.

BEMERKUNGEN: Dieser seltsame **Stachelpilz** trägt die Stacheln ähnlich kleinen Stalaktiten.

Natürliche Größe

MYCOLEPTODON OCHRACEUS (Pers.) Pat. 1164

Fruchtkörper: häutig-lederig, rundlich, später ausgebreitet und zusammenfließend, oder Rand schmal eingebogen, oder kapuzenförmig, filzig, weiß oder blaß; Rand weiß, flaumig, fast bewimpert.

Stacheln: regelmäßig, pfriemenförmig, weiß, länglich, kreme-ocker oder ockerlich.

Fleisch: lederig.

Sporen: oval-länglich, 3-4×2-2,5 µm. Zystiden keulenförmig oder spindelig, 24-100×5-10 µm, mit dicker Zellwand.

Vorkommen: auf abgefallenen Nadel- und Laubholzästen. Ganzjährig.

Wert: wertlos.

BEMERKUNGEN: Wegen der Stacheln wird die Art zu den **Stachelingen** gestellt.

Natürliche Größe

MYCOLEPTODON DICHROUS (Pers.) Bourd. et Galz. 1165

von « dichrous » (gr.) = zweifarbig

Fruchtkörper: weniger ausgedehnt als der vorige Pilz, mehr aufgebogen, filzig, weiß, gezont, dachziegelartig.

Stacheln: dicker, manchmal mit flacher bis spatelförmiger Spitze, kreme-fleischfarben.

Fleisch: faserig-lederig, leicht gelblich-rosa.

Sporen: fast oval, breit, 4-6,5×3,5-4 µm.

Vorkommen: auf Erlen, Eichen, u.a. Winter und Frühling.

Wert: wertlos.

BEMERKUNGEN: Die weiße Hutoberfläche bildet einen Farbkontrast zum gelben Hymenium.

Natürliche Größe

COLTRICIA CINNAMOMEA (Jacq. ex Pers.) Murr. **1166**

von « kinnamomon » (gr.) = Zimt. Wegen der Färbung des Pilzes

Hut: 2-3 cm, etwas korkig, schlaff, abgeflacht-niedergedrückt, fast trichterförmig, filzig, später kahl, glänzend, lebhaft zimtbraun, schwach dunkler konzentrisch gezont, später einheitlich fuchsig und ungezont; Rand bisweilen fransig.

Poren: ziemlich groß, fünf- oder sechseckig, dunkel zimtbraun, trocken fuchsig.

Stiel: 3-4 × 0,3-0,5 cm, zentral, ausgestopft, filzig, nach unten verjüngt, manchmal auch knollig, dem Hut gleichfarbig.

Fleisch: gleichfarbig.

Sporen: eiförmig-ellipsoidisch, glatt, gelb, 7-9 × 4-5 µm.

Vorkommen: einzeln oder selten büschelig, zwischen Moos im Laub- und Nadelwald.

Wert: ungenießbar.

BEMERKUNGEN: Man kann den Pilz mit zahlreichen verwachsenen Hüten finden, die ihm ein blütenartiges Aussehen geben. Er umwächst Pflanzen, die in der Nähe stehen.

3/4 natürliche Größe

THELEPHORA TERRESTRIS var. tomentella Bourdot & Galzin 1167

Fruchtkörper: 2-3 cm, er hat die Form eines flachen Blütenblattes, oder auch nierenförmig, unregelmäßig über- und nebeneinanderstehend; die Oberseite ist behaart, flaumig oder aufgerauht, dunkelbraun, weich, lederig, fast schwammig. Rand weiß. Das Hymenium ist glatt, isabellfarben, gelb oder braun. Die Fruchtkörper sind ungestielt, sie dringen neben Steinen in die Erde ein.

Sporen: 6,5-10×4-9 µm.

Vorkommen: Spätherbst, bei Nadelbäumen, neben glatten Steinen.

Wert: wertlos.

BEMERKUNGEN: Der Pilz ist eine der Varietäten des **Erdwarzenpilzes (Th. terrestris, 745)** und kann durch die Form und durch mikroskopische Merkmale gut unterschieden werden. Eigentümlich ist der Standort zwischen kleinen glatten Steinen mit zahlreichen Hüten, die die Steine zu umgeben scheinen.

Natürliche Größe

THELEPHORA MULTIZONATA Bk. & Br. 1168

Fruchtkörper: büschelig, der 2-5 cm lange Stiel geht in flache, dünne Äste über, die rosettenartig zu einem trichterförmigen Hut verwachsen, tief eingeschnitten und lappig, fuchsig oder bräunlich, dunkel gezont. 8-12 cm hoch.

Hymenium: glatt oder fein rippig, gleichfarbig, heller.

Sporen: hyalin, kugelig, breit elliptisch, 4,5-6,5×4-5 µm.

Vorkommen: erdbewohnend, im Laubwald, Herbst.

Wert: wertlos.

BEMERKUNGEN: Dieser **Wärzling** hat eine rosettenartige, büschelige Form, ähnlich einer **Glucke (Sparassis)** oder auch einer **Koralle (Ramaria)**.

2/3 natürliche Größe

THELEPHORA CARYOPHYLLEA (Schff.) Fr. 1169

von « karyophyllon » (gr.) = Nelke. Wegen der Pilzform

Hut: 2 cm und größer, fast lederig, dünn, niedergedrückt oder trichterförmig, faserig-zerrissen, weich, fast gezont oder bisweilen wellig, braun-dunkel purpurn, isabellfarben, nußbraun, Rand weißlich, in mehr oder weniger schmale Ästchen zerteilt.

Hymenium: glatt oder fein längs gerieft-runzelig, braunviolett, oder kastanienbraun, am Rand blasser und weißlich.

Sporen: länglich-oval, eckig, schwach warzig, 6-10×5-8 μm, braungelblich, mit einem Tropfen.

Vorkommen: einzeln oder büschelig, im Mischwald, besonders bei Birken, auf grasigem Boden.

Wert: wertlos.

BEMERKUNGEN: Die Abbildung zeigt die charakteristische Form des nelkenartigen Fruchtkörpers. Der Artname paßt sicher gut zum Pilz.

Natürliche Größe

CLAVARIADELPHUS FISTULOSUS (Fr.) Corner 1170

von « fistulosus » (lat.) = röhrig. Wegen der hohlen Keule
VOLKSNAME: **Röhrige Keule**

Keule: einfach, gerade und dünn, 6-20 cm hoch, röhrig, steif, schlaff, bereift, mit stumpfer Spitze; gelblich-fuchsig-braun.

Stiel: endet in einer kurzen, weiß behaarten Wurzel.

Sporen: hyalin, glatt, fast spindelig, an beiden Enden oder nur an der Basis zugespitzt, 12-15×6-7 μm, mit körnigem Inhalt Sporenpulver weiß.

Vorkommen: auf Holzstrünken von Erle, Eiche, Farnen oder auch im Humus. Herbst.

Wert: wertlos.

BEMERKUNGEN: Dieser eigentümliche **Keulenpilz** kann ausnahmsweise bis 20 cm hoch werden, man erkennt ihn an der bräunlichen Farbe und an der hohlen Keule.

1/2 natürliche Größe

PHELLINUS ROBUSTUS var. **hartigii** (All. & Schn.) **1171**

Hut: 8-20 cm, lang, sitzend, konsolenförmig, aber auch verlängert und verschieden geformt, immer sehr massig; bis 10 cm breit. Die Schichten zeigen den jährlichen Zuwachs, sie sind oben dunkler schwärzlich, weiter unten heller nußbraun, unmittelbar in die Hymenialschicht übergehend, die gelblichgrau oder hellbraun gefärbt ist.

Röhren: geschichtet, nur durch eine dünne Haut voneinander getrennt, bis 4 mm lang, gelbrötlich. Die Poren sind sehr klein, ungefähr 0,1 mm im Durchmesser, gelb oder braungelb.

Fleisch: sehr hart und kompakt, mit höherem spezifischem Gewicht als beim Typus, gezont, dunkler als die Röhren, braungelb oder braunrötlich.

Sporen: 7,5-8 × 6,5-7 µm, eiförmig, glatt.

Vorkommen: typisch auf Nadelholz.

Wert: ungenießbar.

BEMERKUNGEN: Das abgebildete Exemplar hat eine etwas ungewöhnliche spindelige Form und scheint auf einem Laubbaum zu wachsen. Er ist aber auf einem Nadelbaum gefunden worden, worauf die Rinde hinweist. Die var. **hartigii** unterscheidet sich von der typischen Form neben anderen vielleicht schwieriger erkennbaren Merkmalen durch das Auftreten auf Nadelbäumen. **Phellinus robustus** Karst. wächst auf Laubbäumen.

Schwach vergrößert

PHELLINUS TORULOSUS Pers. 1172

von « torulosus » (lat.) = wulstig

Hut: 30-40 cm, sehr groß, bis 10 cm dick, halbiert, abgeflacht oder niedergedrückt, furchig, filzig, fuchsig oder fuchsigbraun, mit kissenartigem, hellerem, gelbem oder rostiggelbem Rand.

Röhren: 3-11 mm, geschichtet, dem Hut gleichfarbig.

Poren: 0,10-0,20 mm, rundlich-oval, weißlich fuchsig, dann braun, feucht dunkelrot.

Fleisch: korkig, leicht, fast gezont, rostig oder braun fuchsig.

Sporen: 4-6×3-5 µm, Sporenpulver weiß, fast kugelig, ellipsoidisch.

Vorkommen: auf Laubholzstrünken, im Mittelmeerraum, besonders bei Steineiche (Quercus ilex). Sommer.

Wert: ungenießbar.

BEMERKUNGEN: Dieser **Feuerschwamm** kann sehr groß werden, er hat jedoch nicht ein massiges Aussehen wie manche ähnliche Arten dieser Gruppe, weil der Hut in einem dünnen Rand endet.

3/4 natürliche Größe

INONOTUS DRYADEUS (Pers. ex Fr.) Murr. **1173**

von « drys » (gr.) = Eiche. Wegen des Standortes

Hut: 10-20 cm und größer, fleischig-korkig, abgeflacht, halbiert, dick, manchmal dachziegelartig, fast rundlich, manchmal spatelförmig, von einer dünnen, bereiften Kruste bedeckt, tabakbraun.

Röhren: bis 15 mm lang, dunkelbraun, mit kleinen, runden Poren, weißlich bereift, geschichtet.

Fleisch: schwammig-korkig, faserig, dunkel rostigbraun.

Sporen: fast kugelig, zugespitzt, glatt, hyalin, 8-9×7-8 µm.

Vorkommen: auf alten Eichenstrünken, mehrjährig.

Wert: ungenießbar.

BEMERKUNGEN: Dieser **Porling** wächst auf Eichen (das abgebildete Exemplar ist in einem Steineichenwald bei Pontedera (Pisa) fotografiert worden), häufiger in südlichen Gegenden Europas. Das auffallendste makroskopische Merkmal ist die filmartige weißliche Schicht auf dem Hymenium, die aufbricht.

1/2 natürliche Größe

PHELLINUS PINI Brot. **1174**

Hut: 5-15 cm, korkig-holzig, im Schnitt fast dreieckig, konzentrisch gefurcht, rissig, rauh, dunkel rostigbraun bis schwärzlich. Rand zimtbraun filzig.

Röhren: 0,8-1,2 cm lang, manchmal geschichtet, rostig zimtbraun.

Poren: mäßig breit, rundlich oder elliptisch-länglich, auch regelmäßig, gelblich oder ziegelrotbraun.

Fleisch: trocken, korkig-holzig, rostig fuchsig, mit schwachem Geruch.

Sporen: breit elliptisch oder fast kugelig, zugespitzt, glatt, gelblich, 6-8 × 5-6 µm.

Vorkommen: auf Nadelholzstrünken; ganzjährig.

Wert: ungenießbar.

BEMERKUNGEN: Der Pilz kann dem **Phellinus torulosus (1172)** ähnlich sein, er unterscheidet sich aber durch den Standort auf Nadelholz.

3/4 natürliche Größe

TYROMYCES CHIONEUS Fr. 1175

Hut: 2-10 cm, Ausnahmen bis 20 cm, fast nierenförmig oder fächerartig, halbiert, auch flach, im Schnitt dreieckig, Oberfläche kahl, nicht gezont, weiß, mit zugespitztem, geradem, welligem, glattem und weißem Rand.

Röhren: 2-5 mm, weiß.

Poren: weiß, 0,2-0,3 mm, rundlich-eckig.

Fleisch: weich, wässerig, trocken steif und brüchig, bröckelig, nicht faserig, wenig gezont. Geschmack mild, Geruch fruchtartig.

Sporen: 3-4 × 1,5-1,75 µm, ellipsoidisch, am Rücken mit geradlinigem Saum.

Vorkommen: auf abgestorbenen Laubholzstrünken, selten auf Nadelholz.

Wert: ungenießbar.

BEMERKUNGEN: Der Pilz unterscheidet sich von **T. stipticus (1176)** durch den nicht zusammenziehenden Geschmack, aber auch durch mikroskopische Merkmale. Der noch mehr ähnliche **T. lacteus** (Fr.) Quél. wächst auf Nadelholz. Das abgebildete Exemplar ist sehr groß.

Natürliche Größe

TYROMYCES STIPTICUS (Pers. ex Fr.) Kotl. & Pouz. 1176

von « stipticus » (lat.) = zusammenziehend. Wegen des widerlichen Geschmackes

SYNONYM: **Polyporus albidus** (Schff.) Fr.

Hut: 5-8 cm breit, 2-3 cm dick, weißlich, manchmal auch ockerlich oder rötlich, sitzend.

Röhren: ungefähr 6 mm lang.

Poren: 0,2-0,4 mm, rundlich, dann länglich, weißlich oder kreme.

Fleisch: zuerst weich, dann korkig und schließlich hart, weiß, faserig, mit stark abstoßendem, zusammenziehendem Geschmack, Geruch nicht sehr unangenehm.

Sporen: farblos, elliptisch, seitlich leicht eingedellt, mit einem Tropfen, $3{,}5\text{-}4{,}5 \times 1{,}5\text{-}2{,}5$ µm.

Vorkommen: auf Strünken von Kiefer, Tanne, Wacholder, an Koniferen gebunden.

Wert: ungenießbar.

BEMERKUNGEN: Auf dem Holz, das dem Pilz als Substrat dient, verursacht er eine Rotfäule. Der charakteristische widerliche Geschmack und der Standort auf Nadelholz lassen ihn von anderen **Weißporlingen (Tyromyces)** unterscheiden. Er ist vielleicht die häufigste Art dieser Gattung.

1/3 natürliche Größe

POLYPORUS MORI (Pollini) ex Fr. **1177**

SYNONYM: **Favolus europaeus** Fr.

VOLKSNAME: **Waben-Porling**

Hut: 5-6 cm, fleischig-zäh, dünn, rundlich oder nierenförmig, Rand anfangs eingerollt, dann flach, wellig oder gelappt; fuchsig-ockerlich; zuerst schuppig, später kahl werdend.

Poren: groß, zuerst stumpf gefaltet, dann lamellenförmig und stark miteinander verwachsen, bienenwabenförmig bis gestreckt, bei reifen Fruchtkörpern Schneide spitzig und zerrissen-bewimpert; ocker oder strohgelb.

Stiel: sehr kurz (0,4-0,6 cm), seitlich, fast gleichfarbig oder an der Basis dunkler.

Fleisch: weißlich, biegsam, ohne besonderen Geruch und Geschmack.

Sporen: hyalin, länglich, keulig-sichelförmig, 12-14×3-4 µm. Das Hymenium besteht aus zylindrischen und gewellten Hyphen, die in die Trama übergehen.

Vorkommen: auf Laubholzstrünken (Morus alba, Cerasus acida, u.a.).

Wert: ungenießbar.

BEMERKUNGEN: Man erkennt den Pilz an den großen, fast rechteckigen Poren und am Fehlen des Filzes an der Stielbasis.

Natürliche Größe

HIRSCHIOPORUS ABIETINUS (Dicks. ex Fr.) Donk **1178**

SYNONYM: **Coriolus abietinus** Quél.

Fruchtkörper: klein (1-3 cm), ausgebreitet-aufgebogen, mit dem Substrat an einer Stelle des Hutscheitels verwachsen, oder resupinat, dünn, filzig, braun-grau, Rand anfangs manchmal purpurn, dann gleichfarbig.

Hymenium: lila-graulich, später blaß braun, Röhren sehr kurz, Poren rundlich-eckig, 0,2-0,4 mm, später labyrinthartig-aufgelöst.

Trama: sehr dünn, häutig, lederig, später erhärtend, bräunlich.

Sporen: hyalin, fast zylindrisch, 6-9×3-4 µm. Zystiden zahlreich, kurz und spindelig, meist mit Krönchen.

Vorkommen: ganzjährig, auf Strünken und Ästen von Nadelbäumen, besonders bei Tanne.

Wert: wertlos.

BEMERKUNGEN: Der Pilz bringt auf abgestorbenen Ästen der Tanne zahlreiche purpurrosa gefärbte Fruchtkörper hervor.

1/2 natürliche Größe

GANODERMA RESINACEUM Boud. **1179**

VOLKSNAME: **Harziger Lackporling**

Hut: groß, 15-40 cm, halbkugelig oder nierenförmig, dick, Oberfläche höckerig-gefurcht, von einer glänzenden Schicht überkleidet, gelb, dann kastanienbraun oder ziegelrotbraun, oder schwärzlich, stark glänzend. Rand weiß, flaumig.

Röhren: länglich und geschichtet, in 2-5 Schichten, Poren 0,4-0,5 mm breit, rundlich, weiß, alt zimtbraun werdend.

Stiel: rückgebildet oder fehlend, Wenn vorhanden meistens unförmig.

Trama: sehr weich und flockig, holzbraun, oder hellfuchsig, gezont, unter den Röhren mehr braun; die krustige Schicht ist gelb.

Sporen: länglich oval, glatt oder sehr fein netzig, mit abgestutzter Basis, 9,5-10 $\times$ 5-7,5 μm; Sporenpulver fuchsig-ziegelrot.

Vorkommen: auf lebenden Laubholzstrünken. Sommer.

Wert: ungenießbar.

BEMERKUNGEN: Unter den **Lackporlingen (Ganoderma)** ist diese Art vielleicht am leichtesten zu erkennen wegen des weichen Fleisches und wegen der glänzenden, steifen Hutoberfläche. Die Fruchtkörper können bis zu 40 cm groß werden.

1/3 natürliche Größe

GANODERMA VALESIACUM Boud. 1180

Hut: 7 cm und größer, sitzend, oder fast sitzend, halbiert, lackiert glänzend, dunkelrot oder rot-kastanienbraun, mit fast konzentrischen Furchen, am Rande schmäler werdend, 2 mm dick, blasser; an der Basis ungefähr 3 cm dick.

Röhren: bräunlich, ungefähr 5-8 mm lang, mit kleinen, rundlichen und blasseren Poren.

Fleisch: weißlich, bei den Röhren etwas dunkler, nicht faserig, hart.

Sporen: eiförmig, fein warzig, dunkelbraun, mit einem Tropfen, 10-12 × 7-8 µm.

Vorkommen: am Fuß von Lärchenstrünken.

Wert: ungenießbar.

BEMERKUNGEN: Der Pilz gleicht sehr ungestielten Formen des **Glänzenden Lackporlings (G. lucidum, 731)**, er unterscheidet sich durch den charakteristischen Standort bei Lärchen.

1/2 natürliche Größe

GRIFOLA INTYBACEA (Fr.) 1181

Fries (Hymenomyc. Europ., S. 538) beschreibt diesen Pilz wie folgt: fleischig, etwas brüchig, mit vielen halbierten, gebogenen, später spatelförmigen, gelbocker bis fuchsig gefärbten Hüten. Poren fest, stumpf, weißlich, später etwas bräunend. Die Stiele verwachsen zu einem kurzen Strunk.

Vorkommen: holzbewohnend, auf Strünken von Eiche, Ulme u.a. Laubbäumen.

Wert: jung eßbar.

BEMERKUNGEN: Fries setzt diese Art mit **Fungus intybaceus** gleich, der von Bauhin und anderen alten Botanikern beschrieben worden ist. Nach Bourdot und Galzin handelt es sich um eine Form des **Laubporlings (G. frondosa, 310)**, die sich vom Typus durch kleinere, flachere Fruchtkörper, durch spatelförmige Hüte, die dunkler gefärbt und horizontal angeordnet sind unterscheidet. Ein anderes Unterscheidungsmerkmal bildet unserer Erfahrung nach auch die Auszackung der Hutränder; bei der typischen **G. frondosa** ist der Hutrand regelmäßiger und meist ganz. Die Abbildung zeigt nur einen Teil des großen Fruchtkörpers (ungefähr 2 kg).

Natürliche Größe

TRAMETES SUAVEOLENS (L.) Fr. **1182**

Wegen des angenehmen Geruches

VOLKSNAME: **Wohlriechende Tramete**

Hut: 5-10 cm, halbiert, polsterförmig, im Schnitt dreieckig, flaumig behaart, nicht gezont, weiß, kremeweiß, ledergelb, auch graulich getönt.

Röhren: weiß oder gelblich, 0,5-2 cm lang.

Poren: weiß, 0,5-1,3 mm breit, später gelblich verfärbend, eckig-rundlich ungleich, stumpf oder gezähnelt.

Trama: dick, weiß, zart, dann korkig-lederig, kaum gezont; Geruch angenehm nach Anis.

Sporen: fast zylindrisch, etwas gebogen, an der Basis verjüngt und leicht hakenförmig, 7-10(12) × 2,7-3,5 µm.

Vorkommen: auf Strünken, besonders bei Weiden und Pappeln. Ganzjährig.

Wert: ungenießbar.

BEMERKUNGEN: Diese **Tramete** ist ziemlich hell gefärbt und riecht charakteristisch nach Anis, woran man den Pilz auch leicht erkennen kann. Man findet den Pilz meistens auf Weidenstrünken an feuchten Plätzen.

3/4 natürliche Größe

TRAMETES UNICOLOR (Bull. ex Fr.) Cooke **1183**

SYNONYME: **Daedalea unicolor** Bull. ex Fr.
Lenzites unicolor Cunning

Hut: 2-8 cm, sitzend, halbiert, nierenförmig, dünn, dachziegelartig angeordnet; braunolivlich-rußig, später schwärzlich und gezont, struppig, fast immer mit Grünalgen bedeckt.

Röhren: sehr kurz (1-4 mm).

Poren: weißlich, ausgezogen bogig oder auch gerade, charakteristisch labyrinthartig, 0,2-0,5 mm breit. Bei alten Exemplaren hat das Hymenium ein stacheliges Aussehen, wobei die Stacheln zahnförmig abgeplattet sind (wie bei **Irpex**).

Trama: weiß, oder etwas gefärbt, ungefähr 1 mm dick, faserig-lederig, dann korkig, durch eine schwärzliche Linie von der Hutbekleidung getrennt.

Sporen: elliptisch-länglich, glatt, hyalin, $4{,}5\text{-}6 \times 2{,}3\text{-}3{,}5$ µm.

Vorkommen: auf Laubbäumen, selten Nadelbäumen.

Wert: ungenießbar.

BEMERKUNGEN: Taxonomisch wird der Pilz von den Autoren verschiedenen Gattungen zugeteilt: **Coriolus, Daedalea, Trametes.** Er hat aber von keiner Gattung typische Merkmale. Neuerdings wird er zur neuen Gattung **Cerrena** gestellt.

3/4 natürliche Größe

TRAMETES CONFRAGOSA Bolt. 1184

von « confragosus » (lat.) = rauh. Wegen der rauhen Oberfläche

Hut: 5-8 cm breit, 1-2 cm dick, mit rauher Oberfläche, sitzend, flach, oder leicht gewölbt, halbkreisförmig oder nierenförmig, ziegelrot-braun mit gleichfarbigen Zonierungen.

Röhren: dem Hut gleichfarbig, 3-15 mm lang.

Poren: ungefähr 0,5-1 mm breit, braunrötlich, manchmal gestreckt oder teils lamellenförmig, teils labyrinthisch.

Trama: holzfarben, bräunend, mit korkiger-lederiger Konsistenz, bald holzig.

Sporen: zylindrisch, etwas gebogen, $6\text{-}10 \times 2\text{-}3$ µm, hyalin.

Vorkommen: auf lebenden und abgestorbenen Strünken und Ästen von Laubbäumen.

Wert: ungenießbar.

BEMERKUNGEN: Dieser Parasit verursacht eine starke Weißfäule. Er und ähnliche Arten sind charakterisiert durch braunrote Farben, durch den halbierten, halbkreisförmigen Hut, durch das gesellige Auftreten auf trockenen Ästen von Laubbäumen. Das Hymenium verfärbt sich berührt blutrot.

Natürliche Größe

TRAMETES TRICOLOR (Bull. ex Pers.) Fr. **1185**

SYNONYM: **Daedalea tricolor**

Hut: 3-8 cm, sitzend, korkig, lederig, flach, konsolenförmig, leicht filzig und rauh, radial runzelig mit gleichfarbigen, helleren und dunkleren Zonen, braun-purpur-rot. Meist kann man mehr oder weniger deutlich drei Farben unterscheiden je nach Alter des Fruchtkörpers: gelb, braunpurpurn oder weinrot und orange, der Rand ist meistens heller.

Hymenium: lamellenförmig, mit dünnen Lamellen, gegabelt-verästelt, manchmal aderig verwachsen, mit ausgezogenen Poren und auch labyrinthartig, grau-fleischrötlich bis kreme oder fuchsig, berührt rötend.

Trama: lederig, korkig, holzfarben, fast gezont.

Sporen: zylindrisch, etwas gebogen, Sporenpulver strohgelb, 4,5-9 × 2-2 5 µm.

Vorkommen: auf Ästen und Strünken von Laubbäumen, besonders bei Kirschbäumen.

Wert: ungenießbar.

BEMERKUNGEN: Manche Autoren erachten diese Art als Varietät von **Trametes confragosa (1184)**. Die Pilze sehen in der Tat einander sehr ähnlich und die Merkmale sind fließend, sodaß ein großer Formenreichtum besteht.

Natürliche Größe

TRAMETES BETULINA fm. **variegata** Fr. **1186**

von « variegatus » (lat.) = bunt, mannigfaltig

Von manchen Autoren wird dieser Pilz als eine Form oder Varietät von **Trametes betulina (743)** angesehen, mit den gleichen Erkennungsmerkmalen.

Hut: meistens 3-6 cm, halbiert, flach, rauh, Oberfläche filzig, mit seidigen, konzentrischen Zonen, oder kahl, verschiedenfarbig: fuchsig, grau, rötlich, braun; Rand meistens weißlich.

Lamellen: breit und ziemlich dick und anastomosierend, anfangs weiß, später blaß.

Sporen: 4,5-6 × 1,5-2,5 μm.

Vorkommen: auf Buchen, Pappeln und auch Tannen.

Wert: ungenießbar.

BEMERKUNGEN: Von der **Birken-Tramete (Trametes betulina, 743)** unterscheidet sich der Pilz durch die deutlichere Zonierung des Hutes und durch das Vorkommen auch auf Nadelbäumen.

3/4 natürliche Größe

HIRSCHIOPORUS FUSCO-VIOLACEUS (Fr.) Donk 1187

SYNONYM: **Irpex violaceus** (Pers.) Quél.

Fruchtkörper: mit dem Hutscheitel dem Substrat aufgewachsen oder krustenförmig, mit mehr oder weniger aufgebogenen, dünnen Rändern, konzentrisch gefurcht, behaart, weißlich, 1-3 cm.

Hymenium: mit entfernten Lamellen, am Rande strahlenförmig, in der Mitte wabenartig oder zahnartig verbunden, lebhaft violett-purpurn.

Fleisch: dünn, lederig.

Sporen: 6,5-9 $\times$ 2,5-3,5 µm, zylindrisch, eingedellt, etwas gebogen, hyalin.

Vorkommen: auf Rinde von Strünken und Ästen der Föhre, auch auf bearbeitetem Holz.

Wert: wertlos.

BEMERKUNGEN: Der Pilz bildet kleine, muschelförmige Fruchtkörper, die auf der Oberfläche ähnlich dem **Spaltblättling (Schizophyllum commune, 370)** sind; am Hymenium kann man beide Arten deutlich unterscheiden. Zur Gattung **Irpex** gehören holzbewohnende, fast sitzende oder resupinate Pilze, deren Hymenium aus kleinen, spitzen Zähnchen besteht, die mit dem Hutfleisch verwachsen und am Grunde lamellig oder porenförmig verbunden sind.

Natürliche Größe

EXIDIA GLANDULOSA Bull. ex Fr. 1188

Fruchtkörper: büschelig oder verwachsen, sitzend oder sehr kurz gestielt, anfangs scheibenförmig, später sehr veränderlich geformt, 1-5 cm groß, im oberen Teil schwarz und glänzend, im unteren Teil bräunlich oder dunkelgrau und matt. Auf dem Substrat manchmal ausgedehnte und über 2 cm dicke Fruchtkörper bildend.

Hymenium: es bedeckt die Oberfläche, höckerig, gefaltet, mehr oder weniger kegelig warzig.

Sporen: zylindrisch-gebogen, 12-18×4-6 µm.

Vorkommen: auf Strünken und abgefallenen Ästen. Ganzjährig.

Wert: wertlos.

BEMERKUNGEN: Dieser Heterobasidiomyzet wird in die Ordnung **Tremellales** gestellt; er ist gekennzeichnet durch kugelige oder ovale Basidien, die durch eine oder zwei sich kreuzende Septen in zwei oder vier einsporige Zellen geteilt werden.

Natürliche Größe

AURICULARIA MESENTERICA (Dicks. ex S.F. Gray) Pers. 1189

VOLKSNAME: **Gezonter Ohrlappenpilz**

Rezeptakulum: 5-8 cm, weich-lederig, sitzend, halbiert, resupinat - aufgebogen, Rand ganz und gelappt, flaumig-haarig, braun-graulich, mit dunkleren, konzentrischen Zonen

Hymenium: auf der Unterseite rippig-faltig, bereift, violett-bräunlich.

Fleisch: gelatinös, glasig, dunkel, alt hart werdend.

Sporen: länglich-eiförmig, gekrümmt, an einem Ende verschmälert, hyalin, glatt, mit granuliertem oder getropftem Inhalt, 15-18×7-8 µm. Basidien quer septiert (3 Septen), jede Zelle mit einem Sterigma.

Vorkommen: büschelig, auf morschen Strünken und Ästen. Ganzjährig.

Wert: wertlos.

2/3 natürliche Größe

DACRYMYCES STILLATUS Nees ex Fr. 1190

von « stilla » (lat.) = Tropfen. Wegen der tropfenförmigen Fruchtkörper

Fruchtkörper: 0,1-0,5 cm, höckerig, angewachsen, kugelig bis unregelmäßig kugelig, dauerhaft orange, alt rötend.

Fleisch: gelatinös, fest, später hart.

Sporen: zylindrisch-gekrümmt, mit zugespitzter Basis, glatt, gelblich, mit 7-9 Septen, 18-23×6-8 µm. Basidien fast zylindrisch mit gegabelter Spitze, 65-75×4-6 µm.

Vorkommen: gesellig auf Ästen und Strünken der Tanne. Herbst bis Frühling.

BEMERKUNGEN: Sehr ähnlich und häufiger ist **Dacr. deliquescens** Bull., er ist aber orangegelb gefärbt. Es sind kleine Pilze mit gelatinöser Konsistenz, sie besiedeln morsche Äste und Strünke und sehen aus wie kleine Tropfen. Der Gattungsname leitet sich von « dakryon » (gr.) = Träne ab.

Natürliche Größe

LYCOPERDON FOETIDUM Bonorden 1191

von « foetidus » (lat.) = stinkend

SYNONYM: **Lycoperdum perlatum** var. **nigrescens** Pers.

Dieser Pilz gleicht sehr dem **Flaschen-Stäubling (L. perlatum, 335)**, er unterscheidet sich gut durch die schmutzigeren Farben, durch weniger leicht abwischbare Stacheln und Warzen, durch die unregelmäßige Felderung der Oberfläche, durch den unangenehmen Geruch und die Sporen, die keine Sterigmenreste mehr tragen; die Sporen sind spärlich stachelig oder punktiert, immer weniger warzig, sowie etwas größer als bei **L. perlatum.**

Vorkommen: im allgemeinen kommt der Pilz ubiquitär vor, er wächst auf Dünenboden, auf sauren Böden, auf Ablageplätzen, auf humosen Böden, meist auf Waldböden. Auch bei Birken und in Wassergräben.

Wert: jung eßbar.

BEMERKUNGEN: In der Farbe erinnert der Pilz an den **Igelstäubling (L. echinatum, 338)**, er hat jedoch sehr kurze Stacheln. Bei genauerer Betrachtung der Oberfläche der Exoperidie fällt auf, daß die Stacheln zu drei und drei verwachsen sind zum Unterschied von **L. perlatum (335)**, bei dem sie einzeln stehen.

Natürliche Größe

LYCOPERDON CANDIDUM Pers. 1192

Fruchtkörper: nicht sehr groß, 1,5-6 cm, kugelig, rundlich, gegen die Basis kegelartig zugespitzt; die Exoperidie ist reich mit pyramidenartigen Warzen bedeckt, die zu drei oder vier an der Basis verwachsen sind; die Warzen fallen bald ab; die Endoperidie ist von einer sehr dünnen Haut bedeckt, die mit den Warzen abfällt und die grau-grünliche Endoperidie freigibt.

Fruchtmasse (Gleba): reif olivlich bis bräunlich.

Sporen: kugelig, 3,5-5 µm, grüngelb, glänzend, mit zahlreichen Sterigmen.

Vorkommen: in Kieferwäldern auf sandigen Böden oder auf trockenen und grasigen Plätzen in Nadelwäldern.

Wert: jung eßbar.

BEMERKUNGEN: Dieser seltsame **Stäubling** zeigt eine ähnliche Ornamentierung wie **L. echinatum (338)**, er ist aber schneeweiß und die Stacheln und Warzen lösen sich zusammen mit einer der Endoperidie aufliegenden Haut ab.

Natürliche Größe

BOVISTELLA RADICATA (Dur. et Mont.) Pat. 1193

Fruchtkörper: fast kugelig, bis 4 cm hoch, gegen die Basis verjüngt, leicht wurzelnd, Exoperidie weiß, nicht glatt, kaum erkennbar zerrissen, schuppig, weiß, später braun-violettlich, die Endoperidie ist dünn, braunolivlich, an der Spitze mit einer kleinen Öffnung aufreißend.

Fruchtmasse: gelb bis braungrünlich, später dunkler, ohne Columella und mit sehr dünner steriler Basis.

Sporen: kugelig, mit langen Sterigmen.

Vorkommen: in trockenen Gegenden, im Flachland und im Gebirge. Nicht sehr verbreitet.

Wert: jung eßbar.

BEMERKUNGEN: Diese Art ist nicht sehr bekannt und vielleicht häufiger als man glaubt, weil sie wahrscheinlich mit **Bovista plumbea (341)** verwechselt worden ist. Von dieser unterscheidet sie sich durch die dünne, kaum wahrnehmbare Subgleba.

Natürliche Größe

GEASTRUM PECTINATUM Pers. 1194

von « pectinatus » (lat.) = kammartig

Fruchtkörper: 5-6 cm und größer; die Exoperidie ist in 5-8 ungleiche Lappen gespalten, oberseits ist sie mehlig flockig und graulich rötend. Die Endoperidie ist bräunlich-purpurn, mit wulstartigem Gebilde (Apophyse); das Peristom ist kegelförmig, zugespitzt und gerieft, mit langem (6-10 mm) und dünnem Kragen. Nicht hygroskopisch.

Sporen: kugelig, 6-7,5 μm, stark warzig, Warzen länger als breit. Kapillitium dunkelbraun, glatt.

Vorkommen: in Nadelwäldern zwischen den abgefallenen Nadeln.

Wert: wertlos.

BEMERKUNGEN: Von anderen **Erdsternen** unterscheidet sich diese Art durch den langen und dünnen Kragen, durch die radiale Riefung der Apophyse und durch die Warzenform der Sporen.

Schwach vergrößert

GEASTRUM FIMBRIATUM Fr. 1195

von « fimbriatus » (lat.) = gefranst
VOLKSNAME: **Gesäumter Erdstern**

Fruchtkörper: er entwickelt sich aus einer unterirdischen Knolle, die in mehrere (6-10) Lappen sternförmig aufreißt, diese rollen sich ein und geben die die Gleba enthaltende, rundliche Endoperidie frei. Der Pilz ist nicht hygroskopisch und jung weiß-ockerlich, alt wird er bräunlich und verliert die fleischige Konsistenz der Lappen.

Sporen: regelmäßig rundlich, 3-4 µm, sehr fein warzig.

Vorkommen: in Wäldern, an eher trockenen Plätzen, August bis Oktober. Sehr häufig.

Wert: wertlos.

BEMERKUNGEN: Diese Art ist vielleicht eine der häufigsten **Erdsterne.**

3/4 natürliche Größe

CYATHUS OLLA Batsch. ex Pers. 1196

Fruchtkörper: er hat die Form eines kleinen, ungestielten Kelches, der jung von einer dünnen Haut verschlossen ist, die bald aufreißt. Der Deckel ist außen zuerst wollig und graulich. Die Innenseite ist glatt, nicht gestreift, silbrig grau. Der Rand des Kelches ist meistens umgebogen und leicht wellig. Die Peridiolen sind sehr groß und linsenförmig, grau oder grau-schwärzlich, glänzend, sie liegen am Grunde des Kelches.

Vorkommen: in Wäldern, auf Erde.

Wert: wertlos.

BEMERKUNGEN: Die **Teuerlinge** sind seltsame Pilzchen mit der Form eines kleinen Nestes, in dem die Peridiolen wie kleine Eier liegen.

Natürliche Größe

SCLERODERMA GEASTER Fr. 1197

SYNONYM: **Sclerangium polyrrhizon** (Gmelen) Lev.

Fruchtkörper: sehr groß, bis 14 cm im Durchmesser, zuerst kugelig, knollig, etwas eingedellt, bräunlich, gelb oder zimtbraun, die die Peridie umgebende Haut ist rissig, schuppig, sie reißt in unregelmäßige, dicke und fleischige Lappen auf. Die Peridie ist sehr dick (0,5 cm) und im Schnitt weiß.

Fruchtmasse: reif braunschwärzlich und marmoriert.

Sporen: kugelig, dunkel, schmutzig, rauh, stachelig, selten aufgelöst netzig, 6,5-9 µm.

Vorkommen: im Mittelmeergebiet, im Laub- und Mischwald.

Wert: ungenießbar.

BEMERKUNGEN: Dieser große **Bovist** ist nur im europäischen Mittelmeerraum beobachtet worden. Im nördlichen Europa ist er nie gefunden worden. An den Standorten tritt er ziemlich häufig auf. Wer ihn nicht kennt, kann ihn mit **Mycenastrum corium** Desv. verwechseln, auch dieser Pilz ist sehr groß und sein Peridie reißt ähnlich lappig auf.

Natürliche Größe

GYROPHRAGMIUM DELILEI Mont. **1198**

Fruchtkörper: gestielt, bis 20 cm hoch. Stiel 0,7-2 cm dick, schmutzigweiß, gegen die Basis satter gelb werdend, Spitze braunschwärzlich wegen der abgefallenen Sporen, stark runzelig und schuppig, verbogen, mehrfach schuppig gegürtelt, mit auffallendem Ring in der Mitte und mit einer freien, becherartigen Volva. Der Stiel verjüngt sich von unten nach oben und endet in einer hutförmigen, 3-6 cm breiten und bis 2 cm dicken Scheibe. Der Hut ist meistens gebuckelt, glatt, runzelig, von papyrusartiger Konsistenz, braun-graulich, gelb oder hellgelb und direkt mit dem Hymenium verbunden, das aus bräunlichen oder schwarzen, geraden oder gefalteten freien Lamellen besteht, die von der Hutunterseite herabhängen und dem Pilz ein agaricoides Aussehen geben.

Sporen: kugelig, 5-7 µm, glatt, ohne Keimporus, kurz zugespitzt, mit einem Tropfen, im Mikroskop schwarz, Sporenpulver tabakbraun.

Vorkommen: an sandigen Standorten, meistens an Meeresküsten mit spärlicher Vegetation, in der heißen Jahreszeit.

Wert: wertlos.

BEMERKUNGEN: Dieser Pilz bildet eine Zwischenform von Hymeno- und Gasteromyzeten. Er ist häufig in sandigen Küstengegenden Italiens (wie uns Dr. Pacioni von der « Università degli Studi dell'Aquila » bestätigte); er ist zum erstenmal im Jahre 1894 erwähnt worden. Er tritt auf an den Küsten von Lazium, Sizilien, Sardinien, Apulien und bei Neapel. Er kann der einer anderen Pilzgruppe angehörenden **Battarrea guicciardiana** Cesati im Aussehen gleichen, ebenso der **Montagnea arenaria** (D.C. ex Fr.) Zeller, dieser Pilz ist kleiner und hat größere, eiförmige Sporen.

3/4 natürliche Größe

RHIZOPOGON ROSEOLUS (Corda) Th. Fries 1199

VOLKSNAME: **Rötliche Wurzeltrüffel**

Fruchtkörper: ähnlich einer kleinen Kartoffel, 2-5 cm lang, zuerst weiß, dann weiß-gelblich und schließlich braunolivlich bis rosarot, im unteren Teil mit deutlichen Myzelsträngen. Die Peridie ist dünn (0,5 mm) und haftet an der Fruchtmasse.

Fruchtmasse (Gleba): jung weiß, später bräunlich-olivlich und mit zahlreichen hellen Gängen durchsetzt; alt breiig zerfließend, rötlich. Geruch des reifen Fruchtkörpers nach Knoblauch.

Sporen: 7,5-9,5$\times$4,5 µm, elliptisch-länglich, Sporenpulver graurötlich.

Vorkommen: im Föhrenwald, halbunterirdisch, Juni bis November.

Wert: eßbar.

BEMERKUNGEN: Die sehr ähnliche **Grünliche Wurzeltrüffel (Rh. virens** Alb. & Schw. ex Fr.) ist von einer dicken Rinde umgeben ähnlich wie ein **Bovist (Scleroderma).** Weil sie halbunterirdisch wachsen, werden die **Wurzeltrüffeln** manchmal mit den **Trüffeln** verwechselt. Als Speisepilze sind sie aber nicht besonders wertvoll.

Natürliche Größe

MELANOGASTER VARIEGATUS (Vitt.) Tulasne 1200

VOLKSNAME: **Bunte Schleimtrüffel**

Fruchtkörper: 1,5-4 cm im Durchmesser, knollig-höckerig, Peridie gelb oder ocker bis rostfarben, später dunkler.

Fruchtmasse: schwarz, von sterilen Adern in zahlreiche Kammern aufgeteilt, in denen sich die Basidien befinden. Geruch zuerst unangenehm, später fruchtig

Sporen: glatt, zuerst hyalin, reif dunkelbraun, eiförmig-elliptisch, 6-8$\times$3,5-5,5 µm.

Vorkommen: in Humusboden, manchmal auch auf der Bodenoberfläche, oder nur knapp unter der Oberfläche, bei Laubbäumen. Mai bis Oktober.

Wert: jung eßbar, er wird auch an Stelle der Trüffel gegessen.

BEMERKUNGEN: Dieser **Gasteromyzet** wird nach Pilat in die Ordnung **Melanogasterales** gestellt. Er hat den einfachsten Aufbau der **Bauchpilze (Gasteromycetales).** Die Fruchtkörper sind knollig, unterirdisch oder halbunterirdisch und haben große Ähnlichkeit mit den **Trüffeln (Tuber).**

Natürliche Größe

QUELETIA MIRABILIS Fr. 1201

von « mirabilis » (lat.) = wunderbar, bewundernswert. Wegen der Seltenheit des Pilzes

Fruchtkörper: zuerst unterirdisch, reif aus dem Boden hervorbrechend; junge Fruchtkörper haben die Form von **Stäublingen (Lycoperdon),** sie sind weiß, fast glatt, an der Spitze abgerundet, an der Basis leicht schmäler werdend, der Stiel fehlt. Sobald die Fruchtkörper die Größe einer Nuß erreichen, beginnt sich der obere Teil der Gleba gelb zu verfärben infolge der reifen Sporen. In diesem Entwicklungszustand gehen auch im unteren Teil des Pilzes Wachstumsprozesse vor sich: er streckt sich und schiebt den oberen Teil über die Bodenoberfläche, die Peridie setzt sich vom Stiel ab und zerfällt unregelmäßig, die Epidermis streut die Sporen aus. Der aus wolligen Fasern bestehende Stiel fasert flockig aus. Abmessungen des Fruchtkörpers: 3-7 cm im Durchmesser, Höhe des Stieles 8-15 cm.

Fruchtmasse: weiß-rostbraun, orange getönt, mit gewundenem, dunkelgelbem Kapillitium.

Sporen: kugelig, warzig, fast sternförmig, kurz zugespitzt, dunkelgelb, 5-6 µm.

Vorkommen: auf Gerberlohe, seltener auf humosem Boden.

BEMERKUNGEN: Dieser sehr selten vorkommende **Gasteromyzet** wird in die Familie **Tulostomataceae** gestellt. Er ist bisher nur an wenigen Orten in Europa gefunden worden: im Jahre 1868 ist er zum erstenmal bei Port de Sochaux (Frankreich) von einem Pilzliebhaber gefunden worden, der ihn zu Quélet brachte. Dieser schickte den Pilz zu Fries, der ihn bestimmte und einordnete. Wegen seiner Seltenheit konnte lange Zeit sein Entwicklungsgang nicht aufgeklärt werden; dies gelang 1913 R. Maire und P. Dumée. Das abgebildete Exemplar ist im Jahre 1976 von Herrn Figar in der Nähe von Görz auf dem charakteristischen Substrat gefunden worden. Der Pilz wird dort wiederholt angetroffen.

Natürliche Größe

SPHAEROBOLUS STELLATUS Tode ex Pers. 1202

VOLKSNAME: **Kugelwerfer**

Dieses Pilzchen gehört innerhalb der **Gasteromyzeten** zur Familie der **Sphaerobolaceae.** Er hat die Eigenschaft, die Peridiolen, die die Sporen enthalten, abzuschleudern.

Der Fruchtkörper besteht aus einer rundlichen und gelblichen Peridie, 1-1,6 cm im Durchmesser, die eine wenig kleinere Peridiole umschließt. Im reifen Zustand öffnet sich die Peridie sternförmig in 7-8 Lappen, legt die gelbbraune Peridiole frei, die in einem bestimmten Augenblick ein paar Meter weit geschleudert wird.

Der Schleudermechanismus ist auf den komplexen Aufbau der Peridie zurückzuführen, sie besteht aus 5 verschiedenen Schichten. Nach der Sporenreifung geschieht folgendes: Anstieg des Glykogengehaltes in den inneren Schichten, dadurch wird der osmotische Druck erhöht, in der Folge Wasser aufgenommen und die inneren Schichten schwellen an, die Exoperidie zerreißt, die angeschwollene Endoperidie krümmt sich heftig und schleudert die Peridiole ab.

Diesen kleinen Pilz findet man auf Misthaufen, Sägemehlhaufen, auf faulenden Grasstengeln, auf morschem Holz, u.a.

BEMERKUNGEN: Die Abbildung zeigt einen Fruchtkörper kurz nach dem Abschleudern der Peridiole; man erkennt gut die sternförmige Peridie und die Peridiole. Die starke Vergrößerung läßt die makroskopischen Merkmale des Pilzes deutlich erkennen. Diese Pilzchen bilden eine Welt für sich und haben nur wissenschaftlichen Wert.

Stark vergrößert

MORCHELLA CRASSIPES Krombh. 1203

von « crassus » (lat.) = dick und « pes » (lat.) = Fuß. Wegen des dicken Stiels

VOLKSNAME: **Dickfüßige Morchel**

Hut: 8-10 cm, sehr groß, dick, kegelig oder abgerundet, von unregelmäßigen und welligen Rippen in große und tiefe Kammern unterteilt, ockerbräunlich-graulich.

Stiel: 10-13×6-7 cm, lang und dick, glatt, nach oben schmäler werdend, weiß-fleischfarben und weiß kleiig-mehlig, hohl.

Sporen: elliptisch-rundlich, glatt, gelblich, 25-27×12-14 µm.

Vorkommen: in schattigen Wäldern; April-Mai.

Wert: eßbar.

BEMERKUNGEN: Diese **Morchel** ist nicht sehr häufig, man erkennt sie vor allem an den großen Fruchtkörpern. Sie gehört in die Gruppe um **Morchella vulgaris (805)** und kann vielleicht als eine große Form von **Morchella esculenta (359)** angesehen werden.

Natürliche Größe

HELVELLA QUELETII Bres. 1204

Zu Ehren von Quélet

Apothezium: mit fast halbkugeligem, abgeflachtem, Becher, rußig braun, fein aufgerauht, grauschuppig, Scheibe kahl und kastanienbraun-schwärzlich.

Stiel: 2-3×0,4-0,7 cm, ausgestopft, furchig-grubig, fast bauchig, kahl, weißlich, an der Spitze dunkler und graulich bereift.

Fleisch: lederig-häutig, weiß; bei jungen Fruchtkörpern rosa anlaufend, geruch- und geschmacklos.

Aszi: zylindrisch, gestielt, 320-350×14-18 µm, nicht oder sehr schwach amyloid.

Sporen: schräg liegend, einreihig, elliptisch, hyalin, mit einem Tropfen, mit großem, dunklerem Kern, 17-20×12 µm.

Paraphysen: an der Spitze keulig verdickt, mit gelben, dicken Körnchen gefüllt (6-8 µm).

Vorkommen: im Lärchenwald. Frühling.

Wert: eßbar.

BEMERKUNGEN: Dieser Pilz ist sehr nahe verwandt mit **H. lacunosa (811)**, von der er sich in der Größe, in den Farben und im Standort unterscheidet. Von der ähnlichen **Leptopodia pezizoides (1207)** unterscheidet er sich durch das kräftigere Aussehen, durch den immer furchigen und grubigen Stiel, durch das saftige Fleisch, u.s.w.

Natürliche Größe

HELVELLA PITHYOPHILA Boud. 1205

Hut: er besteht aus 3, seltener 2 oder 4 Lappen, gefaltet-wellig, oder furchig-aufgeblasen, etwas flaumig behaart, ocker oder blaß ocker, 2,5-5 cm breit, 2-3 cm hoch. Das Hymenium ist gleichfarbig, kahl, ausblassend.

Stiel: gedrängt rippig-gefaltet-furchig, kahl, fest, nach oben verjüngt, keulig, 1-2 cm dick, rußig violett, ausblassend, innen hohl-furchig.

Fleisch: gleichfarbig, Geruch kaum wahrnehmbar, Geschmack mild.

Aszi: 260-280 × 14-16 µm.

Sporen: ellipsoidisch, glatt, mit einem Tropfen, hyalin, 18-20 × 11-13 µm.

Paraphysen: gleichlang wie die Aszi, verästelt, septiert.

Vorkommen: im Föhrenwald (auch im Laubwald). Sommer.

Wert: eßbar.

BEMERKUNGEN: Der Pilz gleicht sehr der **Krausen Lorchel (H. crispa, 814)**, er unterscheidet sich durch den mehr gelb gefärbten Hut und durch den etwas violettlichen Stiel.

3/4 natürliche Größe

HELVELLA FUSCA Gill. ss. Bres.

1206

VOLKSNAME: **Braune Lorchel**

Fruchtkörper: sattelförmig, 2-4×3-6 cm, mit angewachsenen, aufgeblasenen, runzeligen und ockerbraunen Lappen; der untere Teil ist von weißen, dicken Adern netzig.

Stiel: 2,5-6×0,6-2 cm, furchig-grubig-rippig, blaß nußbraun.

Aszi: gleichdick, mit 8 elliptischen und hyalinen Sporen, 18-20×12-13 µm.

Vorkommen: am Fuß von Bäumen, besonders bei Pappel; im fortgeschrittenen Frühling.

Wert: eßbar.

BEMERKUNGEN: Dieser Pilz ist nicht leicht zu bestimmen. Die abgebildeten Exemplare sind im « Boscone della Mesola » anläßlich einer Tagung des « Comitato scientifico del Gruppo micologico Bresadola di Trento » gefunden worden. Er wuchs in Gesellschaft ähnlicher Askomyzeten, unter ihnen **Leptopodia monachella (810)** und **Helvella queletii (1204).**

Natürliche Größe

LEPTOPODIA PEZIZOIDES Afz. 1207

VOLKSNAME: **Becherförmige Lorchel**

Fruchtkörper: Apothezium 2-3 cm, anfangs halbkugelig becherförmig, ähnlich einem **Schüsselbecherling (Peziza)**, später **lorchelartig (Helvella)** mit zwei aufgerollten Lappen; Rand manchmal leicht gekerbt und fast immer aufgerollt; fleischig-knorpelig, außen rußig grau und dicht bereift; Scheibe kahl, braunschwärzlich.

Stiel: gut entwickelt, vom Hut abtrennbar, an der Spitze verjüngt und an der Basis aufgeblasen. grau-schwärzlich, Spitze und Basis weißlich, gänzlich bereift wie der Hut.

Fleisch: weiß, geruchlos.

Aszi: zylindrisch, mit gebogenem Stiel, nicht amyloid, 260-330 × 12-14 µm. Paraphysen septiert, Spitze keulig, 4-6 µm dick, mit fein granuliertem, braunem Inhalt.

Sporen: elliptisch, mit einem Tropfen, 15-20 × 10-11 µm.

Vorkommen: unter Haselnußsträuchern. Sommer.

Wert: eßbar.

BEMERKUNGEN: Der Pilz ist eine Zwischenform von **Cyathipodia macropus (356)** (mit nicht so dunklen Farben, mit längeren Sporen) und **Leptopodia atra (1208)**, die auch jung sofort lorchelähnlich ist mit einem Apothezium, das zumindest teilweise homogen in den Stiel übergeht.

Natürliche Größe

LEPTOPODIA ATRA (König ex Fr.) Boud. 1208

von « ater » (lat.) = schwarz

VOLKSNAME: **Schwarze Lorchel**

Fruchtkörper: bis 5 cm hoch, sattelförmig, dünnfleischig. auf der Oberseite braunschwärzlich, auf der Unterseite hellgrau und etwas bereift.

Stiel: 3-5 × 0,3-0,6 cm, dünn, gleichdick, an der Basis etwas erweitert, fein behaart, steif, markig ausgestopft, leicht furchig, grau-schwärzlich.

Aszi: 250 × 15 µm; mit 8 breitelliptischen Sporen, 17-18 × 11-12 µm.

Vorkommen: in sonnigen Wäldern, besonders auf verbranntem Boden.

Wert: eßbar.

BEMERKUNGEN: Man erkennt den Pilz ziemlich leicht am fast schwarzen Hut. Die Gattung **Leptopodia** (« leptos » (gr.) = zart und « pus » (gr.) = Fuß) unterscheidet sich von der Gattung **Helvella** durch den dünnen und glatten Stiel an Stelle des kräftigen, rippig-furchigen oder gekammerten Stieles.

Natürliche Größe

LEPTOPODIA STEVENSII (Peck) Le Gal 1209

Fruchtkörper: bis 5 cm hoch, Apothezium fast tellerförmig oder mit nach unten gebogenen Rändern, selten sattelförmig, wellig, dünn, die Hymenialschicht ist weißlich bis gelblich-braun, auch ockergrau; die Innenseite ist weiß, fein behaart.

Stiel: gleichdick, dem Hut gleichfarbig, fein behaart.

Fleisch: weiß, geruch- und geschmacklos.

Vorkommen: auf Erde oder zwischen Holzresten. Juni bis Oktober.

Wert: eßbar.

BEMERKUNGEN: Der Pilz kann der **Elastischen Glattstiellorchel (L. elastica, 363)** gleichen, er unterscheidet sich durch die fast nie sattelförmige Hutform und durch mikroskopische Merkmale.

2/3 natürliche Größe

OTIDEA ABIETINA (Pers.) Boud. 1210

Fruchtkörper: 3-4 cm, einzeln oder fast büschelig, zuerst halbkugelig, später ausgebreitet-konkav, einseitig ohrförmig ausgezogen, fuchsig braun oder schmutzig braun, mit fast violettlichen Farbtönen; außen filzig und fein flaumig; innen kahl und gleichfarbig.

Stiel: mehr oder weniger ausgeprägt, manchmal fast grubig und weißlich filzig.

Aszi: zylindrisch, gestielt, nicht amyloid (zum Unterschied von den Pezizaceae), 260-300 × 14-18 µm; Paraphysen fadenförmig, verästelt, septiert, mit gebogener und rippiger Spitze.

Sporen: elliptisch, mit 2 Tropfen, 18-22 × 10-12 µm.

Vorkommen: zwischen der Nadelstreu, in Bergwäldern.

Wert: wertlos.

BEMERKUNGEN: In der Farbe gleicht der Pilz dem **Hasenohr (Otidea leporina** (Batsch) Fuckel), er unterscheidet sich aber in der Form und in mikroskopischen Merkmalen. Systematisch wird er in die Ordnung **Pezizales**, Familie **Pyronemataceae** gestellt.

3/4 natürliche Größe

CALOSCYPHA FULGENS (Pers. ex Fr.) Boud. **1211**

VOLKSNAME: **Leuchtender Prachtbecherling**

Fruchtkörper: das Apothezium ist 2-4 cm breit, anfangs halbkugelig, dann becherförmig, aber ziemlich geschlossen; außen nußbraun oder hell olivlich, filzig und granuliert; innen orangerot.

Fleisch: dünn, gebrechlich, wachsartig, farblos; im Schnitt grünlich verfärbend.

Aszi: an der Spitze nicht amyloid.

Sporen: hyalin, glatt, fast kugelig, 5-7 µm.

Vorkommen: besonders auf kalkhaltigem Boden, im Nadelwald. Frühling.

Wert: wertlos.

BEMERKUNGEN: Von den verwandten Arten der Gattungen **Lamprospora** und **Pulvinula** unterscheidet sich dieser Pilz durch größere Fruchtkörper und durch das sich im Schnitt grünlich verfärbende Fleisch. Er wird in die Gattung **Pezizales**, Familie **Pyronemataceae** eingeordnet. Im « Großen Meer » der Askomyzeten mit becherförmigen Fruchtkörpern ist es nicht leicht sich zu orientieren; es gibt Hunderte von Arten, die auf verschiedenen Standorten wachsen können und die sich in den einfachen, becherförmigen Fruchtkörpern gleichen. Ein sorgfältiges Studium dieser Pilze und die Anwendung besonderer Hilfsmittel erlauben eine relativ leichte und sichere Bestimmung; gemeint sind dabei mikroskopische Merkmale und nicht nur makroskopische Beschreibungen. Diese können vielleicht bei einigen Arten mit deutlich sichtbaren Unterschieden genügen, sie bilden aber immer nur Orientierungshilfen bei der Bestimmung der Arten.

Natürliche Größe

OTIDEA COCHLEATA (L. ex Fr.) Fuckel 1212

Wegen der schneckenartigen Form der Fruchtkörper

VOLKSNAME: **Schnecken-Öhrling**

Apothezium: 3-6 cm, fleischig, sitzend, mit sehr veränderlicher Form, mit manchmal eingerollten Lappen, auf einer Seite bis zum Grunde eingeschlitzt. Außenseite hellbraun und glatt, Innenseite braun oder dunkelbraun, teilweise mit zusammenlaufenden Rippen.

Sporen: länglich-elliptisch, 16-18×7-8 µm.

Vorkommen: auf Erde, in größeren Gruppen und büschelig, in sonnigen Laubwäldern.

Wert: wertlos.

BEMERKUNGEN: Man erkennt den Pilz an mikroskopischen Merkmalen, aber auch an den ungewöhnlich schneckenartig eingerollten Apothezien.

3/4 natürliche Größe

OTIDEA UMBRINA (Pers.) Cooke 1213

SYNONYM: **Peziza umbrina** Pers.

VOLKSNAME: **Umbrabrauner Öhrling**

Apothezium: becherförmig, sitzend, büschelig, ohrenförmig, Innenseite schokoladenbraun, Außenseite ockerlich und bereift-granuliert.

Sporen: elliptisch, 13-15 µm, hyalin, leicht warzig; Paraphysen fadenförmig und an der Spitze etwas erweitert.

Vorkommen: bei morschen Strünken.

BEMERKUNGEN: Der Pilz ist dem **Schnecken-Öhrling (1212)** ziemlich ähnlich, er unterscheidet sich hauptsächlich in der Farbe. Während **Otidea cochleata** innen und außen fast einheitlich gefärbt ist, hat **Otidea umbrina** eine hellere, ockergelbe Außenseite und ist außerdem bereift. Die Gattung **Otidea** Pers. umfaßt Diskomyzeten mit ohrartigen bis becherförmigen Fruchtkörpern, die auf einer Seite bis zum Grunde aufgeschlitzt sind, sie sind mäßig groß und wachsen einzeln oder gesellig.

Natürliche Größe

SCUTELLINIA SCUTELLATA (L. ex Fr.) Cooke **1214**

von « scutella » (lat.) = Schildchen. Wegen der Form der Fruchtkörper
VOLKSNAME: **Schildförmiger Borstling**

Apothezium: klein, 0,2-1 cm, fleischig, zuerst kugelig, später becher- oder schüsselförmig; außen gelbbraun, am Rande stark bewimpert; Innenseite lebhaft und glänzend rot und glatt.

Stiel: fehlend.

Sporen: hyalin, elliptisch, etwas rauh, 18-24×12-16 µm. Die Paraphysen verfärben sich mit Melzer Reagens (Jod) grün (zum Unterschied zu **Lachnea**).

Vorkommen: auf morschen Strünken und Stämmen, an feuchten und schattigen Plätzen. Herbst. Auch auf Erde in Gewächshäusern. Einzeln oder gesellig.

Wert: wertlos.

BEMERKUNGEN: Dieser **Askomyzet** wird in die Familie **Pyronemataceae** eingeordnet; diese Pilzgruppe ist gekennzeichnet durch becherförmige, lebhaft gefärbte Fruchtkörper (rot, orange, gelb) mit stark bewimpertem Rand (Tribus **Ciliaria**).

Schwach vergrößert

PLICARIA LEJOCARPA (Currey) Boud. **1215**

von « lejos » (gr.) = glatt und « carpos » (gr.) = Frucht

Apothezium: bis 6 cm im Durchmesser, bald scheibenförmig; innen schmutzig braun, außen blaß braun und bereift.

Fleisch: braun-graulich, im Schnitt gilbend und einen gelben Saft ausscheidend.

Aszi: 200×10 µm, Sporen einreihig, glatt, hyalin, mit mehreren Tröpfchen, 8×9 µm; Paraphysen septiert, dünn, leicht keulenförmig, ungefähr 5 µm dick.

Vorkommen: auf Brandflächen, Spätherbst und Winter.

BEMERKUNGEN: Dieser **Askomyzet** wächst charakteristisch auf Brandflächen, er tritt auf diesem Standort in zahlreichen Exemplaren in Gesellschaft anderer Schlauchpilze auf. Die abgebildeten Pilze sind auf Brandstellen in einem Kiefernwald gesammelt worden, sie waren begleitet von **Peziza violacea (1216)** und **Geopyxis carbonaria (1222)**.

Natürliche Größe

PEZIZA VIOLACEA (Pers.) 1216

Apothezium: ungefähr 3 cm, schüsselförmig, bald vollständig ausgebreitet und flach, sitzend; außen grau- nußbraun und bereift.

Hymenium: dunkel violett bis braunpurpurn.

Fleisch: dünn, blaß purpurn.

Aszi: 300×15 µm; Sporen glatt, elliptisch, 13-15×7-9 µm. Paraphysen keulig und an der Spitze gebogen.

Vorkommen: auf Brandflächen.

Wert: wertlos.

BEMERKUNGEN: Dieser **Askomyzet** ist typisch für Brandflächen, auf denen er in Gesellschaft anderer Schlauchpilze wächst. In der Abbildung kann man einige Exemplare von **Geopyxis carbonaria (1222)** bemerken.

Natürliche Größe

PEZIZA CEREA Sow. ex Merat 1217

von « cereus » (lat.) = wachsartig. Wegen des Aussehens und der Konsistenz des Pilzes

Apothezium: tellerförmig oder auch unregelmäßig ausgebreitet, auch über 5 cm groß, mit dünnem Fleisch, die Hymenialschicht ist blaß ocker oder gelbbraun; die Außenseite ist weiß und fein bereift.

Fleisch: weiß, zäh.

Aszi: 350×16 µm. Paraphysen keulenförmig. Sporen 14-17×8-10 µm, elliptisch.

Vorkommen: auf Holzresten, auf sandigem Boden. Ganzjährig.

Wert: wertlos.

BEMERKUNGEN: Dieser **Askomyzet** ist ziemlich häufig, man erkennt ihn an der gelben Färbung und an den großen Fruchtkörpern.

Natürliche Größe

PEZIZA REPANDA Pers. 1218

von « repandus » (lat.) = ausgeschweift, abwärts oder aufwärts gebogen

Apothezium: sehr breit, bis zu 12 cm, schüsselförmig, auch stärker abgeflacht, mit welligem Rand, ungestielt; die Hymenialschicht ist bräunlich oder bräunlich-rötlich. Die Außenseite ist weiß oder nußbraun, Rand bisweilen gekerbt.

Fleisch: weiß oder blaß nußbraun.

Aszi: 300×13 µm. Sporen 15-16×9-10 µm, ellipsoidisch, glatt. Paraphysen dünn und keulig.

Vorkommen: eßbar.

BEMERKUNGEN: Dieser große **Askomyzet** kann makroskopisch mit dem **Größten Scheibling (Discina perlata, 822)** oder auch mit dem **Morchel-Becherling (Disciotis venosa, 823)** verwechselt werden; es sind dies bräunlich-rötlich gefärbte Schlauchpilze, die beträchtliche Größen erreichen können. Für eine sichere Bestimmung der Arten muß man mikroskopische Merkmale berücksichtigen.

3/4 natürliche Größe

PEZIZA VARIA (Hedwig) Fr. 1219

von « varius » (lat.) = verschieden

VOLKSNAME: **Veränderlicher Becherling**

Apothezium: bis 5 cm im Durchmesser, nicht sehr groß, schüsselförmig oder auch ganz ausgebreitet oder mit aneinandergepreßten Fruchtkörpern, Basis manchmal wurzelähnlich verlängert, Hymenialschicht hellbraun-ocker, Außenschicht weiß oder nußbraun.

Fleisch: weißlich bis nußbraun, wässerig.

Aszi: 280×14 µm. Sporen ellipsoidisch, 14-16×9-11 µm, glatt. Paraphysen leicht keulig.

Vorkommen: auf humosem Boden, auf morschem Holz, auch auf Sägeabfällen.

Wert: wertlos.

BEMERKUNGEN: Die abgebildeten Exemplare sind auf einem mit Erde vermischten Sägespänehaufen gewachsen.

3/4 natürliche Größe

PEZIZA BADIOCONFUSA Korf. 1220

Weil der Pilz mit **Peziza badia** verwechselt wird

Der Pilz gehört in die Sammelgruppe um **Peziza badia (819)**, der er in den makroskopischen Merkmalen sehr ähnlich ist.
Er unterscheidet sich in anatomischen Merkmalen, besonders in der Ornamentierung der Sporen. **Peziza badioconfusa** hat kleinere (17-21 × 8-10 μm) und fein warzige Sporen zum Unterschied zu den Sporen von **Peziza badia**, die unregelmäßig netzig und granuliert sind.

Vorkommen: an sandigen Plätzen in Wäldern (wie **P. badia**).

Wert: wertlos.

Natürliche Größe

ACETABULA SULCATA (Pers.) Fuckel 1221

Dieser **Kelch-Becherling** ist sehr ähnlich dem **Pokal-Rippenbecherling (Acetabula vulgaris = Paxina acetabulum, 366).** Er unterscheidet sich durch kleinere Fruchtkörper (2-4 cm) und durch die am Stiel vorspringenden Rippen, die sich nicht am Apothezium fortsetzen; zum Unterschied von **Acetabula vulgaris** verbinden sie sich miteinander an der Stielspitze. Der Pilz ist gleich gefärbt wie **Acetabula vulgaris** und hat dieselben anatomischen Merkmale.

Vorkommen: im Nadelwald, bei Strünken. Im späten Frühling.

Wert: wertlos.

2/3 natürliche Größe

GEOPYXIS CARBONARIA (Alb. & Schw. ex Fr.) Sacc. 1222

VOLKSNAME: **Kohlen-Kelchbecherling**

Apothezium: 0,5-1,5 cm, becherförmig, die Innenseite ist gelblich ocker, der Rand fein gekerbt; die Außenseite ist weißlich-fleischfarben, fein kleiig.

Stiel: 1,5×0,1-0,2 cm, dünn, zylindrisch, weißlich oder ledergelb, glatt.

Aszi: 200×10 µm, Sporen schmal elliptisch und zugespitzt, glatt, 13-16× 6-8 µm, ohne Tröpfchen. Paraphysen dünn und leicht keulig.

Vorkommen: auf Brandflächen, auf Holzkohle.

Wert: wertlos.

BEMERKUNGEN: Dieses unverwechselbare kelchförmige Pilzchen wächst nur auf Brandstellen.

Natürliche Größe

HELOTIUM SCUTULA (Pers.) Fr. 1223

von « scutula » (lat.) = Walze. Wegen der Form der Sporen?

Apothezium: einzelstehend, ungefähr 0,4 cm, Scheibe abgeplattet und mit dünnem, flachem Rand, Innenseite gelblich, später ocker; außen weißlich, längs faserig und gerieft.

Stiel: zylindrisch und dünn.

Aszi: zylindrisch-keulig, 110×11 µm, mit 8 Sporen und mit amyloidem Porus; Sporen zweireihig, zylindrisch, an einem Ende zugespitzt, am anderen Ende abgerundet, mit 2 Tropfen, manchmal septiert. Paraphysen dünn, nach oben erweitert.

Vorkommen: auf abgestorbenen Grasstengeln, besonders bei Compositen.

Wert: wertlos.

BEMERKUNGEN: Die Abbildung gibt den Pilz vergrößert wieder; er bildet kleine, gestielte, tellerförmige, gelbe Apothezien. Die vielen ähnlichen Arten sind nur mit Hilfe der mikroskopischen Merkmale zu unterscheiden.

2 × vergrößert

ANTHRACOBIA MELALOMA (Alb. & Schw. ex Fr.) Boud. 1224

Apothezium: sehr klein, 2-5 mm im Durchmesser, schüsselförmig, mit fast geschlossenem, aufgebogenem oder auch flachem Rand; Hymenialschicht ockergelb oder orange, Außenseite blasser, fast bräunlich und stark schwärzlichbraun bewimpert, besonders gegen den Rand hin. Die Wimperhaare der Außenseite sind verhältnismäßig lang.

Aszi: 200×15 µm. Sporen 14-22×7-11 µm, ellipsoidisch-länglich, mit 2 Tropfen, glatt. Paraphysen dünn, an der Spitze keulig.

Vorkommen: auf Brandstellen, in großen Scharen. Ab Jänner.

Wert: wertlos.

BEMERKUNGEN: Dieser sehr kleine **Askomyzet** ist auf dem Boden oft kaum erkennbar. Bei starker Vergrößerung sieht man die Schönheit dieser verborgenen Kleinode der Natur. In der Abbildung herrschen grünliche Farbtöne vor, in Wirklichkeit ist er auffallend orange gefärbt.

Stark vergrößert (ungefähr 20 ×)

CHEILYMENIA STERCOREA (Pers. ex Fr.) Boud. 1225

Der Pilz wächst auf Dung

Apothezium: bis 4 mm im Durchmesser, scheibenförmig-niedergedrückt, auf der Außenseite mit sternförmig verzweigten Haaren, die am Rande einzeln stehen und bis zu 1 mm lang sind; die Hymenialschicht ist lebhaft orange, zum Rand hin blasser.

Aszi: 200×24 µm. Sporen 16-24×9-14 µm, mit Tropfen.

Vorkommen: typisch auf Kuh- und Pferdemist.

Wert: wertlos.

BEMERKUNGEN: Ohne Lupe erscheinen die Fruchtkörper wie kleine gefärbte Scheiben, die auf dem Mist wachsen. Die stark vergrößerte Abbildung zeigt die charakteristischen Merkmale.

Stark vergrößert (ungenfähr 20 ×)

LACHNELLA SUBTILISSIMA (Cke.) Dennis 1226

von « subtilis » (lat.) = zart, klein. Wegen der kleinen Fruchtkörper?
SYNONYM: **Trichoscyphella calycina** (Schum. ex Fr.) Nannf.

Apothezium: ungefähr 3 mm, sitzend, anfangs kugelig, dann aufbrechend und schüsselförmig, mit langen und dünnen weißen Haaren; Scheibe flach konkav, gelborange, Außenseite weiß.

Aszi: zylindrisch-keulig, mit 8 Sporen, 160×12 µm, Sporen 6-11×2-2,5 µm, nicht septiert. Paraphysen fadenförmig oder aufgeblasen.

Vorkommen: an Zweigen von Nadelbäumen, besonders Kiefer.

Wert: wertlos.

BEMERKUNGEN: Dieses Pilzchen ist gekennzeichnet durch das behaarte Apothezium und durch das weiche Fleisch.

2 × vergrößert

NEOBULGARIA PURA (Pers. ex Fr.) Petrak 1227

Apothezium: 1-2 cm, traubenförmig gedrängt, Scheibe konkav bis flach, lila oder fleischrosa, außen glatt und gleichfarbig.

Aszi: zylindrisch, 70×9 µm, mit amyloidem Porus; die 8 Sporen sind einreihig angeordnet, Sporen elliptisch, hyalin, 6-9×3-4 µm, mit 2 Tropfen. Paraphysen fadenförmig und dünn (1-2 µm).

Vorkommen: auf abgefallenen Ästen oder Strünken.

Wert: wertlos.

BEMERKUNGEN: Dieser **Askomyzet** wird zur Ordnung **Helotiales,** Familie **Bulgariaceae** gestellt, er ist der häufigste und verschiedenartigste Vertreter dieser Ordnung. Er ist gekennzeichnet durch gelatinöse und weiche Apothezien, deren Aszi 8 Sporen tragen.

Natürliche Größe

LEOTIA LUBRICA Pers. ex S. F. Gray **1228**

von « lubricus » (lat.) = schlüpfrig, schmierig
VOLKSNAME: **Schlüpfriger Kappenpilz**

Köpfchen: 1-2 cm, gelatinös, fast knorpelig, aufgeblasen, fast halbkugelig, mit eingerolltem Rand, käppchenförmig; gelb-grünlich bis braun-olivlich.

Stiel: 3-5×0,2-0,6 cm, gleichdick, nach unten verdickt, manchmal zusammengedrückt, goldgelb, matt, röhrig, mit gelatinösem Saft gefüllt.

Fleisch: gleichfarbig, blasser, Geruch nicht unangenehm.

Aszi: gestielt, 150-200×10-14 µm, nicht amyloid; Sporen zweigeteilt, spindelig, manchmal gebogen, hyalin, glatt, mit mehreren Tropfen, 15-25×6-7 µm. Paraphysen fadenförmig, gleich hoch wie die Aszi.

Vorkommen: einzeln oder auch büschelig, in feuchten Wäldern, in sumpfigen Wiesen, in Torfmooren.

Wert: wertlos.

BEMERKUNGEN: Dieser seltsame **Askomyzet** ist gekennzeichnet durch pilzhutähnliche, gestielte Fruchtkörper mit gallertartiger Konsistenz und olivgrünlich-braunen Farbtönen.

Natürliche Größe

XYLARIA LONGIPES (Nitscke) **1229**

von « longus » (lat.) = lang und « pes » (lat.) = Fuß

Stroma: über 2,5 cm lang, keulenförmig, mit zylindrischem Stiel, manchmal unregelmäßig oder auch an der Spitze etwas gelappt; eher schlank; einzeln oder in Gruppen. Braun-schwärzlich.

Fleisch: steif, voll, weiß, mit einer dünnen, schwarzen Kruste, in der die Perithezien liegen, die herausragenden Perithezien geben dem Fruchtkörper ein körniges Aussehen (Lupe!).

Sporen: spindelig, 12-16×5-7 µm.

Vorkommen: auf abgefallenen Ästen des Ahorns.

Wert: wertlos.

BEMERKUNGEN: Dieser **Askomyzet** wird in die Gattung **Xylariales**, Familie **Xylariaceae** eingereiht. Er ist vielleicht der **Vielgestaltigen Holzkeule (Xylaria polymorpha = Xylosphaera polymorpha, 358)** ähnlich, er unterscheidet sich durch zartere Fruchtkörper, durch kleinere Sporen und durch den Standort auf Ahornholz.

2/3 natürliche Größe

USTULINA DEUSTA (Fr.) Petrak 1230

von « deustus » (lat.) = verbrannt. Wegen der schwärzlichen Farbe

Dieser Pilz wächst auf morschen Laubholzstrünken, auf denen er schwarze, kohleartige, wellige, höckerig aufgeblasene, deutlich gerandete Krusten bildet, sie dehnen sich bis ungefähr 10 cm aus und sind 1-2 cm dick. Die Entwicklung der Fruchtkörper beginnt mit der Bildung der Konidien und einer weißen Kruste, die später in der Mitte grau wird, während der aufgeblasene und fleischig-korkige Rand weiß bleibt. Erst später wird der Pilz schwarz, kohleartig, höckerig. Die Abbildung zeigt mehrere Entwicklungsstadien.

Sporen: Askosporen: schwärzlich, elliptisch-spindelig und sehr lang (32-36×7-10 µm). Konidien: auf den jungen Fruchtkörpern wie feiner Staub, sehr klein (5-7×2 µm).

Vorkommen: auf alten Laubholzstrünken oder Wurzeln, besonders bei Buche.

Wert: wertlos.

BEMERKUNGEN: Dieser **Askomyzet** wird in die Klasse **Xylariales**, Familie **Xylariaceae** eingereiht. Die Perithezien (es sind die wirklichen Fruchtkörper) entwickeln sich im Stroma oder Fruchtlager, die den Pilzen die charakteristische Form geben. Erwähnenswert sind z.B. die verästelten Stromata von **Xylaria**. Die Perithezien haben eine nach außen mündende Öffnung und enthalten zylindrische Aszi mit dunkel gefärbten Sporen.

1/2 natürliche Größe

HYPOXYLON FRAGIFORME (Pers. ex Fr.) Kickx 1231

von « fragum » (lat.) = Erdbeere. Wegen der rundlichen Form

SYNONYM: **Hypoxylon coccineum** Bull.

Der Pilz bildet polsterförmige Stromata, 5-10 mm im Durchmesser, sie wachsen auf Holz und brechen aus der Rinde hervor, gesellig und manchmal auch sehr zahlreich.

Die Stromata oder die Fruchtlager, in die die Perithezien eingebettet sind, sind kugelig, oval, zuerst rotbraun gefärbt, später braun; sie tragen auf der Oberfläche eine Schicht mit ovalen, schwärzlichen, gedrängten Perithezien, die man gut im Schnitt durch ein Stroma sehen kann.

Sporen: schwarz-braun, oval-elliptisch, einreihig, 10-12×4-5 µm.

Vorkommen: vom Herbst bis ins Frühjahr, auf abgefallenen Ästen und auf Reisig und Strünken von Laubbäumen.

Wert: wertlos.

BEMERKUNGEN: Dieser kleine, sehr häufige **Askomyzet** wird in die Ordnung **Xylariales**, Familie **Xylariaceae** eingereiht.

Schwach vergrößert

CIBORIA BATSCHIANA (Zopf) Buchw. 1232

Zu Ehren von Batsch

SYNONYM: **Sclerotinia pseudotuberosa** Rehm

Apothezium: bis 15 mm im Durchmesser, konkav, später flach, mit einem relativ langen und schlanken, zimtbraunen Stiel.

Aszi: 150×8 µm. Sporen 6-11×4-6 µm, elliptisch-länglich.

Vorkommen: auf abgefallenen Eicheln. September-November. Selten.

Wert: wertlos.

BEMERKUNGEN: Der Pilz gleicht dem **Anemonen-Becherling (Sclerotinia tuberosa, 818)**, er unterscheidet sich durch den Standort und durch das Fehlen des charakteristischen Sklerotiums. Die abgebildeten Exemplare wachsen aus einer aufgeschnittenen Eichel heraus.

3 × vergrößert

DIATRYPE DISCIFORMIS (Hoffm. ex Fr.) Fr. 1233

Fruchtkörper: er besteht aus einem mehr oder weniger dicken und auffallenden, bis 3 mm großen Stroma, das die Perithezien, die wirklichen Fruchtkörper trägt; diese sind kleine Einhöhlungen, die die Aszi und die Paraphysen enthalten; in den Aszi werden die Sporen gebildet, die Paraphysen stehen zwischen den Aszi und stützen diese. Innerhalb der Gattung **Diatrype** gibt es Arten mit einzelstehenden oder mit mehreren Perithezien im Stroma. Der Pilz befällt verschiedene Laubbäume (saprophytisch) und bildet in deren Rinde die Fruchtlager.

Aszi: lang gestielt, mit 8 Sporen.

Sporen: 5-8×2 µm.

Vorkommen: auf Buchenästen, auch auf anderen Laubbäumen.

Wert: wertlos.

BEMERKUNGEN: Dieser kleine **Askomyzet** wird in die artenreiche, aber wenig bekannte Ordnung **Sphaeriales** gestellt.

3 × vergrößert

TUBER MELANOSPORUM Vitt. 1234

von « melanos » (lat.) = schwarz. Wegen der schwarzen Sporen

SYNONYM: **Tuber nigrum** Bull.

VOLKSNAME: **Perigord-Trüffel**

Fruchtkörper: 3-6 cm, rundlich-knollig, schwarzbraun, berührt rußig, mit kleinen, pyramidenförmigen Warzen bedeckt.

Fruchtmasse: zuerst weißlich, bald bräunlich schwarz, von weißen, später bräunlichen Adern durchzogen. Geruch eigentümlich aromatisch.

Sporen: 29-55×22-35 µm, elliptisch-länglich, stachelig, matt, dunkelbraun.

Vorkommen: auf kalkhaltigem Boden bei verschiedenen Laubbäumen. Sommer-Winter. Ziemlich häufig.

Wert: eßbar, guter Gewürzpilz.

BEMERKUNGEN: Zu den schwärzlich gefärbten **Trüffeln** kann man außerdem die **Winter-Trüffel (T. brumale, 376)**, die **Sommer-Trüffel (T. aestivum, 836)**, die **Großsporige Trüffel (Tuber macrosporum, 791)** und **Tuber mesentericum** Vitt. zählen. Die zuletzt genannte **Trüffel** bildet die größten Fruchtkörper, ist aber als Speisepilz nicht geschätzt.

Natürliche Größe

TUBER EXCAVATUM Vitt. 1235

VOLKSNAME: **Hohle Harttrüffel**

Fruchtkörper: ungefähr die Größe einer Nuß erreichend, fast kugelig, knollig, warzig, ockerlich, an der Basis mit einer Vertiefung, die sich in das Innere fortsetzt.

Fruchtmasse: hart, trocken, holzig, blaß ocker, mit weißen Adern, die in die kleine zentrale Höhlung münden und radial nach außen verlaufend sich verjüngen. Geruch aromatisch.

Sporen: elliptisch, gelbbraun, netzig gefeldert, 30-40×20-30 µm.

Vorkommen: im Laubwald (Eiche, Buche), besonders in lockeren, tonigen und kalkhaltigen Böden. Zwischen Juli und Dezember.

Wert: als Speisepilz nicht geschätzt.

BEMERKUNGEN: Man erkennt diese **Trüffel** gut an der kleinen charakteristischen Höhlung. Sie wird nicht als Speisepilz verwendet.

Natürliche Größe

1CM

CHOIROMYCES MAEANDRIFORMIS Vitt. 1236

SYNONYM: **Choiromyces venosus** (Fr.) Th. Fr.

VOLKSNAME: **Weißtrüffel**

Fruchtkörper: rundlich-knollig, weißlichgrau, oder hellbraun-braunrötlich, oder auch gelbbraun; bis 10 cm im Durchmesser; grob höckerig und mit Fraßstellen von Insekten und Schnecken. Peridie lederig, fest, glatt, unregelmäßig, charakteristisch felderig und rissig als Folge des schnellen Zuwachses der Fruchtmasse.

Gleba: zäh, zuerst weißlich, dann grau, ohne Hohlräume, marmoriert, mit gewundenen, wenig zusammenfließenden, gelbbraunen Adern, die die palisadenartig angeordneten Aszi enthalten.

Fleisch: anfangs geruchlos, reif nimmt es einen starken, nicht sehr angenehmen Geruch an.

Sporen: kugelig, reif gelblich, 18-22 μm, stachelig, glänzend.

Vorkommen: in jedem Waldtyp, besonders bei Buchen, auf sandigen, tonigen oder kalkhaltigen Böden; auch in Wiesen und baumlosen Gegenden. Unterirdisch, häufig etwas aus dem Boden herausragend.

Wert: er gilt als Giftpilz und soll Verdauungsstörungen hervorrufen. Er wirkt abführend.

BEMERKUNGEN: Grob gesehen kann die **Weißtrüffel** der **Magnatentrüffel (T. magnatum, 375)** in der hellen Farbe der Fruchtmasse ähnlich sein. Sie unterscheidet sich jedoch durch einen unangenehmen Geruch und durch mikroskopische Merkmale. Eine andere helle Trüffel ist **Tuber borchii** Vitt., sie ist eßbar, wenn auch nicht besonders schmackhaft.

Natürliche Größe

TERFEZIA LEONIS Tul. 1237

Fruchtkörper: größere Exemplare erreichen 6 cm im Durchmesser, kugelig oder birnenförmig, an der Basis verschmälert, immer mit einem Hyphengeflecht umgeben, weißlich, später gelb und dunkel bräunlich, manchmal gefleckt und runzelig.

Fruchtmasse: weiß bis rosarot oder auch dunkelbraun. Geruch schwach.

Sporen: 19-26 μm, kugelig, stark warzig, mit dicken, stumpfen, ockergelben Warzen.

Vorkommen: in Eichenwäldern auf sandigen Böden, im Mittelmeergebiet, auch in Nordafrika.

Wert: eßbar; in den Gegenden, wo er vorkommt, sehr bekannt.

BEMERKUNGEN: Diese **Trüffel** wächst im Mittelmeergebiet, sie ist dort als Speisepilz gesucht, sie ist aber nicht so schmackhaft wie verschiedene **Tuber**-Arten.

1/2 natürliche Größe

HYDNOTRYA TULASNEI Bk. & Br. 1238

Fruchtkörper: 3-4 cm im Durchmesser, kugelig, aber mit sehr unregelmäßiger Oberfläche, mit hirnartig gewundenen Lappen, wachsartig, braunrötlich oder gelb-fleischrosa.

Fruchtmasse: kremegelb, rosa oder rostrot, gewunden ausgehöhlt.

Sporen: 20-35 µm, kugelig, unregelmäßig warzig.

Vorkommen: in Laub- und Nadelwald, in weichem Boden, mit der Basis an Erde gebunden.

Wert: ungenießbar.

BEMERKUNGEN: Dieser Pilz erinnert in der Form an die **Frühjahrslorchel (Gyromitra esculenta, 362)**, er ist aber ungenießbar.

Schwach vergrößert

PILOBOLUS KLEINII van Tiegh. 1239

Die Abbildung zeigt eine großartige Aufnahme zweier Fruchtkörper von **Pilobolus kleini** (ungefähr 100 × vergrößert); man erkennt deutlich die Sporangienträger, das schwarze, linsenförmige Sporangium, das auf einer dicken, durchsichtigen und schillernden Blase sitzt, sowie die karotinoidreichen Zonen.

BEMERKUNGEN: **Pilobolus** wird in die Klasse **Phycomycetes** (sie ist gekennzeichnet durch nicht septierte, einzellige und vielkernige Hyphen), Ordnung **Mucorales** eingereiht. Vertreter der Gattung **Pilobolus** haben eine eigentümliche Art die Sporen auszustreuen: sie schleudern die Sporangien aus (diese Eigenschaft haben auch andere Pilze, die zu verschiedenen Klassen gehören; z.B. **Ascobolus, Sphaerobolus (1202).** Der Fruchtkörper wird gebildet von einem flachen, schwärzlichen, ungefähr 2 mm großen Sporangium, das auf Traghyphen, den Sporangienträgern, sitzt. Unterhalb des Sporangiums schwillt die Traghyphe zu einer durchsichtigen Blase an, die wesentlich größer ist als das Sporangium selber und die das Schleuderorgan darstellt. Bei der Sporenreife in den Sporangien nimmt der Glykogengehalt im Gewebe zu, es erhöht sich der osmotische Druck, der eine starke Wasseraufnahme bewirkt, was wiederum die Blase unterhalb des Sporangiums keulig auftreibt. Dadurch entsteht ein großer Überdruck und die Zellwand reißt an einer vorgebildeten Stelle an der Columella auf und das Sporangium (einschließlich Columella) wird bis zu 2 m abgeschleudert. Fällt das Sporangium auf Gras, können die Sporen wieder in den Verdauungstrakt der Tiere gelangen und von diesen mit dem Kot ausgeschieden werden. Auf diesem neuen Substrat zerfallen die Sporangien, die Sporen keimen aus, bilden ein Myzel und der Entwicklungszyklus beginnt von neuem. Ein anderes charakteristisches Merkmal bei **Pilobolus** ist der Phototropismus, die Empfindlichkeit auf Licht, die bewirkt, daß sich die Sporangienträger immer in Richtung des Lichteinfalles krümmen und die Sporangien gegen die Lichtquelle geschleudert werden. Lichtempfindliche Stellen scheinen die karotinoidreichen Zonen unterhalb des Sporangiums und an der Basis der Blase zu sein. **Pilobolus** wächst vorwiegend auf Exkrementen pflanzenfressender Tiere.

Ungefähr 100 × vergrößert

CRIBRARIA ARGILLACEA Pers. 1240

Sporangien: 0,5-1 mm, schmutzig ocker-olivlich, kugelig oder oval, sitzend oder kurz gestielt, dicht gedrängt und manchmal einen Pseudothallus bildend. Peridie auf der Oberseite flüchtig und mit einem freien, leicht abtrennbaren Netz ausgestattet; Basis ausdauernd und tief schüsselförmig, häutig, schlecht abgegrenzt, netzig. Das Stielchen ist, wenn vorhanden, kurz, furchig, braun-schwärzlich, aus einem gut entwickelten Hypothallus hervorgehend.

Sporen: unter dem Mikroskop blaß, glatt, 6-8 µm, Sporenpulver tonfarben.

Vorkommen: auf abgestorbenem Holz.

BEMERKUNGEN: Mit diesem Pilz beginnen wir eine Serie von Großaufnahmen von **Schleimpilzen (Myxomyzeten).** Die Einzelheiten dieser Organismen sind nur nach entsprechend hoher Vergrößerung für das Auge zugänglich. Viele Autoren wollen die **Myxomyzeten** nicht zu den Pilzen zählen und stellen sogar ihre Zugehörigkeit zum Pflanzenreich in Frage. Diese Organismen machen zwei verschiedene Entwicklungsstadien durch: die vegetative Phase (Wachstumsphase) mit Merkmalen einer tierischen Entwicklung, und die fruktifikative oder reproduktive Phase mit Eigenschaften des Pflanzenreiches, im besonderen der Pilze. Wir haben in unserem Werk die Absicht, eine Anzahl von Arten mit vergrößerten Abbildungen vorzustellen und kurz zu beschreiben. Für eingehendere Studien muß Fachliteratur herangezogen werden.

Stark vergrößert

DICTYDIUM CANCELLATUM (Batsch) Macbr. 1241

Sporangien: gesellig, kugelig, zusammengedrückt, unterseits genabelt, lang gestielt, braun-rötlich-purpurn, 0,4-0,7 mm (Gesamtlänge 1-5 mm). Stielchen flaschenförmig, 1-8 mal so hoch wie der Durchmesser des Sporangiums, Spitze blaß, Basis dunkelbraun, an der Spitze umgebogen. Peridie flüchtig, es bleibt ein Gerüst von steifen Längsadern, die untereinander durch dünne Bändchen verbunden sind, viereckige oder unregelmäßige vieleckige Maschen bildend.

Sporen: unter dem Mikroskop blaß rot, kugelig, fast glatt, 5-7 µm, Sporenpulver rötlich oder purpurn.

Vorkommen: auf abgestorbenem Holz.

BEMERKUNGEN: Diese häufige Art war schon alten Botanikern bekannt. Die Färbung der Sporangien ist sehr veränderlich.

Stark vergrößert

ARCYRIA NUTANS (Bull.) Greville 1242

VOLKSNAME: **Nickender Kelchstäubling**

Sporangien: gedrängt, zylindrisch, 1,5-2×0,3-0,5 mm, sie können eine Gesamtlänge von 4-12 mm erreichen, alt biegen sie sich um und fallen in sich zusammen. Zuerst glänzend gelb, bald blaß ocker oder nußbraun, kurz gestielt oder auch sitzend. Peridie flüchtig; Capillitium gleichfarbig, sehr elastisch, mit dicken (3-4 µm), dicht stacheligen Fäden, halbringartig, netzartig.

Sporen: unter dem Mikroskop fast farblos, mit einzelnen Warzen, 7-8 µm; Sporenpulver ledergelb-ocker.

Vorkommen: auf morschem Holz.

BEMERKUNGEN: Man erkennt diesen **Schleimpilz** an den großen, blaß gelben, umgebogenen und zusammensinkenden Sporangien.

Stark vergrößert

ARCYRIA DENUDATA Linn. 1243

Sporangien: gesellig oder gehäuft, gestielt, mit oval-zylindrischen Köpfchen, 2-6×0,4-1,2 mm, pompejanisch rot oder ziegelrot, Peridie kaum wahrnehmbar; Stielchen 0,5-1,5 mm lang, gleichfarbig oder gerieft, aus einem kleinen Hypothallus entspringend. Capillitium biegsam, glänzend karminrot, zu Braun-gelblich ausblassend; Fäden mit spiraligen Halbringen.

Sporen: unter dem Mikroskop farblos, 6-8 µm, mit einzelnen Warzen, Sporenpulver rot oder rötlich.

Vorkommen: auf abgestorbenem Holz.

BEMERKUNGEN: Diese Art ist sehr häufig; sie war schon Linné bekannt. Sie ist leicht zu erkennen an den großen, lebhaft rot gefärbten Sporangien, die sich alt rußig ockerlich verfärben.

Stark vergrößert

PERICHAENA DEPRESSA Libert 1244

Sporangien: polsterförmig-niedergedrückt, abgeflacht, vieleckig, dicht gedrängt; 0,1-1 mm im Durchmesser. Hell kastanienbraun bis dunkel purpurbraun oder fast schwarz. Peridie doppelt: die äußere ist weißlich wegen der Verdunstungsrückstände oder mit Kalkkristallen bedeckt, dicht mit der inneren Peridie verwachsen. Ringsherum aufbrechend. Capillitium mit gelben, dünnen, fein zugespitzten Fäden.

Sporen: 9-12 µm, fein warzig, Sporenpulver satt gelb.

BEMERKUNGEN: Diese Art ist häufig, aber sehr veränderlich. Die typische Form hat eng beieinanderliegende, vieleckige und flache Sporangien.

Stark vergrößert

PERICHAENA CHRYSOSPERMA (Currey) Lister 1245

Sporangien: sie können kugelig sein (0,2-0,5 mm) mit schmäler werdender Basis, oder auch polsterförmige, gebogene, eingerollte und ringförmige Plasmodiokarpe bilden. Dunkel kastanienbraun, braunrötlich, ockerlich. Peridie doppelt: die äußere ist glänzend oder körnig, oberseits bisweilen unvollständig; die innere Peridie ist dünn und glänzend. Unregelmäßig aufbrechend, manchmal ringsherum aufbrechend. Ein Stielchen ist selten vorhanden, kurz und schwarz. Capillitium mit dünnen, gelben, zugespitzten Fäden.

Sporen: 8-10 µm, zugespitzt, Sporenpulver gelb.

Vorkommen: auf abgestorbenem Holz, auf Rinde von abgefallenen Ästen, auch auf abgefallenen Blättern.

Stark vergrößert

TRICHIA SCABRA Rostf. 1246

von « scaber » (lat.) = rauh. Wegen der netzigen Sporen?

Sporangien: sie drängen sich auf einem dunklen, gut entwickelten Hypothallus, sitzend, kugelig oder fast kreiselförmig, 0,5-0,7 mm, orangebraun oder goldgelb. Peridie starr, glatt, glänzend. Capillitium satt gelb oder rostiggelb, die Fäden tragen 3-4 schleifenartige, gedrängte Spiralen.

Sporen: unter dem Mikroskop gelb, fein netzig, 10-12 µm, Sporenpulver gelborange.

Vorkommen: auf morschem Holz und Rinde.

Charakteristische Merkmale sind die sitzenden, kleinen, dicht gedrängten, orangegelben, dünnwandigen Sporangien und die feinnetzigen Sporen.

BEMERKUNGEN: Von diesem **Myxomyzet** bringen wir zwei Abbildungen, eine mit natürlicher Größe und eine stark vergrößerte, wie wir sie für die anderen Schleimpilze bieten. Die Fortpflanzung dieser Pilze erfolgt mit Hilfe von Sporen. Diese werden von den reifen Fruchtkörpern freigesetzt und keimen im Wasser oder auf einer feuchten Unterlage aus; sie bilden nicht wie die meisten anderen Pilze ein Hyphengeflecht, sondern begeißelte Schwärmer (Myxoflagellaten) oder unbegeißelte Myxamöben. Unter günstigen Bedingungen können sich diese wiederholt teilen und stark vermehren, unter ungünstigen können sich Myxamöben einkapseln. Schwärmer können bisweilen die Geißeln einziehen und sich in Myxamöben umwandeln. Die einkernigen Myxamöben oder Myxoflagellaten verschmelzen paarweise und bilden diploide Myxozygoten. Diese wachsen unter wiederholten mitotischen Kernteilungen zu vielkernigen Plasmodien heran. Myxamöben und Plasmodien ernähren sich von Bakterien und organischen Partikeln. Nur bei sehr wenigen Arten konnte man im Laboratorium auf künstlichen Medien den kompletten Zyklus ablaufen lassen. Aus den Plasmodien gehen unter entsprechend günstigen Bedingungen (die Plasmodien verlassen ihre feuchten und dunklen Standorte) ein oder mehrere Fruchtkörper hervor, die mannigfaltige und für die einzelnen Arten charakteristische Formen annehmen. Auf den Merkmalen der Fruchtkörper (Sporangien) basiert die systematische Einteilung der **Myxomyzeten.**

Stark vergrößert

HEMITRICHIA INTORTA Lister **1247**

Sporangien: gesellig, meistens gestielt, kreisel- oder birnenförmig, 0,3-0,7 mm; goldgelb oder braunrötlich, Peridie dünn, durchscheinend, glänzend, manchmal inkrustiert; an der Spitze unregelmäßig aufbrechend, wobei sich der obere Teil der Peridie auflöst, während die Basis die Form einer leeren Schüssel annimmt und ausdauernd ist. Der Stiel ist dunkelbraun, voll, runzelig, 0,1-0,5 mm hoch. Capillitium aus wenigen langen Fäden bestehend, gelborange, wenig verzweigt, mit 4-5 regelmäßigen Spiralen.

Sporen: fein warzig, 8-10 µm. Sporenpulver goldgelb.

Vorkommen: auf morschem Holz.

BEMERKUNGEN: Diese Art ist nicht sehr häufig; sie unterscheidet sich besonders im Capillitium. Die Abbildung zeigt ein Sporangium im Zustand des Aufbrechens der Peridie. Man erkennt deutlich den Teil der sich auflösenden Peridie und die schüsselförmige Basis, sowie das Capillitium mit gelborangen Fäden und Spiralen und das goldgelbe Sporenpulver.

Stark vergrößert

HEMITRICHIA SERPULA (Scop.) Rostf. **1248**

Plasmodium: verästelt, netzig, Flächen von einigen cm^2 bedeckend. Rostgelb oder glänzend gelb. Peridie dünn und durchscheinend, unregelmäßig längs aufbrechend. Der Hypothallus ist gleich gefärbt wie die Peridie oder etwas dunkler. Das Capillitium besteht aus einem Knäuel von gelben, wenig verzweigten oder freien Fäden, mit 3-4 Spiralen, die an den Enden zugespitzt sind.

Sporen: kugelig, grob netzig, 11-16 µm, Sporenpulver goldgelb.

Vorkommen: auf morschem Holz, auf abgefallenen Blättern und Blattstreu.

BEMERKUNGEN: Diese weit verbreitete und auffallende Art war schon alten Botanikern bekannt (Scopoli, Batsch, Villars, u.a., die sie als **Mucor** beschrieben).

Stark vergrößert

METATRICHIA VESPARIUM (Batsch) Nann.-Brem. 1249

von « vespa » (lat.) = Wespe. Die leeren Sporangien haben die Form eines Wespennestes

VOLKSNAME: **Wespennest**

Sporangien: gestielt, gedrängt traubenförmig. Auch Pseudothalli bildend. Gesamthöhe bis zu 3 mm, 0,4-0,7 mm breit. Rotbraun bis dunkel kastanienbraun und schwärzlich; Peridie matt, glänzend und mit metallischem Glanz; an einer vorgebildeten Stelle aufbrechend; nach dem Ausstäuben der Sporen verbleibt der untere Teil der Peridie wie eine leere Schüssel. Die eng aneinander gedrägten leeren Schüsseln erinnern an ein Wespennest. Stielchen voll, ziegelrot, eine Traube von Sporangien tragend, aus einem flachen, rötlichen Hypothallus hervorgehend. Capillitium mit langen, freien, nicht verästelten Fäden, die in der Mitte geknickt sind, die beiden Hälften umschlingen sich gegenseitig, glänzend rot oder zinnoberrot.

Sporen: kugelig oder leicht warzig, 9-11 µm, oval oder elliptisch, Sporenpulver ziegelrot.

Vorkommen: auf morschem Holz.

BEMERKUNGEN: Die Abbildung zeigt eine Traube von Sporangien, von denen einige im Zustand des Aufbrechens sind. Auffallend ist das charakteristische, rote Capillitium und die dauerhafte, schüsselförmige Basis der Peridie, der rötliche Hypothallus und und der mehreren Sporangien gemeinsame Stiel. Diese Art war schon den alten Botanikern (z.B. Batsch) bekannt und den Gattungen **Lycoperdon, Trichia,** u.a. zugeordnet worden.

Stark vergrößert

BADHAMIA LILACINA (Fr.) Rostf. 1250

Sporangien: gesellig oder gedrängt, kugelig oder oval, 0,4-0,5 mm, sitzend (selten gestielt). Rosa-weißlich lila oder bräunlich. Peridie doppelt, die äußere Schicht ist glatt, krustig, die innere dünnhäutig. Capillitium dicht, weiß, mit stark knotigen Fäden, manchmal mit einer Scheincolumella im Innern des Sporangiums. Hypothallus dünn, durchgehend, durchscheinend.

Sporen: frei (nicht in Trauben angeordnet), unter dem Mikroskop braunviolett, warzig oder gratig, 12-15 µm, Sporenpulver schwarz.

Vorkommen: auf Blättern, auf Moos und Holz, an feuchten Plätzen.

BEMERKUNGEN: Diese Art ist gekennzeichnet durch die rosalila Färbung, durch das porzellanartige Aussehen der Peridie und durch die fast netzigen Sporen.

Stark vergrößert

BADHAMIA FOLIICOLA Lister 1251

Sporangien: gesellig oder gehäuft, sitzend oder gestielt, fast kugelig oder ellipsoidisch, 0 5-0,6 mm; auch Plasmodiokarpe bildend. Grau schillernd. Peridie dünn, runzelig, mit wenig Kalkeinlagerungen. Stielchen (wenn vorhanden) kurz und gelblich. Das Capillitium wird gebildet von einem einheitlichen Netz aus zarten und dünnen Röhren.

Sporen: gelbbraun, fein warzig, 11-12 µm, frei, nicht traubenförmig.

Vorkommen: auf verschiedenen pflanzlichen Abfällen.

BEMERKUNGEN: Dieser **Schleimpilz** unterscheidet sich von anderen durch kleine Sporangien, durch einen kleinen Anteil an Kalk im Peridium und im Capillitium und durch die freien Sporen. Die **Myxomyzeten** lassen sich in zwei Gruppen einteilen: **Endosporei**, die die Sporen im Innern der Sporangien bilden, geschützt von der Peridie (in der nebenstehenden Abbildung sieht man deutlich diese Schutzhülle) und **Exosporei**, die die Sporen außerhalb der Sporangien bilden. Der größte Teil gehört zur ersten Gruppe, die in vier Ordnungen eingeteilt werden kann: **Liceales (Tubifera, Lycogala, Reticularia, Cribraria, Dyctidium,** u.a.), **Trichiales** (**Perichaena, Arcyria, Trichia, Hemitrichia,** u.a.), **Stemonitales** (**Diachea, Stemonitis,** u.a.) und **Physarales** (**Leocarpus, Badhamia, Fuligo, Physarum, Diderma, Didymium,** u.a.).

Beide Abbildungen stark vergrößert

BADHAMIA UTRICULARIS (Bull.) Berk. 1252

SYNONYME: **Sphaerocarpus utricularis** Bull.
Physarum hyalinum Alb. & Schw.

Sporangien: traubenförmig gedrängt, kugelig, birnenförmig, 0,5-1 mm, manchmal kurz fadenförmig gestielt. Graublau oder grauviolett, schillernd. Peridie schillernd und hyalin, glatt, runzelig oder netzig. Stielchen (wenn vorhanden) dünn, ockerlich, manchmal liegend. Hypothallus schmutzig rot, kaum wahrnehmbar. Capillitium zart, einheitlich, weiß.

Sporen: in lockeren Trauben, unter dem Mikroskop braunviolett, 10-14 µm, Sporenpulver schmutzig braun.

Vorkommen: auf Rinde abgefallener Ästchen, auf lederigen Pilzfruchtkörpern.

BEMERKUNGEN: Wenn sich diese **Schleimpilze** am Hymenium von höheren Pilzen entwickeln, hängen sie an dünnen, feinen Stacheln herab; wenn sie auf der Hutoberfläche wachsen, sind die Stielchen kurz und liegend. Bei den **Myxomyzeten** kennt man drei Arten der Fruchtkörperbildung: **Sporangien:** sie bilden sich zahlreich aus einem einzigen Plasmodium mit charakteristischen Formen und Farben, sitzend und gestielt, mit Merkmalen, die kleinen Gasteromyzeten ähnlich sind. **Plasmodiokarp:** die Fruchtkörper sind meistens sitzend, länglich, sie überziehen netzartig das Substrat. **Thallus:** die Fruchtkörper bestehen aus einer polsterförmigen, weichen Masse, in deren Innern sich die Sporen bilden und die außen von einer Kruste bedeckt ist. Die Gattung **Badhamia** bildet Sporangien.

Beide Abbildungen stark vergrößert

DIACHEA LEUCOPODA (Bull.) Rostf. 1253

von « leukos » (gr.) = weiß und « pus » (gr.) = Fuß. Wegen des weißen Stielchens

Sporangien: dicht gedrängt oder gesellig, zylindrisch oder ellipsoidisch, gestielt; selten fast kugelig, abgestumpft, fast genabelt; metallisch blau, oder bronzefarbig-purpurn, schillernd, 1-2×0,4-0,6 mm hoch. Stielchen kräftig, brüchig, mit Kalk inkrustiert, schneeweiß, nach oben verjüngt, ungefähr halb so hoch wie das Sporangium. Hypothallus weiß, mit Kalk inkrustiert, aderig, ein dichtes Netz bildend. Columella dick, nach oben schmäler werdend, bis in die Mitte des Sporangiums reichend. Capillitium mit anastomosierenden und verästelten, braunen Fäden.

Sporen: unter dem Mikroskop schmutzig lila, fein runzelig, 8-11 µm, Sporenpulver braunschwarz.

Vorkommen: auf abgefallenen Blättern und Ästchen.

BEMERKUNGEN: Ein bedeutendes Merkmal bei **Myxomyzeten** ist die mitunter erhebliche Kalkablagerung in Form von Körnern, Klümpchen, Krusten, Kristallen. Diese Ablagerungen können sich im Fruchtkörper, im Stielchen (gerade beim beschriebenen Pilz), in der Columella, im Hypothallus, in der Peridie und besonders im Capillitium bilden. Dieses Merkmal ist ein Hilfsmittel zur Bestimmung der Familien, Gattungen und Arten.

Stark vergrößert

PHYSARUM VIRESCENS Ditmar 1254

von « virescens » (lat.) = grünlich verfärbend

Sporangien: sitzend oder kurz gestielt, kugelig, oval, länglich, 0,2-0,4 mm, gedrängt oder übereinanderliegend in Form kleiner Trauben; gelb oder grünlich. Peridie dünn, brüchig, runzelig; Capillitium gebrechlich, mit kleinen, unregelmäßigen Klümpchen, gelblich. Columella fehlend.

Sporen: unter dem Mikroskop blaß violett-grau, fein punktiert, 8-10 µm, Sporenpulver braunschwärzlich.

Vorkommen: auf Moos und abgefallenen Blättern.

Stark vergrößert

DIDERMA FLORIFORME (Bull.) Pers. 1255

Sporangien: kugelig oder birnenförmig, gestielt, gesellig, nicht miteinander verwachsen, 1,2--2×0,7-1 mm, blaß braun bis dunkel kastanienbraun. Peridie doppelt: die äußere ist knorpelig, die innere häutig. Peridie unregelmäßig aufbrechend, und zwar so, daß sich blütenblattähnliche, manchmal abgerundete Lappen formen, die ein ausdauerndes, becherförmiges Gerüst bilden. Stielchen dünn, furchig, orangebraun, mit dem Hypothallus verschmelzend. Capillitium aus braunen und zarten Fäden bestehend.

Sporen: unter dem Mikroskop braunpurpurn, unregelmäßig grob warzig, 10-11 µm, Sporenpulver schwarz.

Vorkommen: auf morschem Holz.

BEMERKUNGEN: Gute Erkennungsmerkmale sind die grobwarzigen Sporen und das blütenähnliche Aussehen des Sporangiums. Diese Art war schon alten Botanikern bekannt und wurde in die Gattungen **Sphaerocarpus, Stemonitis, Lycoperdon, Didymium,** u.a. gestellt.

Stark vergrößert

DIDYMIUM NIGRIPES (Link) Fr. 1256

von « niger » (lat.) = schwarz und « pes » (lat.) = Fuß. Wegen des schwarzen Stielchens

Sporangien: gesellig, gestielt, kugelig oder halbkugelig, manchmal unterseits genabelt, 0,3-0,7 mm (1,5-2 mm mit dem Stielchen). Peridie häutig, rußig, von weißen Kalkkristallen bedeckt. Stielchen dünn, aufrecht, dunkelbraun oder schwärzlich, Spitze blaß und durchscheinend. Hypothallus scheibenförmig, schwarz. Capillitium aus braunen oder farblosen, zarten und wenig verzweigten Fäden bestehend.

Sporen: unter dem Mikroskop blaß braun-violett, 7-10 µm, fein warzig, Warzen traubenartig gedrängt, Sporenpulver dunkel.

Vorkommen: auf abgestorbenen Blättern, Grasstielen, Ästchen.

Stark vergrößert

DIDYMIUM DIFFORME (Pers.) Gray 1257

Sporangien: gesellig, sitzend, polsterförmig-abgeflacht, 0,3-1 mm; auch kurze Plasmodiokarpe bildend (25 mm), glatt und weiß. Peridie doppelt: die äußere krustenförmig, die innere verschieden gefärbt und schillernd. Capillitium spärlich, braun oder farblos, von dichotom verzweigten Fäden gebildet.

Sporen: unter dem Mikroskop braun-grau-purpurn, fein warzig, 11-14 µm, Sporenpulver schwarz.

Vorkommen: auf abgestorbenen Blättern, Grasstielen, Kot von pflanzenfressenden Tieren.

BEMERKUNGEN: Alle hier abgebildeten **Myxomyzeten** befinden sich noch im Plasmodienstadium, d.h. in jener Entwicklungsphase, in der der Pilz Nahrung aufnimmt und wächst. Die Plasmodien bestehen aus einer einheitlichen nackten Protoplasmamasse ohne Querwände, sie enthalten viele Zellkerne und haben die Fähigkeit unter Formänderung und Verzweigung auf dem Substrat langsam umherzukriechen. In diesem Zustand ernähren sie sich auf saprophytische und sogar animalische (phagotrophe) Weise, indem sie verschiedenes organisches Material, lebende Bakterien, Pilzmyzel und-sporen aufnehmen. Nach dem Verlust der Beweglichkeit bilden sich aus den Plasmodien die Sporangien, die Fruchtkörper, in derem Innern zahlreiche einkernige Sporen entstehen.

Stark vergrößert

CERATIOMYXA FRUTICULOSA (Müll.) Macbr. 1258

Dieser Myxomyzet gehört in die Gruppe der **Exosporei** (Familie **Ceratiomyxaceae**); der überaus größte Teil der Schleimpilze kann den **Endosporei** zugeordnet werden. **Ceratiomyxa fruticulosa** bildet Plasmodiokarpe in Form von Blättchen oder Säulchen, die untereinander verbunden sind, oder sternartige Büschel; schmierig, glänzend und schneeweiß. Sporen farblos, glatt, oval, 10-13 × 0-7 µm.

Vorkommen: auf morschem Holz, auf Strunken, u.a. Sommer, Herbst.

Stark vergrößert

FULIGO CINEREA (Schw.) Morgan 1259

Die Fruktifikation erfolgt in Form eines Thallus oder eines Plasmodiokarps; weißgrau, bis 0,5 cm breit oder ein weites Netz (bis 1,5 cm) bildend. Die Rinde ist hart, ziemlich dick und krustig. Das Capillitium besteht aus dicken, unregelmäßigen, weißen Knötchen, die von feinen Fäden zusammengehalten werden. Sporenpulver schwarz. Unter dem Mikroskop sind die Sporen braun-violett, kugelig oder leicht elliptisch, 13-14 µm, stachelig.

Vorkommen: auf faulem Stroh, auf Dung, auf Holzabfällen, in Wäldern.

BEMERKUNGEN: Dieser häufige **Myxomyzet** zeigt sich als schwammige, feuchte Masse, die auf morschem Holz wächst.

3/4 natürliche Größe

CORYNE SARCOIDES (Jacq. ex Fr.) Tulasne 1260

VOLKSNAME: **Fleischroter Gallertbecher**

Fruchtkörper: gelatinös, 0,5-2 cm dick, umgekehrt kegelig, mehr oder weniger nach unten verjüngt und eine Art Stiel bildend, kahl, fast runzelig. Die Hymenialschicht liegt oberseits, sie ist leicht gerandet, mehr oder weniger niedergedrückt, konkav oder mehr oder weniger abgeflacht, alt auch gewölbt, manchmal wellig gekräuselt. Fleischrötlich bis blaß purpurn.

Hymenium: dünn, gallertartig, gleichfarbig.

Fleisch: gelatinös, trocken zäh, feucht wieder weich werdend, durchscheinend, geruchlos, fleischrosa oder schmutzig purpurrot.

Aszi: mit 8 Sporen, zylindrisch, keulig, 85-110×8-12 µm, an der Basis verschmälert, mit amyloider Spitze.

Sporen: ellipsoidisch-spindelig, 12-18×4,5-6 µm, mit zwei oder mehreren Tropfen, hyalin.

Vorkommen: auf Laubbaumstrünken. Spätherbst.

BEMERKUNGEN: Dieser **Askomyzet** gehört (vielleicht) in die Familie **Helotiaceae** und zwar in die Gruppe mit weichem Fleisch, mit ganz oder teilweise gelatinöser Konsistenz. Sehr ähnlich ist **Coryne violacea** Boud., mit den gleichen Merkmalen, demselben Standort und Zeitpunkt der Fruktifikation. Dieser unterscheidet sich durch lebhaft violett-lila Fruchtkörper und durch nicht amyloide Aszi. Wegen der gelatinösen Konsistenz und wegen der Größe der Fruchtkörper könnte der abgebildete Pilz für einen **Schleimpilz** gehalten werden, zu denen er aus Platzgründen gestellt worden ist.

2/3 natürliche Größe

1 ←

2 →

3 ←

4 →

1 **HELOTIUM FRUCTIGENUM** (Bull. ex Fr.) Fuckel **1261**

VOLKSNAME: **Gelbes Eichel-Becherchen**

Dieser kleine **Askomyzet** wächst auf Früchten einiger Pflanzen (das abgebildete Exemplar ist auf einer Kastanie gefunden worden); die Scheibe ist wenig mehr als 1 mm breit, innen gelbocker und außen weiß gefärbt, mit zartem, 2-10 mm langem Stielchen.

Sporen: hyalin, tropfenförmig zugespitzt, zweireihig in den Aszi liegend, 10-15 × 1,5 µm.

2 × vergrößert

---

2 **HELOTIUM CALYCULUM** Sow. ex Fr. **1262**

Dieser kleine **Askomyzet** wächst auf abgestorbenem Holz, auf Reisig, in der kalten Jahreszeit, in wenigen Exemplaren oder in kleinen Gruppen, tellerförmig, ungefähr 2 mm im Durchmesser, mit zylindrischem, manchmal an der Basis filzigem Stielchen.

Sporen: in den Aszi zweireihig angeordnet, unregelmäßig, zylindrisch, an einem Ende abgerundet, am anderen zugespitzt, manchmal septiert, 15-22 × 3-4,5 µm.

1/2 natürliche Größe

RHYTISMA ACERINUM (Pers. ex St. Amans) Fr. **1263**

Dieser **Askomyzet** wird in die Ordnung **Phacidiales** gestellt. Er bildet mehr oder weniger ausgedehnte (bis zu 2 cm im Durchmesser), schwarze Flecken auf Ahornblättern; die Apothezien öffnen sich mit Längsrissen.

Sporen: gebündelt, fadenförmig, an der Spitze leicht verdickt, 60-80 × 1,5-2,5 µm.

Schwach vergrößert

RUTSTROEMIA FIRMA (Pers.) Karst. **1264**

Dieser **Askomyzet** wird in die Ordnung **Helotiales,** Familie **Bulgariaceae** eingereiht. Er bildet bis zu 12 mm große Apothezien auf entrindeten Ästchen von Eichen; becherförmig, abgeflacht, gelbbraun, außen glatt oder wenig runzelig, kurz gestielt.

Sporen: einreihig, elliptisch, reif septiert, 14-19 × 4-6,5 µm.

2/3 natürliche Größe

VERZEICHNIS DER ABGEBILDETEN UND ERWÄHNTEN ARTEN

Die angegebenen Nummern beziehen sich bei 1-381 auf Band I, bei 382-848 auf Band II und bei 849-1264 auf Band III. Fettdruck bedeutet Farbbild

A

B

C

D

E

F

H

I

J

K

L

M

N

O

P

Q

R

T

U

V

W

X

Z

VERZEICHNIS DER DEUTSCHEN NAMEN DER ABGEBILDETEN UND ERWÄHNTEN ARTEN

Die angegebenen Nummern beziehen sich bei 1-381 auf Band I, bei 382-848 auf Band II und bei 849-1264 auf Band III. Fettdruck bedeutet Farbbild

H

J

K

M

N

S

T